昆虫たちの森

日本の森林／多様性の生物学シリーズ──⑤

昆虫たちの森

鎌田直人著

東海大学出版会

Diverse World of Forest Insects in Japan.
-Ecology, Evolution, and Conservation-
Naoto KAMATA

Tokai University Press, 2005
Printed in Japan
ISBN978-4-486-01663-2

ブナシャチホコの１齢幼虫
１齢～２齢は集団で摂食する。１齢幼虫は葉の表面を削りとるように食べる

ブナシャチホコ終齢幼虫
幼虫は３回ないし４回脱皮すると終齢幼虫になる

ブナアオシャチホコの大発生（1990年8月青森県八甲田山雛岳）
山腹に帯状に広がる色の薄い部分が食害地

ブナアオシャチホコ成虫
一般に雌のほうが大型で色も白っぽい。夜行性のため、昼間はブナの幹に止まってじっとしている。ブナの幹に似た保護色をしている（上：雌、下：雄）
（五十嵐 正俊氏 撮影）

ブナアオシャチホコの幼虫を食べるクロカタビロオサムシ成虫（左）と幼虫（右）

A
B
C
D
E

A：ブナアオシャチホコに産卵する *Europhus larvarum* の成虫、B：ブナアオシャチホコの死体から出てきた *Europhus larvarum* の蛹、C：カイコノクロウジバエの成虫と繭、D：コナサナギタケの分生子柄束、E：赤きょう病の分生子柄束（A～C, E：著者 撮影。D：佐藤大樹氏 撮影）

ブナアオシャチホコの大発生時に地面に散乱するブナアオシャチホコ幼虫の死体
これらのほとんどは病気や寄生バエ・寄生バチの寄生を受けている（五十嵐正俊氏 撮影）

サナギタケの子実体

ブナアオシャチホコの大発生のあと集団枯死が発生した場所で、生き残ったブナ（五十嵐正俊氏 撮影）

A：ブナの殻斗、B：種子

A：ナナスジナミシャクの老熟幼虫、B：成虫、C：被害殻斗、D：殻斗を食害中の幼虫
種皮は残らず、殻斗の中に糞のみが残る。殻斗の内側が黒く変色する（A ～ D：五十嵐豊氏 撮影）

A：ブナメムシガ（仮称）の成虫、B：食害中の幼虫、C：殻斗柄から排出される糞
幼虫は殻斗柄をストロー状に専行して、糞を殻斗柄から排出する。このように、殻斗柄がストロー状になることが、ブナメムシガの食害の見分けるポイントとなる（五十嵐豊氏 撮影）

A：ブナヒメシンクイの成虫、B：食害中の幼虫、C：珠皮にあいたピンホール
殻斗の中には通常２個の種子ができる。ブナヒメシンクイの幼虫は２個の種子を移り住むので、その際に通過した穴が、接合面にピンホールとして残る。接合面にできたこのピンホールが、ブナヒメシンクイの食害の見分けるポイントとなる（五十嵐豊氏 撮影）

A

B

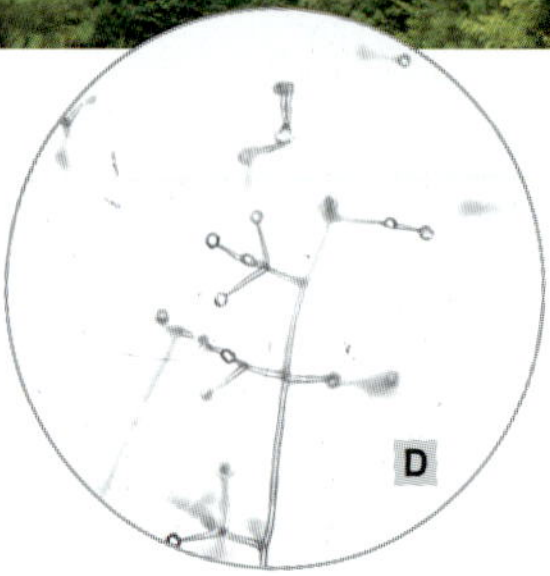
D

C

E

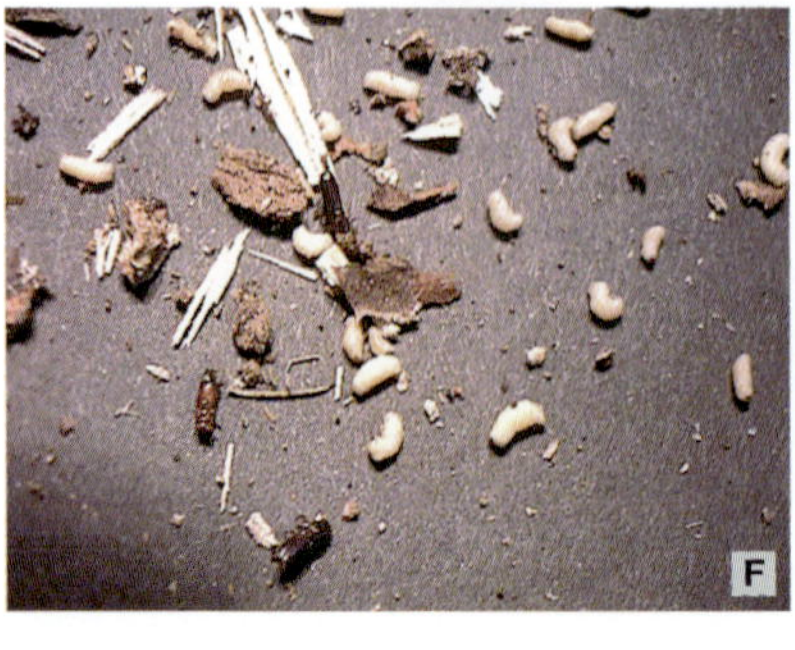
F

カシノナガキクイムシが運ぶ通称「ナラ菌」によるナラ枯れ
A：ナラ枯れの被害の様子（赤茶色の樹冠が枯れた木）
B：カシノナガキクイムシの穿入孔とフラス（木屑と糞の混合物）
C：フラスが出ているミズナラ（加藤賢隆氏 撮影）
D：ナラ菌（*Raffaelea quercivora*）（伊藤進一郎氏 撮影）
E：カシノナガキクイムシの成虫（加藤賢隆氏 撮影）
F：被害材の中から出てきたカシノナガキクイムシの幼虫

まえがき

「日本の森林―多様性の生物学」シリーズもいよいよ最終巻になった。本書では、森林に棲息する昆虫について、その多様性を紹介する。昆虫は、地球上の生物群の中でも種数が多いグループである。したがって、一つひとつの種を取り上げながら種の多さを語ろうとは思わない。少なくとも私にとって、それは不可能な作業であるからだ。その理由を知りたい読者には、「あとがき」を先に読んで欲しい。本書で主に取り上げるのは、他の生物たちとの相互関係を通した森の昆虫たちの生きざまである。「相互作用」と「共進化」の観点から、森に棲む昆虫の「多様性」を紹介したいと思う。

1章では日本の森林昆虫の多様性を作り出す要因について紹介する。生物の進化に欠かせない地史、日本の気候と森林植生、昆虫の進化の歴史、昆虫の系統分類、昆虫の体の仕組み、多様性を獲得するための適応について紹介する。系統分類の話や昆虫の体の仕組みなど、いささか教科書的になった感は否めないが、それはこれらの知識が少しでもあれば、あとの章の理解を深めることにつながると考えたからである。したがって、これらの知識をすでに持ち合わせている読者には、読み飛ばしてもらってもかまわない。

2章のテーマは群集である。ニッチやギルド、群集といった概念について解説したうえで、日本の森林で行われた群集研究について主なものを紹介した。とくに、森林という空間構造がそこに棲息する生物群集に強い影響をおよぼしていることと、森林の地下部において地上部以上に大きな営みが行われていることに注目していただきたい。

3章では個体群について述べる。森林昆虫の大発生は、昔から多くの研究者の興味を引き付けてきたテーマである。個体数変動に関する基礎的な理論と、変動に関係するさまざまな要因を紹介する。トップダウンとしては、捕食者、捕食寄生者、病気などの寄生者について、またボトムアップとして、植物が植食者に食われまいとするさまざまな防御について紹介する。

4章は、葉食性昆虫の章である。ここでは、私自身が二〇年間研究を続けてきたブナ林で大発生をするブナアオシャチホコという蛾について、主に紹介している。なぜ大発生が起こるのか。なぜ人間が何をしなくても自然の力で大発生が終息するのか。これらの疑問について、ブナアオシャチホコを例にとりながら紹介する。自然の生態系がもつ自己制御能力の巧妙さが、少しでも読者に伝われば幸いである。

5章では、種子食性昆虫を紹介する。二〇〇四年、北陸地方を中心にツキノワグマが頻繁に人里に出没した。森の木の実の不作が原因だと推測されている。最近一五年ほどの研究の進歩により、木の実が地面に落ちる前の昆虫の食害が、木の実の豊作・凶作のパターンに密接に関係していることが明らかにされてきている。いくつかの樹種を取り上げて、樹木の繁殖における最初のステップである種子生産に、昆虫が密接に関係している様子を紹介したい。

6章は、虫こぶの話である。虫こぶと聞いてすぐにわかる人はかなりの「通」だといってよいだろう。わからない人には、ぜひとも6章を読んで欲しいと思う。もちろん知っている人にも読んでもらいたい。昆虫によって植物に作られる虫こぶについて、植物と昆虫のフェノロジーの関係や、捕食者や捕食寄生者など、虫こぶに関係した昆虫群集について紹介する。また、虫こぶを形成する昆虫でいくつかみられる社会性の進化についても紹介する。

7章では、穿孔性昆虫について紹介する。木材は森林の中にふんだんに存在する資源である。しかしその一方で、樹木の材は、堅く、栄養に乏しい、餌としては条件の悪い資源である。また、ヤニ(樹脂)などさまざまな防御反応を発達させている。昆虫が、いかにこの貧栄養の条件を克服しているか、また、いかに植物の防御を打ち破って材を利用しているか、その多様性を楽しんで欲しい。

8章は、多様性の危機、すなわち、種の絶滅の問題にふれる。現在、減少や絶滅が危惧されている希少種は昆虫でも少なくない。減少の原因は、自然の破壊、人為インパクトの減少、侵入種、農薬などの化学物質、温暖化などさまざまである。これらの原因がいかにして昆虫種の絶滅を引き起こしているかについて、具体的な例をあげながら紹介するとともに、希少種の保護運動とその問題点などについても言及したい。この章で扱っている対象は昆虫ではあるが、本章はこの第5巻の最終章としてだけでなく、本シリーズ全体の最終章としての意味合いをもたせたつもりである。生物多様性の危機が人類の危機でもあることが少しでも読者に伝われば、その意図は十分に成功したと思っている。

目次

4章　葉食性昆虫——111

日本の森林／多様性の生物学シリーズ①～④目次

森のスケッチ

菌類の森

獣たちの森

鳥たちの森

1章
昆虫の多様性を作り出すもの

1　動物最大のグループ―昆虫―

昆虫は、種類と数の面では、地球上でもっとも繁栄している生物といえる。地球上には多くの生物が暮らしているが、その中で昆虫は一〇〇万種類以上が知られており、全生物種の約六割を占めている（Hammond, 1995）。しかも、毎年約二〇〇〇種以上もの新種が発見記載されており、既記載種の数と同じか、またはそれ以上の未記載種があるとされる。これがどれほど巨大な数かは、人を含む哺乳動物が約四五〇〇種、鳥類が一万種たらず、魚類が約一万八〇〇〇種、虫と近縁なカニやエビなどの甲殻類が約三万種、昆虫に次ぐ種類数といわれる軟体動物の貝類でも約一一万種しかいないことからも理解できよう。日本だけでも約三万種の昆虫が記録されている。日本の昆虫の多様性は、長い進化の過程で作り出された。したがって、大陸プレートの移動や過去の気候変動など、その地域が経験してきた歴史と、その結果作り上げられた植物相とその変遷に密接に関係している。

2　昆虫の多様性を支える日本の自然

2・1　日本の地形と気候の特性

日本列島は長さ約三〇〇〇キロメートル、南北に細長いため、亜熱帯から亜寒帯までの気候帯を含んでいる。さらに日本海の存在が日本の気候を特徴あるものにしている。暖流である対馬海流が日本海を北上することにより、冬でも海水の温度が高く多量の水分が蒸発する。そのため日本海側の地方では、冬季に北西の湿った季節風が吹きつけることにより大量の降水（降雪）がみられる。脊梁山脈を越える前に水分のほとんどを落としてしまうため、太平洋側では冬季の降水が少なく乾燥している。このように脊梁山脈を境として降水量の季節配分の違いが顕著で、太平洋型、日本海型に特徴づけられる二つのタイプの気候がみられる。地形は起伏に富み、火山地・丘陵地を含む山地の面積が国土の約四分の三を占める。平野・盆地の多くは小規模で、山地の間や海岸沿いに点在し、河川の堆積作用によって形成されたものが多いことが特徴である。このような地形は、移動能力が弱い生物にとっては移動の障壁となり、生殖隔離による種分化を引き起こす原因となった。

2・2　日本の植生

世界の植物相は六つの区系界に区分され、日本はそのうちの旧熱帯区系界と全北区系界の二つにまたがる。旧熱帯区系界に属するのは南西諸島、小笠原諸島および南鳥島であり、残りの地域は全北区系界に含まれる。

植物の分布は、基本的に気温と降水量に強く影響されるが、日本では植物の生育期間に十分な降雨があるため、全域で森林植生が優占する。日本列島の森林植生は、南西諸島の海岸にみられるヒルギを中心とした亜熱帯性のマングローブ林、シイ、カシの常緑広葉樹林（暖温帯林）、その上部に分布する冷温帯性のブナ、ミズナラを主とした落葉広葉樹林、北方針広混交林、さらに寒冷な地域にみられる亜寒帯性の針葉樹林といった、気温傾度に対応した森林帯の分化がみられる（図1-1）。さら

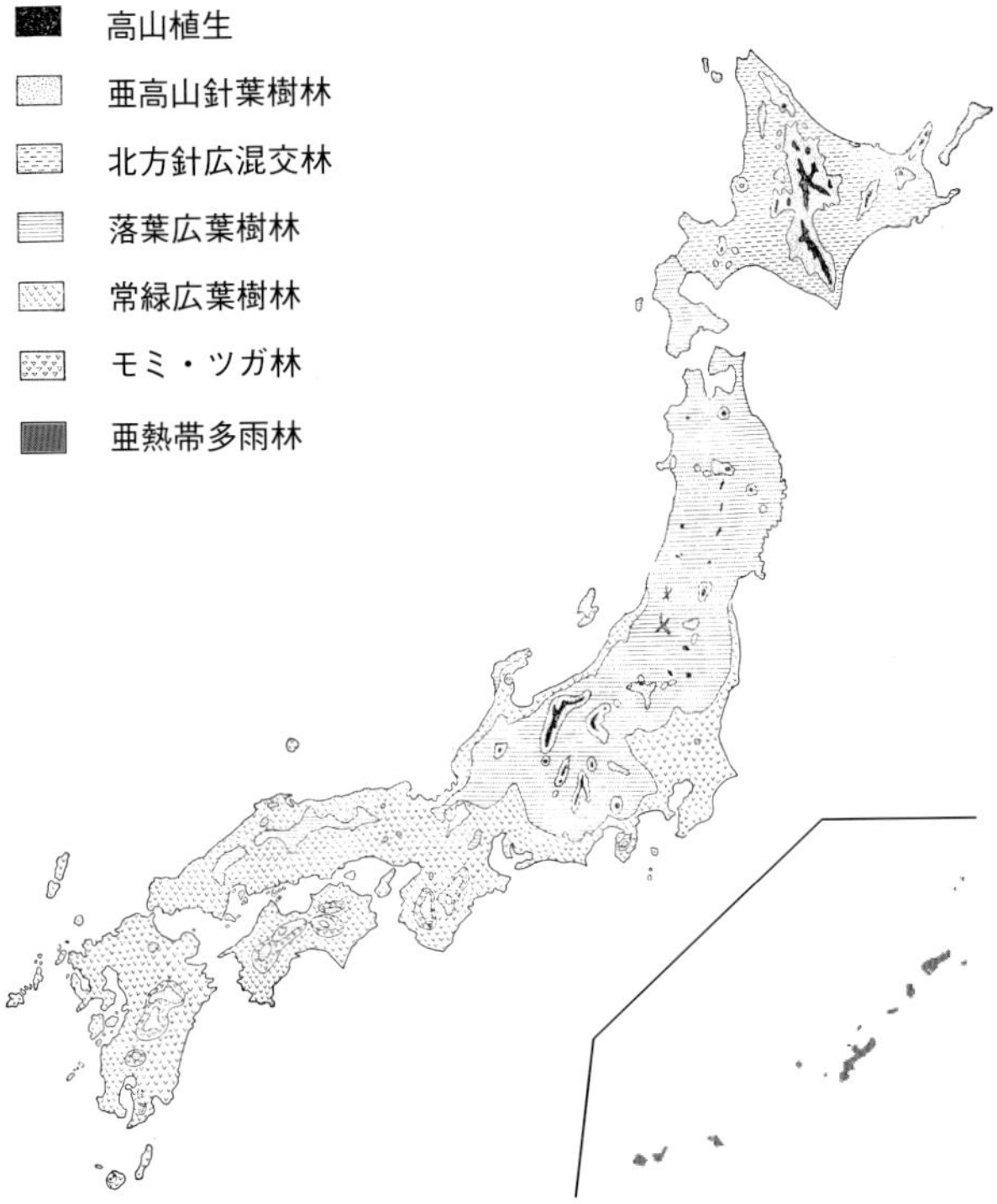
高山植生
亜高山針葉樹林
北方針広混交林
落葉広葉樹林
常緑広葉樹林
モミ・ツガ林
亜熱帯多雨林

図 1-1　日本の植生図（吉岡、1973 を改変：吉岡邦二著『植物地理学』（生態学講座 12）共立出版より）

に、山岳地の多い複雑な地形やモンスーンの影響を受けるため、温度と水分環境が多様であり、その結果、豊富な植物相が作り出された。

2・3　日本の動物相

現在広く受け入れられているウォーレス（Wallace, A. R.）の大著『動物の地理的分布』による動物地理区分類によると、地球上の陸地は、旧北区、エチオピア区、東洋区、オーストラリア区、新熱帯区、および新北区という六動物地理区に分けられ、さらに亜区に細分される（図1-2）。旧北区は、ホールドハウス（Holdhaus, K.）にし

旧北区
新北区
東洋区
エチオピア区
新熱帯区
オーストラリア区

図1-2　ウォーレスの動物地理区（Wallace, 1876を改変）

たがって、ヨーロッパシベリア亜区、地中海亜区、トルクメン亜区および日華亜区に区分する説が有力である。東洋区は、ウォーレスの地理区にしたがい、インド亜区、セイロン亜区、インドシナ亜区、およびインド・マライ亜区に区分される。わが国は旧北区に属し、九州本島以北の地域の動物相は、ユーラシア大陸との類縁性が高い。また、屋久島・種子島と奄美大島との間に引かれる渡瀬線よりも南の地域は移行帯域であり、隣接する東洋区の要素が認められ、台湾や東南アジアとの近縁種が多い。渡瀬線以北の地域は津軽海峡に引かれるブラキストン線によって二つの亜区に区分され、北側はシベリア亜区、南側は満州亜区に含まれる。わが国の動植物相は、狭い国土面積のわりに変化に富んでおり、日本の固有種あるいは固有亜種の比率が高い。琉球列島と小笠原諸島はとくにこの傾向が顕著で、東洋のガラパゴスともよばれている。

　動物や昆虫にとってとくに重要な分布境界線を紹介する（図1-3）。ただし、これらの分布境界線は、対象とする生物によって重要性が違うことに注意していただきたい。

八田線
石狩低地帯線
ブラキストン線
北緯40度線
スタイネガー線
本州南岸線
三宅線
渡瀬線

図 1-3　日本周辺の分布境界線（木元、1986 を改変：桐谷圭治編『日本の昆虫　侵略と撹乱の生態学』東海大学出版会より）

ブラキストン線：日本列島付近に位置する分布境界線の中で、もっとも早く提唱されたのが北海道と本州を分ける津軽海峡上にあるブラキストン線である。この境界線のポイントは、北海道の分布する哺乳類や鳥類の中には、本州には分布せずにシベリアや樺太に分布する種類が多いことである。

八田線：北海道と樺太を分ける宗谷海峡は、北海道の両生類や爬虫類にとっては、津軽海峡より分布境界線として重要であるとするものである。

石狩低地帯線：北海道周辺の分布境界線として、昆虫類については、河野による蝶類の分布の研究結果に基づき、石狩低地帯を分布境界線として重要視するものである。

渡瀬線：「ウォーレスの動物地理区」における旧北区と東洋区の境界が日本列島のどこにあるかという問題が、論争になった。最初に提案されたのは、種子島・屋久島と奄美大島との間に位置する七島灘に分布境界線があるという説で、渡瀬線とよばれる。

三宅線：それに対し、蝶類の分布から、九州と種子島・屋久島を分ける大隅海峡が分布境界線として重要であるとする説である。しかし、現在では一般に、渡瀬線が三宅線よりもはるかに重要と考えられている。

本州南岸線：本州を横切る分布境界線として、年間最低温度零下 3.5℃の等温線と一致する本州南岸線がある。これは、稲の害虫である蛾の仲間サンカメイチュウの分布の北限に一致するといわれている。海峡や山脈などの物理的生涯による分布境界線ではなく、気候要因に由来した生物的な分布境界線である。

スタイネガー線：尾張－敦賀の地峡部を連ねるスタイネガー線が、昆虫の分布に基づいて提案された。

北緯 40 度線：森林の景観や温帯北部と温帯南部を区分する北緯 40 度を境とする線も、生物的要因による分布境界線である。

2・4　日本昆虫相の地域性

日本列島は南北に細長く、気候的・地理的・地史的に多様であるため、昆虫相も複雑で豊富なものになっている。

新生代第四紀に繰り返された氷期と間氷期を通じて、間宮、宗谷、津軽、朝鮮、対馬、大隅、トカラ、台湾等の海峡は陸地化と水没を繰り返し、これに伴いさまざまな経路での大陸からの動植物種の侵入およびその後の分布の分断や孤立化が生じた。さらにこのような気候変動は植生の変化をも伴い、水平方向だけでなく垂直方向にも生物種の分布の拡大、後退、孤立化をもたらした。これらの結果、日本列島には大陸の南北から多様な動植物種がもたらされただけではなく、固有種への分化や、大陸では絶滅した種が遺存種として残るなどの現象が生じたと考えられている。

3　昆虫の形態と系統分類学的位置

3・1　昆虫の系統分類学的な位置づけ

昆虫は、無脊椎（むせきつい）動物の中で、節足（せっそく）動物門という大きなグループに属している（図1-4）。節足動物門には、三つの亜門がある。ダニやクモが含まれるクモ綱は鋏角（きょうかく）亜門に属し、昆虫綱は、エビやカニが含まれる甲殻綱、ムカデ綱、コムカデ綱などとともに大顎（だいがく）亜門に含まれる。節足動物門の中で、体が頭部、胸部、腹部の三つに分けられ、三対の脚をもつものが昆虫綱に分類される。クモ綱は、脚が四対あり触角がない。ダニは、学説によっては独立したダニ綱とする専門家もいる。

界 kingdom
門 phylum
綱 class
亜綱 subclass
目 order
亜目 suborder
上科 superfamily
科 family
亜科 subfamily
族 tribe
亜族 subtribe
属 genus
亜属 subgenus
種 species
亜種 subspecies

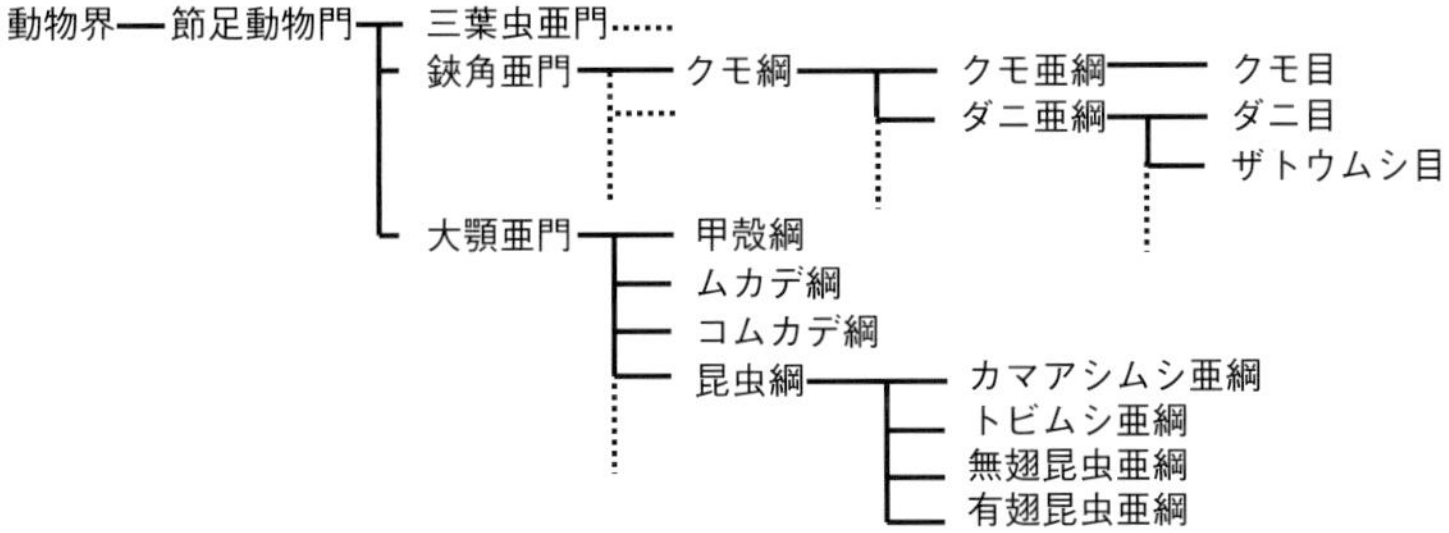
動物界
節足動物門
三葉虫亜門……
鋏角亜門
クモ綱
クモ亜綱
クモ目
ダニ亜綱
ダニ目
ザトウムシ目
大顎亜門
甲殻綱
ムカデ綱
コムカデ綱
昆虫綱
カマアシムシ亜綱
トビムシ亜綱
無翅昆虫亜綱
有翅昆虫亜綱

図 1-4　生物の分類体系と昆虫の系統分類学的位置づけ（『生物学辞典』（第 4 版）に基づく）

3・2　昆虫の体の特徴

人間や鳥は、内骨格といって骨のまわりに筋肉がついている。しかし、昆虫の体には内骨格はない。代わりに体の表面をおおう、固い甲羅のような外骨格がある。節足動物の仲間はすべて外骨格である。外骨格はクチクラとよばれる軽くて丈夫でしなやかな材質からできており、これにより、体を支えたり、傷付かないように身を守っている。

ムカデやミミズのように似たような体節がたくさん並んでいる同規体節性に対し、一つひとつの体節が明らかに異なっていることを異規体節制という。昆虫は節足動物の中でも異規体節制がもっとも

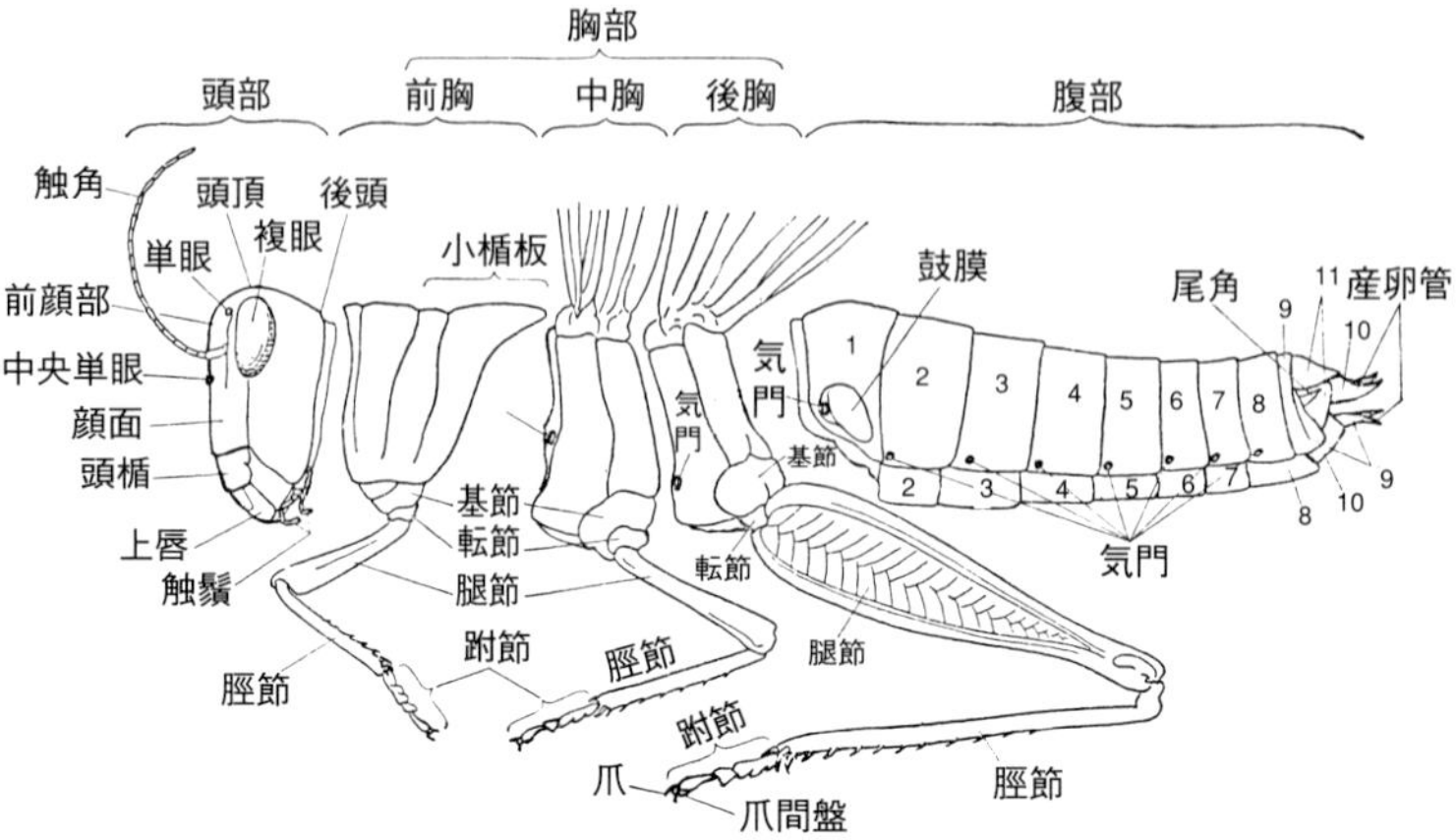

胸部
頭部
前胸
中胸
後胸
腹部
触角
頭頂
後頭
単眼
複眼
小楯板
前顔部
中央単眼
顔面
頭楯
上唇
触鬚
基節
転節
腿節
脛節
跗節
脛節
跗節
爪
爪間盤
鼓膜
気門
気門
基節
転節
腿節
脛節
尾角
産卵管
気門
1
2
3
4
5
6
7
8
9
10
11
2
3
4
5
6
7
8
9
10

図 1-5　昆虫の外部形態（斎藤ほか、1986：斎藤哲夫・松本義明・平嶋義宏・久野英二・中島敏夫『新応用昆虫学』朝倉書店より）

よく発達した動物である。体は頭部、胸部、腹部の体節に分かれる（図1-5）。頭部と胸部には付属肢が発達する。頭部には口器のほかに外界情報をキャッチする感覚器官である触角と情報を処理する神経系がとくに発達し、胸部には脚と翅の発達が顕著である。その反面、腹部では付属肢の退化が目立ち、物質代謝と生殖の機能が集中している。このように昆虫の体は体節の統合と機能の分化が進んでいる。胸部に発達する翅は飛ぶための専用器官としては動物界唯一のものであり、昆虫の繁栄を築き上げた重要な器官である。また、気管系で呼吸を行うことで、体を小さく軽くしている。

消化系は一本の消化管と二つの付属肢からなる（図1-6A）。消化管は前腸、中腸、後腸の三部に分けられる。一対の唾線が、前腸の両側に存在し、口腔の腹面近くに開口する。六本のマルピーギ管が、中腸と後腸の境から生じている。中枢神経系は大脳、食道下神経球と腹走神経系からできている（図1-6B）。

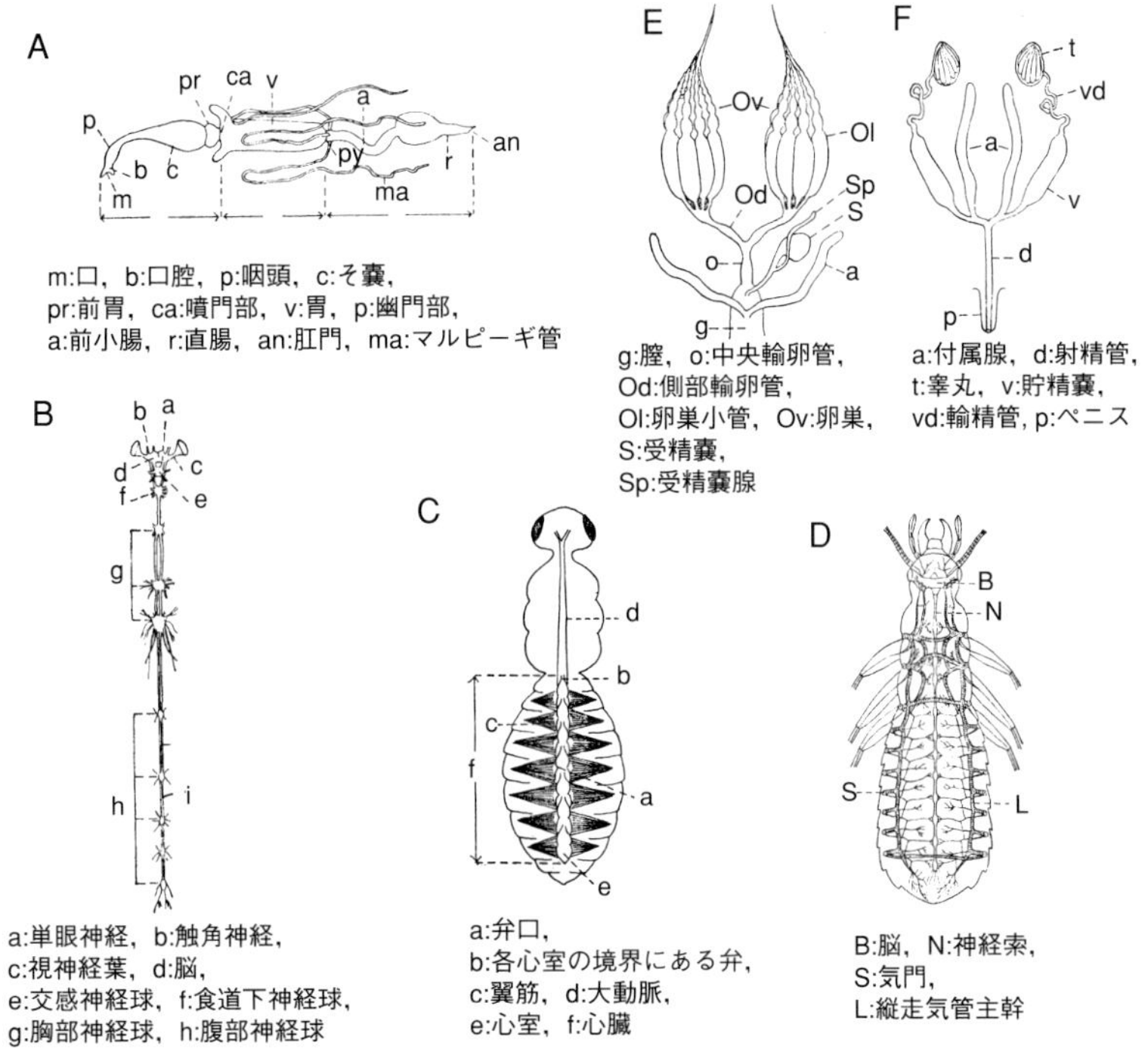
A
m:口，b:口腔，p:咽頭，c:そ嚢，
pr:前胃，ca:噴門部，v:胃，p:幽門部，
a:前小腸，r:直腸，an:肛門，ma:マルピーギ管
B
a:単眼神経，b:触角神経，
c:視神経葉，d:脳，
e:交感神経球，f:食道下神経球，
g:胸部神経球，h:腹部神経球
C
a:弁口，
b:各心室の境界にある弁，
c:翼筋，d:大動脈，
e:心室，f:心臓
D
B:脳，N:神経索，
S:気門，
L:縦走気管主幹
E
g:膣，o:中央輸卵管，
Od:側部輸卵管，
Ol:卵巣小管，Ov:卵巣，
S:受精嚢，
Sp:受精嚢腺
F
a:付属腺，d:射精管，
t:睾丸，v:貯精嚢，
vd:輸精管，p:ペニス

図1-6　昆虫の内部器官（安松ほか、1972：安松京三・山崎輝男・内田俊郎・野村健一『応用昆虫学（3訂版）』より）
A：消化器官、B：神経系、C：循環器、D：呼吸器官、E：雌の生殖器官、F：雄の生殖器官

循環系は開放血管系で、体の背面中央を縦走する一本の背脈管で代表され、腹部に存在する部分が心臓、胸部に存在する部分が動脈である（図1‐6C）。昆虫の体液は血リンパ液ともいわれ、血液とリンパ液の区別はない。呼吸系は、各体節ごとに発達する気管群から構成される（図1‐6D）。気管の開口部を気門といい、中胸、後胸、第一〜八腹部の両側面に合計一〇対ある。生殖系は雌雄でよく似ている（図1‐6E、F）。雄には一対の睾丸が、雌にはいくつかの卵巣小管よりなる卵巣がある。雌には産卵管、雄には交尾器が発達する。

生物の系統分類体系

現在使われている生物の系統分類体系は、植物分類学の父とよばれるスウェーデン人のカール・フォン・リンネ（Linné, Carl von, 1707–78）によって、確立されたものだ。彼は、それまで成立していなかった生物の体系的な分類法を考案し、属・種の概念を確立させるなどの功績を残した。

リンネが考案した〝二名式命名法〟は、植物の命名に際して、属（属している分類グループ名）と種小名（固有の名）とをラテン語で表して両者を結合する、というものである。植物の学名は一七五三年に出版された彼の『植物の種』(Species Plantarum) から、動物名は一七五八年に出版された『自然の体系』(Systema Naturae) の第一〇版から採用することが、後の国際会議において決められた。以降、この方法は現在まで学名の基準として引き継がれている。

4 昆虫の系統分類

昆虫類は三一の目に分けられる。日本国内で一番大きなグループは鞘翅目（甲虫目あるいはコウチュウ目＝コガネムシやカミキリムシなど翅の硬い甲虫グループ）で、現在わかっている種類は九〇〇〇種を超える。二番目が鱗翅目（チョウ目＝チョウやガなど、体や翅に毛の変化した鱗粉をつけているグループ）で、総種類数は五〇〇〇種を超える（次頁に昆虫の目のリストを示した）。

種数が多い鞘翅目、鱗翅目や膜翅目、双翅目、半翅目は、森林害虫として名をはせているものも多

■昆虫の目

1 粘管目（＝トビムシ目 Collembola）：土中や樹上の腐植の多い場所に棲んでいる、体長一～三ミリメートルの小昆虫。体は柔らかく、一様な厚さのキチン質でおおわれている。翅はないが、腹部の尾のような器官で飛びはねるのでこの名がある。落葉や花粉・菌を主な食物とする。一方、土壌中の小型の肉食動物の餌となり、森林や草地生態系では欠かすことのできない動物群である。トビムシからシミまでは、もともと翅をもたない無翅昆虫類である。

2 原尾目（＝カマアシムシ目 Protura）：カマアシムシ類は、一生を土や落葉層の中ですごし、森林や草地などの環境に棲んでいる。体長一～二ミリメートルで細長く、半透明のものが多いため人目にはつきにくい。カマアシムシ類には眼、翅および触角がない。触角がないのは、昆虫の中では大きな特徴である。そこで、前肢が触角の代わりをしていて、頭の側方に鎌形に曲げて振りかざしている。この姿から、カマアシムシ（鎌足虫）の名がついた。また、ムカデやヤスデと同じ増節変態（成長にしたがって体節が増える変態方法）をする。

3 双尾目（＝コムシ目 Diplura）：落葉が厚く堆積した腐植層の中や、湿った落葉中や朽木の下、石の下に棲息する。翅も目もなく、色は白あるいは淡色。尾端が二叉に分かれ、目の名の由来となっている。種によってはハサミムシ類のはさみのように見えるものもいる。

4 イシノミ目（Microcoryphia）：以前のシミ目（広義）はイシノミ目とシミ目に分割された。

5 総尾目（＝シミ目 Thysanura）：無翅・無変態の昆虫で、尾端には二本の尾角と一本の尾毛がある。野外ではアリやシロアリの巣に共生しているものが多い。樹木の幹や岩陰などに群れていることもある。ヤマトシミ、セイヨウシミ、マダラシミは本・乾燥貯蔵食品・衣類を食害する。

6 蜉蝣《ふゆう》目（＝カゲロウ目 Ephemeroptera）：これ以降は有翅昆虫類である。トンボ目とともに、翅を背中でたたむことのできない旧翅類に属し、有翅昆虫類の中では原始的な一群。トンボとカゲロウは、成虫が両方とも透明な翅と細長い胴体をもつが、カゲロウは前肢が異様に長く、二、三本の長い尾肢（しっぽ）がある。英語で Mayfly といわれるように、この類の成虫は、主として春から初夏に川の上・中流域で、長い尾をなびかせながら群飛する姿を見ることが多い。カゲロウは成虫になると口が退化するので何も食べない。成虫は、わずか一日の命で、はかない命の代名詞にもなっている。幼虫は水生昆虫で、その多くが流水（河川）性昆虫（Lotic insects）で清流を好む種が多いことから、環境指標種として使われる種も多い。不完全変態だが、カゲロウには亜成虫という他の昆虫にはない段階がある。

7 蜻蛉《せいれい》目（＝トンボ目 Odonata）：トンボを漢字で書けば〝蜻蛉〟となる。平安時代の古典として有名な〝蜻蛉日記〟というのがあるが、これはトンボ日記ではなくカゲロウ日記である。さらにややこしいことに、カゲロウという昆虫は〝蜉蝣〟という漢字がある。カゲロウの成虫は口が退化しているが、トンボの成虫は、大顎の発達した咀嚼口をもち、昆虫類を捕食する。カゲロウと違いトンボ目では八〇パーセント以上の種が止水性昆虫である。不完全変態で、幼虫期を「ヤゴ」とよぶ。

8 積翅目（＝カワゲラ目 Plecoptera）：四枚の翅を背中でたたむことのできる新翅型昆虫の中では、もっとも原始的な目である。カゲロウ類と同じく、春から初夏にかけて、河川の上・中流域で成虫を見ることが多い。多くの種は、雄が、その種特有のリズムで腹を上下に振動させ、とまっている葉や小枝をたたくことで、他個体とコミュニケーションするというおもしろい習性をもっている。食性は、植食性（完舌亜目）と肉食性（同舌亜目）のものがある。

9 紡脚目（＝シロアリモドキ目 Embioptera）：細長い体で、雌は翅をもたず、雄の翅も退化しかかっている。絹糸を分泌し、樹皮や苔の間にトンネル状の巣を作り、小規模な社会性をもつ。

10 直翅目（＝バッタ目 Orthoptera）：キリギリス・コオロギ・バッタの仲間。直翅目の仲間は、草地や田畑で生活するものが多いが、コロギス科のように生活場所を森林に依存するグループもある。コロギスというのは、その名の通りキリギリスとコオロギをたして二で割ったような昆虫だ。夜行性で、夜になると樹上を徘徊して他の昆虫をとらえたり、樹液に集まったりする。日中は、樹上で葉を重ね合わせて巣を作り、その中に隠れている。一方で、バッタ類の大発生が農作物に与える被害は、地球上のあらゆる昆虫の中でも、もっとも甚大なものである。研究が飛躍的に進展した今日においてもなお、大発生を阻止する技術はまだ確立されていない。

11 竹節虫目（＝ナナフシ目 Phasmida）：熱帯に多い。すべて植食性。

12 蹠行目（＝カカトアルキ目 Mantophasmatodea）：二〇〇二年四月一八日付の科学誌『サイエンス』（インターネット版）で、昆虫の新しい目が発表された。これは、一九一四年のガロアムシ目以来、八八年ぶりのことである。アフリカのナミビアなどに棲むナナフシに似た昆虫が、新たな「目」に属することが判明したのである。体長は約二センチメートル。形態はナナフシに似ているが、食性は肉食のようだという。この目は「カマキリ」と「ナナフシ」を合わせて Mantophasmatodea と命名された。ナミビアでは生きた個体の採集に成功したというが、残念ながらまだ日本からは見つかっていない。

13 欠翅目（＝ガロアムシ目 Notoptera）：一九一四年に新しい目として記録された昆虫群。日本を始め、北米、韓国、シベリアなど北半球の環太平洋地域に分布し、中でも高地や洞窟など冷涼な気候の地域に棲息している。体長は約二センチメートルで、扁平な頭部には前方を向いた口器があり、欠翅目という名が示すように翅が完全に退化している。ガロアムシ目はバッタ目、ハサミムシ目など他の直翅群系の目とともに有翅昆虫類の中の多新翅類 Polyneoptera に分類されている。

14 革翅目（＝ハサミムシ目 Dermaptera）：ハサミムシ目は雑

食性であるが、動物食の傾向が強く、生きた虫も死んだ虫も食べ、共食いもする。ヨーロッパの種類には、花弁や若葉を食害するものもいる。不完全変態し、産卵後、孵化するまで母虫が卵の世話をする習性がある。コブハサミムシ科では子供が母虫を食べる習性をもつものもいる。翅をもたない種類もある。

15 蟷螂《とうろう》目（＝カマキリ目 Mantodea）：カマキリは捕食者として典型的な適応をしている。それは発達した複眼と前脚である。カマキリの前脚のうち、主に基節、腿節、脛節の三つの節は、獲物をつかまえるために特化し、捕獲脚などとよばれている。前脚の力は強く、腿節と脛節の刺が獲物をがっちりとはさんでとらえる。

16 網翅目（＝ゴキブリ目 Blattaria）：嫌われ者の代名詞にさえなっているゴキブリはもともと森林の中に棲んでいたものであり、現在でも住家性のゴキブリよりも森林性のゴキブリのほうがはるかに多い。ヒトの住居に進入した一部のゴキブリが屋内生活に適応し害虫化しているのにすぎない。

17 等翅目（＝シロアリ目 Isoptera）：シロアリもヒトの生活圏において敵視されているが、本来の棲息域は森林やサバンナのようにヒトの棲息域とは異なっているのが通常である。そのような棲息域において、無尽蔵ともいえる植物の遺体であるセルロースを他の生物とは競うことなく主食として繁栄した昆虫である。アリとはもともと縁がなく、むしろゴキブリに近い仲間である。しかし、アリやハチと同様に、高度に社会制を進化させている。

18 絶翅目（＝ジュズヒゲムシ目 Zoraptera）：カマキリナナフシ目とともに、日本で見つかっていない昆虫の目である。体長三ミリメートル以下で、数珠状の九節しかない触覚が特徴。朽木の中や樹皮下で集団生活している。

19 嚙虫目（＝チャタテムシ目 Psocoptera）：微小ないし小型の昆虫で、多くは五ミリメートル以下。一般的には膜質の翅を有するが、翅の退化した種も多い。まったく無翅のものから短翅型までの各段階のものがある。自由生活性で、樹上、岩上などのコケや地衣類などに多い。屋内性の種も少なくなく、食品、生薬、動植物の標本などに食害による被害が発生する。屋内で発生するものはコナチャタテ科に属するものが多い。

20 食毛目（＝ハジラミ目 Mallophaga）：ハジラミは八科に分類され、日本から約一五〇種が記録されている。すべて哺乳類・鳥類の寄生昆虫である。広義のシラミには吸血性のシラミ目と鳥獣の羽毛や皮膚を食害するハジラミ目とがある。そのため、ハジラミの口器は咀嚼口式である。

21 蝨目（シラミ目 Anoplura）：体長は〇・五ミリメートルから六ミリメートル、長楕円形、扁平で、白色、淡黄褐色、あるいは暗褐色、翅は完全に退化している。吸血性であるため、口器が吸収口式である点がハジラミと異なる。頭部は小さく、複眼の退化した種類もある。単眼を欠き、触角は三～五節、発達した脚の先には一本の爪をもっているのが共通点である。シラミは幼虫、成虫の全期間を通じて血液に依存し、寄主特異性が強くて、各種の哺乳類にそれぞれ特有の種類がいる。

22 総翅目（＝アザミウマ目 Thysanoptera）：微小な昆虫で、体長は成虫でも一～一〇ミリメートルくらいで、一～二ミリメートルくらいの種類がもっとも多い。形は細長く、細い翅には長い総毛（縁毛）を多数備える。脚の先端は袋状になっており、それを出し入れして吸盤のように利用しているため、表面が滑らかなところでも自由に歩ける。食性は広く食植性、食菌性、肉食性のものが知られる。食植性の種類は、主に植物の葉や花に棲息する。害虫として知られる種も多い。

23 半翅目（＝カメムシ目 Hemiptera）：カメムシ、セミ、アワフキ、ツノゼミ、ヨコバイ、ウンカ、キジラミ、アブラムシ、カイガラムシなどが含まれる。前翅の基部に近い半分が革質の半翅鞘となっていることから Hemi（半）ptera（翅）と名づけられ、その日本語訳として『半翅目』が当てられた。しかし、半翅鞘をもつのはカメムシ類だけで、他のグループは均質な四枚の翅をもつ。カイガラムシやアブラムシの中には無翅のものもある。したがって、カメムシ類の異翅亜目（カメムシ亜目）と、それ以外の同翅亜目（ヨコバイ亜目）に分けられる。針状の吸収性の口器をもち、植物から吸汁する種が多いが、動物の体液を吸うものもある。人の血液を吸うトコジラミ（＝ナンキンムシ）やサシガメ類など人体に直接加害する種もある。植物を加害する重要な農業害虫や林業害虫も多い。水生のグループもあり、タガメやコオイムシなど希少種として保全が必要な種も含まれる。ミズカマキリも、カマキリという名がついてはいるが、半翅目の水生昆虫である。

24 脈翅目（＝アミメカゲロウ目 Neuroptera）：脈翅目は、捕食性の昆虫のグループで、ヘビトンボ科、クサカゲロウ科、ウスバカゲロウ科、カマキリモドキ科、ツノトンボ科を含んでいる。ウスバカゲロウは、おなじみのアリジゴクが成虫になったものだ。幼虫が水生のものと陸生のものがいる。完全変態するので蛹のステージを経過するが、ヘビトンボの蛹は、大顎が自由に動くので噛み付くことができる。

25 鞘翅目（＝コウチュウ目 Coleoptera）：外骨格はキチンと蛋白質とからできていて、最外層はクチクラとよばれている。キチンとスクレロチンという蛋白質の分子間結合が、薄く軽い外骨格に驚くべき剛性を与える。堅い木材に穿孔する甲虫の大顎を想像してもわかるだろう。四枚の翅のうち前翅二枚が堅く鞘状（さやじょう）になっているので、この仲間を鞘翅目という。後翅二枚はうすっぺらで膜状をしている。飛翔時以外は前翅の下に折りたたまれているが、飛ぶときには後翅を広げて飛ぶ。オサムシの中には、後翅が退化しているために飛べないものもある。ハネカクシは前翅が短く、後翅はたたんでその下に収められ、腹部が露出している。甲虫は種数が多いばかりでなく、環境適応力が高く、昆虫が生きていける場所ではどこにでもいる。これは、丈夫な外骨格が、乾燥から身を守り、土を掘ったり、石や木の隙間に潜り込むときに傷を防いだり、捕食者や寄生者から守る盾になるからだ。砂漠に棲息する甲虫の中には、鞘翅と腹部との間に空間があり、それが外部環境の急激な温度変化に対する断熱材として働き、冷暖房システムとなっている。一部の水生甲虫では、この空間に空気を貯め込み、水中での呼吸に利用している。甲虫は、植食者、捕食者、寄生者、分解者など生態系のきわめて多様な地位に適応放散している。森林の中でもきわめて多様な役割を果たしている。ハムシ類のような食葉性昆虫、オサムシのような捕食者、ゴミムシのような分解者、シデムシのような死体食者がいる。また、樹木が衰弱して、枯死、分解されていく過程で、さまざまな甲虫種が入れ替わり分解に関与する。

26

撚翅目（＝ネジレバネ目Strepsiptera）：外国産の原始的な自由生活種を除き、すべて昆虫の内部寄生性である。過変態昆虫で、ネジレバネ類は一齢の三爪幼虫が宿主にとりつき、体内へ侵入したのち、うじ虫型のうじとなる。宿主の体内に一生寄生して、寄主を殺さずに体内で生き続ける雌のハチネジレバネ類では極端な形態変化が起こっている。すなわち、普通昆虫がもつ複眼や触角などの感覚器官がことごとく退化し、翅も脚もなく、ウジ状をしている。口器や消化器官も退化しているので、体表から宿主の体液を栄養として吸収する。終齢幼虫は寄生した寄主が成虫になったときに、体内で羽化する。雄は寄主を離れるが、雌は寄主を離れずに、寄主の体外に体の先端部を突出させて、フェロモンで寄ってきた雄と寄主を離れないまま交尾する。

27

長翅目（＝シリアゲムシ目Mecoptera）：シリアゲムシは林内の草の上などにとまっているのを見かける。細長い前後の翅を重ね、屋根型にたたむが、翅が細いので体は隠れない。雄は腹端の大きな交尾器を持ち上げ、背側に曲げるのが特徴である。これが、シリアゲムシといわれるゆえんである。シリアゲムシ目の昆虫は祖先的な形態を多く残しており、前後翅は同型同大で脈相もほぼ同様、また翅の生えている中胸と後胸もほぼ同型である。

28

隠翅目（＝ノミ目Siphonaptera）：成虫は雌雄とも哺乳類や鳥類から吸血するが、シラミと違って寄主の種特異性があまり厳密ではない。シラミの場合は幼虫の体形が成虫に似ているが（不完全変態）、ノミは完全変態で幼虫は成虫とまったく違う姿の細長いウジ状をしている。幼虫の食べ物は血液ではなく、人や動物の皮膚の脱落物やノミ成虫の糞などを食べて成長する。ノミの先祖は翅をもっていたが、現在では退化し、翅の筋肉が背面から側面に位置を変え「側孤（そっこ）」という器官になった。側孤にはレリジンとよばれる弾性蛋白質が含まれており、体長の約二〇〇倍もの強い跳躍力の基になっている。

29

双翅目（＝ハエ目Diptera）：一般にカ、ブユ、アブ、ハエなどとよばれる昆虫で、非常に多くの種類がある。鞘翅目（甲虫類）、鱗翅目（チョウ目）とならんで大きなグループがこのハエ目である。今知られている昆虫一〇〇万種のうちの一〇パーセント、一〇万種を占めるといわれているが、甲虫目やチョウ目よりも小さくて目立たない種類が多いので分類が遅れており、どれくらいの種類がいるかは、見当がついていない。日本でも、亜種を含み五〇〇〇種以上が記載されている。成虫の前翅だけが大きいグループで、後翅は、退化して平均棍となっている。見かけ上、翅は二枚しか認められないので、外形がよく似たハチなどと区別する際の特徴となる。幼虫はウジ状であるが、形態は変化に富んでいる。食性も肉食性、植食性、雑食性など多彩で、ヤドリバエ科のように寄生をしたり、タマバエ科のように植物に虫こぶを作るものなどもある。人の生活と関わりの深い種類も多く、その被害も衛生、畜産、農業、不快など多方面におよぶ。幼虫が水生昆虫であるものを多数含むため、幼虫・成虫ともに魚類の餌として重要である。実際、森林で水盤トラップによって捕獲される昆虫の中では、双翅目成虫の個体数が圧倒的に多い。

30 鱗翅目（＝チョウ目 Lepidoptera）：蝶と蛾の仲間。鱗翅目の特徴としては、完全変態すること、スカシバ科の一部を除くと翅が鱗粉でおおわれていることがある。ヤドリガ類のように寄生する種群や、シジミチョウやシャクガ・ヤガの中には幼虫が捕食性の種もいるが、ほとんどが植食性である。この点が、食性が多様な鞘翅目や双翅目とは異なる特徴である。森林食葉性害虫として扱われている種を多く含んでいる。

31 毛翅目（＝トビケラ目 Trichoptera）：成虫は蛾に似ているが、翅には鱗粉ではなく短い毛が密生する。幼虫はごく一部の陸生種を除いて水生。幼虫の体型は基本的にイモムシ型で、カゲロウ目幼虫のような棲息環境に合わせた変異はみられない。幼虫は絹糸を吐き、これを利用してさまざまな環境に適応する。絹糸で張った網や、砂粒や植物片をつづり合わせて作った筒巣で、流れてくる餌を利用したり捕食者から逃れたりする。また、筒巣の中で体をうねらすことにより、水を効率良く体表面付近を通すことができるため、渓流のような流水域だけでなく、池沼などの止水にも進出できたと考えられている。幼虫には、巣を作らないものもいる。餌も種類によって異なり、藻類食、落葉食、肉食そして雑食のものがいる。

32 膜翅目（＝ハチ目 Hymenoptera）：多くの種が含まれ、日本には約四三〇〇種類を産する。単独で生活するもの、集団を作り社会生活を営むものなど実にさまざまである。また大きさも一ミリメートルに満たないものから数センチメートルに達するものまである。食性も、植物の葉を食べるもの、木の幹に穿入するもの、花の蜜を集めるもの、昆虫など他の生き物をとらえて食べたり寄生するものなど多様である。「広腰亜目」（胸部と腹部が円筒状に連結しくびれがないもの）と「細腰亜目」（前伸腹節と第二腹節の間がくびれるもの）とに分かれる。広腰亜目の幼虫はいわゆる「イモムシ」で、植物食である。広腰亜目に属するハバチやキバチの仲間は、森林と深い関わりをもっている。ハバチは食葉性昆虫で、森林害虫として扱われるものも多い。キバチは、菌と共生して、幼虫が樹木の材部を摂食する。寄生バチ以外の細腰亜目は、成虫によって作られた巣の中で生活する。有剣類の大部分はカリバチやハナバチとよばれ、アリも含めて膜翅目の中ではもっとも進化したグループだと考えられている。これらのハチは、①巣を一つの単位とした集団生活をする、②機能の分担がある、③カスト分化（女王バチ、働きバチ、雄が存在する）という共通性がみられ、社会性のハチ類とよばれる。アリにも社会性がみられる。

い。鱗翅目は、生食連鎖、腐食連鎖の起点となる種がほとんどで、捕食者は少ない。それに対して、鞘翅目は捕食者、膜翅目は捕食者や捕食寄生者として、重要な役割をしているものも多い。また、分解者として重要な役割をしているものも多い。双翅目は、ゴールを作るタマバエ科などもいるが、捕食寄生者も多い。また、幼虫が水生昆虫のもの、成虫が吸血性で、衛生害虫、不快昆虫として扱われているものも多い。等翅目は、分解者として森林で重要な役割を担っている。とくに、熱帯・亜熱帯ではその重要性は高い。

蝶と蛾の区別は？

蝶と蛾の仲間を鱗翅目といい、日本だけでおよそ五〇〇〇種類が知られている。そのうち蝶は約二五〇種類、残りはすべて蛾であるため、鱗翅目の大部分は蛾ということになる。一般的には、「蝶は美しいが、蛾は醜い」、「蝶は昼間に活動するが、蛾は夜に活動する」、「蝶は羽を立ててとまるが、蛾は羽を広げてとまる」、「蝶の幼虫はアオムシだが、蛾の幼虫は毛虫である」などなど、さまざまな俗説があるが、これらはほとんどあてにならない。そもそも「蓼食う虫も好き好き」というように、美しいかどうかは個人の好みもあり一概にはいえない。サツマニシキのような美しい蛾もいれば、逆にヒカゲチョウのような地味な蝶もたくさんいる。昼間に飛ぶ蛾はたくさんいる。クロコノマチョウやウスイロコノマチョウなどの蝶は夕方かなり暗くなってから活動する。夜中にネオン街に行っても「夜の蝶」がいる（失礼！）。シャクガの一部やイカリモンガは羽を立ててとまるし、蝶でもイシガケチョウ、スミナガシ、ダイミョウセセリなどは羽を立てない。『はらぺこあおむし』という絵本がある。たぶん、世界中にもっとも広く読まれている絵本の一つだろう。その中に登場する青虫も最後はきれいな蝶に変身するのだが、ヒョウモンチョウの仲間は幼虫が毛虫だし、幼虫が青虫の蛾は数え上げればきりがない。これも蓼食う虫なのかもしれないが、私のライフワークであるブナの葉を食べる蛾ブナアオシャチホコの幼虫は、それはかわいい青虫である。著名な森林害虫にマイマイガという食葉性の蛾がいる。アメリカ合衆国では、もっとも重要な森林害虫の一つになっているため、合成性フェロモンがモニタリングに利用されている。USDA(アメリカ農務省)の研究者と共同研究を行っていた関係で、私もこの合成フェロモン剤(「ルアー(=疑似餌)」とよぶ)を一時期使用していたことがある。気温が高い熱帯で使うと半年ほどで効力がなくなるのだが、温帯の、それも比較的冷涼な盛岡では、このルアーが厄介なくらいに長持ちする。一週間ほど家に保管しておいたときに、フェロモンがどこかに染み着いたのであろう。毎年七月下旬になると、マイマイガの雄が大挙して家へ押し寄せてくるのだ。マイマイガの雄は、色彩は地味だが、昼間に飛翔する、羽を立ててとまるなど、上記の「通説」にしたがうと、蝶の要素が強い。しかもひらひらと蝶のように舞う。それで「マイマイガ」という名がついた。一見するとヒカゲチョウ風である。当時三歳になったばかりの二女は、大挙して押し寄せるマイマイガの雄を見て、「お家は、ちょうちょうさんの通り道になっているの?」とたずねた。蝶と蛾の区別などつくわけもなく、「蝶は昼間飛ぶもの」、「蛾は夜飛ぶもの」という先入観だけはもっていたようである。「蝶はきれい」、「蛾は醜い」という先入観をもたなかっただけましだと思い、とりあえず、「そうだよ。」と答えておいた。娘が成長してこの本を読むときがくるまでの秘密にしておこう。と思っていたら、二女は幼稚園に通うようになると、「蝶は美しいが、蛾は醜い」という誤った観念を幼稚園で覚えてきたらしい。家に舞い込んだマイマイガの雄を見ると、「パパ、蛾が飛んでるからつかまえて。」というようになってしまった。

　科学的な話をしておくと、鱗翅目は二四の上科に分けられ、アゲハチョウ上科とセセリチョウ上科の二つの上科に含まれる昆虫を蝶(チョウ亜目)とよんでいる。複数の基準を使って、二四の上科に分けているため、一つの基準をもって鱗翅目全体の中からアゲハチョウ上科とセセリチョウ上科だけを区別できるものではないのである。

5　昆虫の進化

アウストラロピテクスは、約四〇〇万年前にアフリカの南部と東部で生活していたと考えられている人類の祖先である。原人よりも原始的な猿人で、初めて直立二足歩行をしたヒト科のもっとも古い祖先と考えられている。

　昆虫は、われわれ人類よりもはるかに昔から地球上に棲息していた（図1-7）。

　現在見つかっているもっとも古い昆虫の化石は、スコットランドの古生代デボン紀中期（約四億年前）の地層から発見された体長数ミリメートルのトビムシの化石 *Rhyniella praecursor*（リニエラ・プレコルソル）といわれている。この時代、トビムシ類、カマアシムシ類、コムシ類といった昆虫が姿

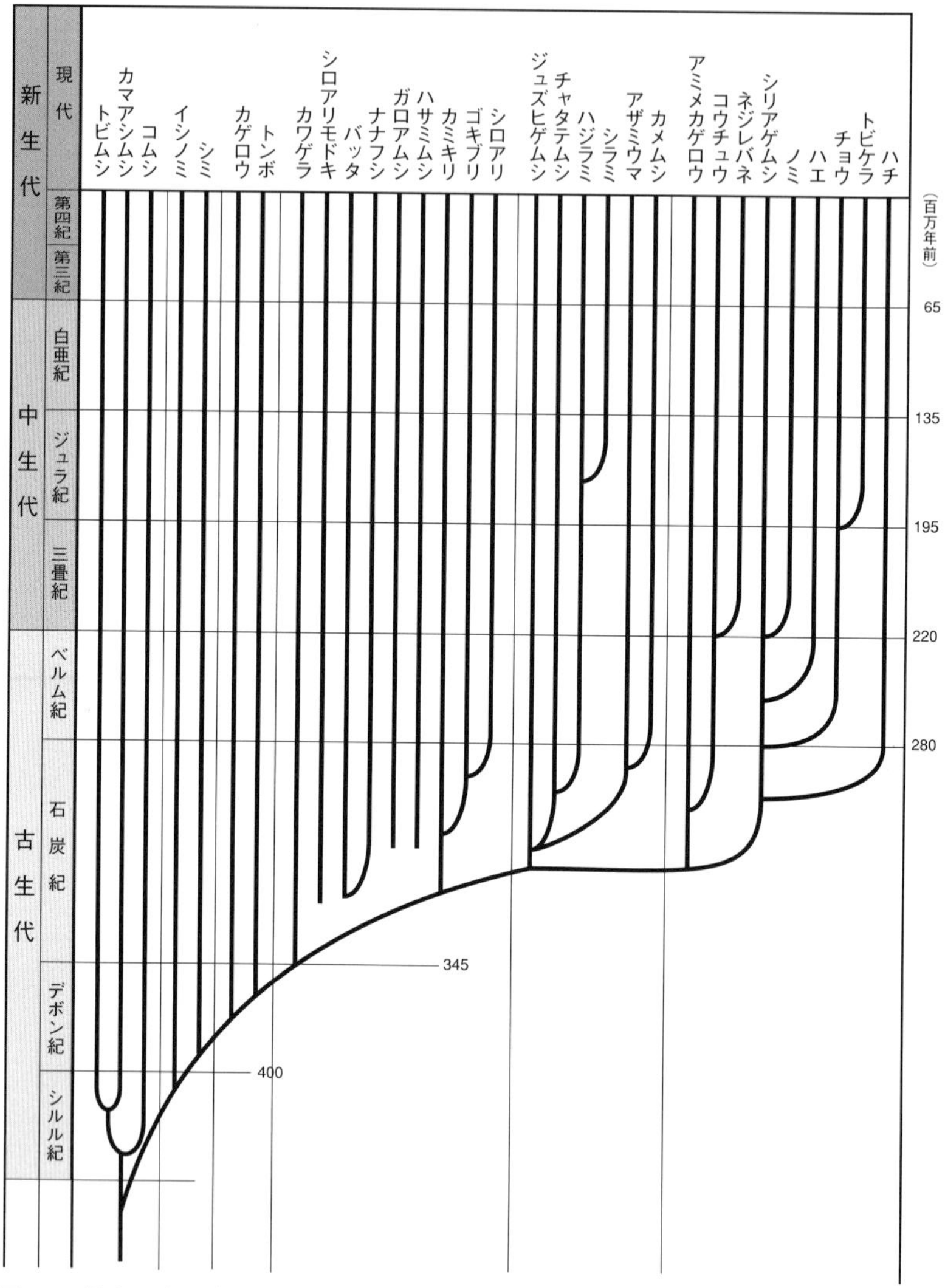
新生代
中生代
古生代
現代
第四紀
第三紀
白亜紀
ジュラ紀
三畳紀
ベルム紀
石炭紀
デボン紀
シルル紀
トビムシ
カマアシムシ
コムシ
イシノミ
シミ
カゲロウ
トンボ
カワゲラ
シロアリモドキ
バッタ
ナナフシ
ガロアムシ
ハサミムシ
カミキリ
ゴキブリ
シロアリ
ジュズヒゲムシ
チャタテムシ
ハジラミ
シラミ
アザミウマ
カメムシ
アミメカゲロウ
コウチュウ
ネジレバネ
シリアゲムシ
ノミ
ハエ
チョウ
トビケラ
ハチ
（百万年前）
65
135
195
220
280
345
400

図 1-7　昆虫の出現史と進化系統図

を現したが、当時の昆虫は翅をもたず、幼虫は成虫と同じ姿のきわめて単純な造りだった。デボン紀（四億八〇〇〇万～三億六二〇〇〇万年前）は、現在のシダ植物につながる原始的なヒカゲノカズラ類・トクサ類・シダ類および前裸子植物などへと植物が分化を進めた時代である。デボン紀後期には、この中のある種類から、裸子植物（シダ種子類）が出現している。

石炭紀（約三億六二〇〇〇万～二億九〇〇〇〇万年前）になると、デボン期に分化したシダ植物から、巨大植物が出現し、世界各地で大森林を形成した。これが現在の石炭となった。石炭紀に、翅を得たことで昆虫は移動範囲が広まった。鳥類や翼竜が現れる前に、唯一空中という空間を利用できた昆虫は、ほかの生物が利用できない環境に優先的に進出することができ、その結果、さまざまな環境に適応した多くの種が生まれ、昆虫の種類は飛躍的に増加した。類稀にみる昆虫の適応放散のきっかけは、石炭期における巨大植物の森林の出現と密接な関係があったことは疑いない。石炭紀に入って増えた昆虫たちの基となった種類は、ゴキブリ類だった。カワゲラ類、ハサミムシ類、カゲロウ類、トンボ類や甲虫類もこのころに現れた昆虫だ。裸子植物のシダ種子類も全盛をきわめていたが、この時代の終わりごろからは徐々に衰退していった。

古生代最後の、ベルム紀（二億八〇〇〇〇万～二億五〇〇〇〇万年前）になると、植物はリンボクなどが減り、代わってマツ類やモミ類などの裸子植物が多くなった。動物では、爬虫類が両生類をしのぐほど繁栄した。棲む場所が広がっていくにつれ、昆虫たちはその環境に合わせて自らの生態・形態を適応させていった。この時代になると、シリアゲムシ類からトビケラ類、膜翅類、双翅類が、チャタテムシ類からアザミウマ類が、直翅類からナナフシ類が分岐して進化していった。ベルム紀には、地球上に現れた最大の昆虫として有名な、原トンボ目（Meganeura）が出現した。翅の開帳が七〇センチメートルの *Meganeura monyi*（メガネウラ・モニイ）（フランス）や、翅の開帳が七五センチメートルにおよぶ *Meganeuropsis americana*（メガネウロプシス・アメリカーナ）（アメリカ）などが含まれている。原トンボ目は、翅脈が単純で腹部はトンボ目ほどには細くなく、トンボ目の直接の祖先ではない。

恐竜が闊歩していた中生代（二億五〇〇〇万〜七〇〇〇万年前）になると、昆虫の目（order）はほぼすべてが確立した。ただ、植物の種類がまだあまり多くなかったため、肉食性の昆虫が多くを占めていた。今からだいたい二億三〇〇〇万年前には、脈翅目の広翅亜目によく似た形をした祖先から、原甲虫目が進化した。広翅亜目とは、脈翅目の中で幼虫が水の中ですごす、センブリ、ヘビトンボ、それにクロスジヘビトンボを含む仲間である。チャタテムシ類からシラミ類やハジラミ類が、シリアゲムシ類からノミ類が分岐したのは、中生代の白亜紀と推測されている。白亜紀の後半になると、被子植物が裸子植物にとって代わり、哺乳類や鳥、そして海では硬骨魚類が現れた。

新生代（七〇〇〇万年前〜）になると、それまで地上を「わがもの顔」にのし歩いていた恐竜が滅び、哺乳類の時代に突入した。このころ花を咲かせる被子植物が登場して世界中に広がっていったが、それが昆虫たちに新たな変化をもたらした。花を咲かせる植物を、棲みかにしたり食べたりという形で利用する昆虫が増えたのである。花の種類によって昆虫たちも種類を分化させていったので、昆虫の種数はこのころ爆発的に増えたとみられる。およそ三〇〇〇万年前には、ハチやツノゼミ、カマキリなど、現存する種類とほとんど変わらない姿になった。この時代で昆虫たちはほぼ「進化を終えた」といっても過言ではない。

6　昆虫の多様性

6・1　形態の多様性

小学校の理科の授業では、昆虫は脚を六本、翅を四枚もっていると習う。ところが、ハエやアブには翅が二枚しかない。アリともなれば翅がないものがほとんどである。このように、昆虫には、例外がいっぱいある。裏返せばそれが「多様性」なのである。

6・2　サイズの多様性

昆虫の多様性といえば、そのサイズもまた多様である。小さい虫は大きい単細胞動物より小さく、大きい虫は小さい哺乳類より大きい。事実、現在までに記録されている世界最小の昆虫は、寄生バチの仲間で体長はわずか〇・一四ミリメートルしかない。これは針の穴を自由にくぐり抜けられる大きさである。逆に、最大の昆虫としては、体長ではナナフシムシの一種が約三三センチメートル、重量ではアフリカのゴライアスツノハナムグリ類が一〇〇グラム以上、面積では東南アジアのヨナクニサンの仲間の翅の面積二六三平方センチメートルなどがある。しかし、これらはむしろ例外で、大多数の昆虫は体長一センチメートル以下の小型種で占められている。

6・3　食べ物の多様性

昆虫類はその食べ物もさまざまであるが、大きく四群に分けることができる。

① **動物食性**（肉食性）　生きた動物を食べるもの。カ類やノミ類などの吸血者、カマキリ類、トンボ類などほかの虫を食べる捕食者、ほかの虫に寄生する寄生バエ、寄生バチなど。

② **植物食性**（植食性）　生きた植物を食べるもの。葉を食べるチョウやガ類の幼虫、木の材部を食べるカミキリムシ類やキクイムシ類の幼虫、葉や果実の汁を吸うカメムシ類やウンカ・ヨコバイ類など、もっとも種類が多く、重要な農作物の害虫のほとんどを含む。

③ **腐食性**　動植物の死体や腐敗物、排泄物を食べるもの。動物の糞を食べる糞食性のコガネムシ（クソムシ）類、腐肉や腐植を食べるハエ類の幼虫などが含まれ、自然界では分解者として働いている。

④ **雑食性**　右記の①～③のうち食べ物が二つ以上にわたるもの。ゴキブリ類、アリ類、コオロギ類など。

また、肉食性と植食性については、餌生物の種類の多少によって、単食性、狭食性、広食性に分けられる。単食性というのは、一種あるいは一属の生物だけを食べるもので、たとえばクワの葉を食べるカイコや、ブナ・イヌブナを食べるブナアオシャチホコなどが単食性になる。狭食性になるともう少し食性幅が広く、近縁の複数の生物を食べるものをいう。たとえばモンシロチョウ幼虫とアブラナ科植物、特定のグループの昆虫に寄生するタマゴバチである。広食性という場合には類縁の遠い多くの生物を食べる。たとえば、多種類の広葉樹やカラマツの葉を食べるマイマイガは広食性に相当する。また、完全変態をする昆虫類では、幼虫と成虫で食べる餌がまったく異なっているものがほとんどである。たとえばヒラタアブの仲間は、幼虫はアブラムシなどを食べる肉食性だが、成虫は花蜜などを食べる植食性である。チョウ類の多くは成虫も幼虫も植食性だが、幼虫は特定の植物の葉を食べる狭食性で、成虫はいろいろな植物の花の蜜を吸う広食性であるものが多い。

6・4　口器の多様性

食べ物の多様性を反映して、昆虫の口（口器）もさまざまな形をしている（図1-8）。バッタのように植物をばりばり食べる仲間は食物を噛み砕くためのペンチ状の口をしている。花の蜜を吸うアゲハチョウやホウジャクの仲間は、ストローのような口をしている。カブトムシのように、樹液をなめる昆虫は、ブラシのような口をしている。

昆虫の口器は、咀嚼（そしゃく）性と吸収性のものに大別できる。咀嚼性口器が本来の形式で、それから吸収性口器が進化適応した。

吸収性口器は液体性の食物をとるためにとくに変化したもので、多くは細長い口吻を形成するが、その構造は種類によってきわめて変化に富んでいる。アブなどの双翅目では大腮は鋭い葉片となって突出し、小腮は長い剛針状に発達する。この二つを使って哺乳類の皮膚を切開し、出てきた血液をスポンジ状に発達した下唇で集め舌のほうへ送る。多くの双翅目、たとえばイエバエなどでは、大腮・小腮は退化して、ほかの部分が口吻に発達して先端がスポンジ状になる「なめ型口器」となっている。また、多くの高等の膜翅目、たとえばスズメバチやミツバチなどでは、大腮と上唇は食べ物を

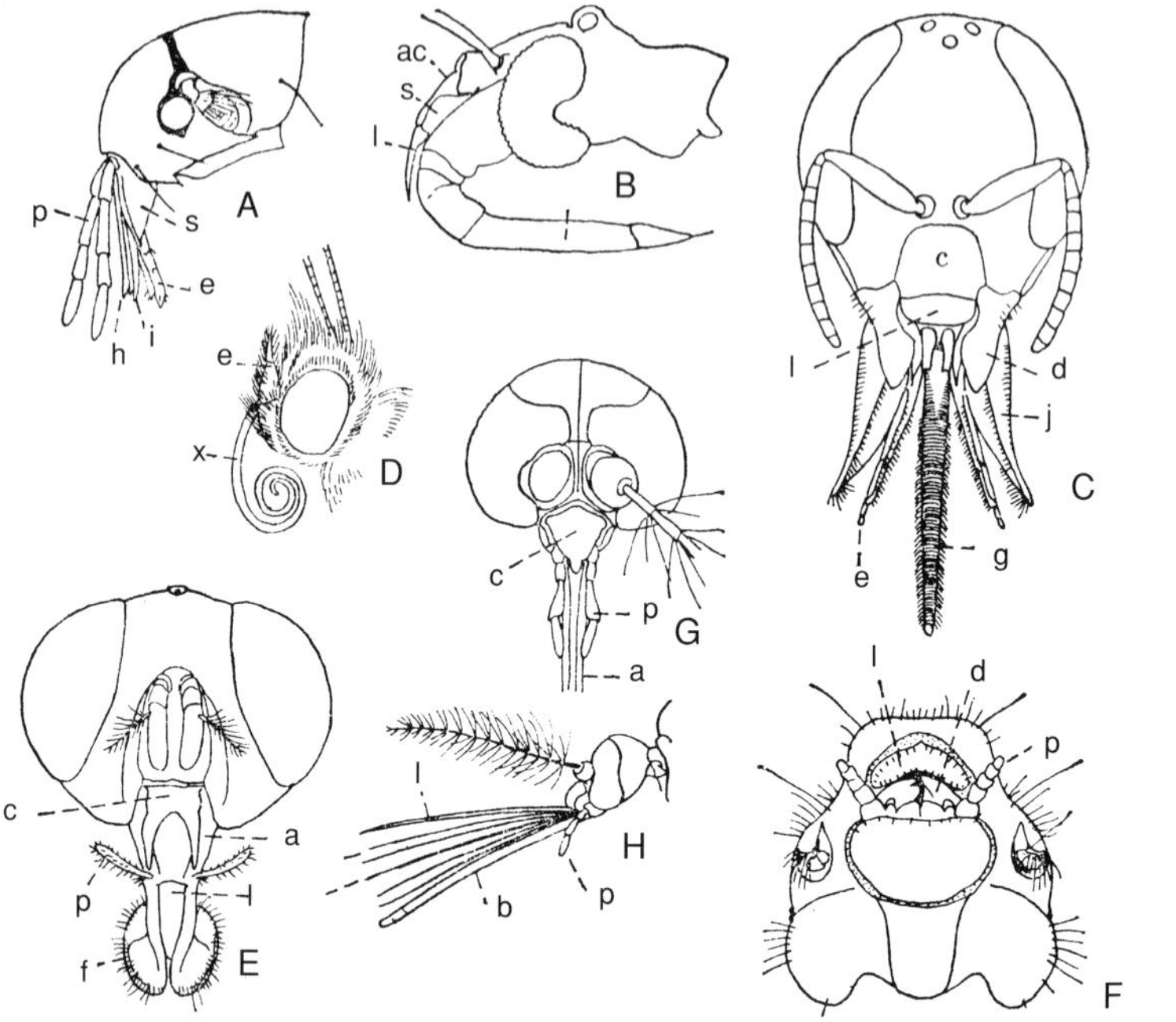

A
p
s
e
h
i
B
ac
s
l
C
c
l
d
j
e
g
D
e
x
G
c
p
a
E
c
a
p
l
f
H
l
b
p
F
l
d
p

図1-8 昆虫の口器の多様性（安松ほか、1972：安松京三・山崎輝男・内田俊郎・野村健一『応用昆虫学（３訂版）』朝倉書店より）
A：ヒトノミ（側面）、B：サシガメの１種（側面）、C：ミツバチ（前面）、D：モンシロチョウ（側面）、E：イエバエ（前面）、F：ハジラミの１種（腹面）、G：カ（前面）、H：カ（側面）
a：口吻、ac：前頭楯、b：下唇、c：頭楯、d：大腮、e：下唇鬚、f：唇弁、g：中舌、h：舌、i：は節、j：外弁、l：上唇、p：小腮鬚、s：蝶こう節、x：小腮

咀嚼したり獲物をとらえたり、または巣材を集める仕事に使われるが、小腮と下唇は長い口吻状となって、花の中から花蜜を吸い取るようになっている。

6・5 変態

昆虫類が一生の間に体の形を変えることを「変態」といい、次の三つのタイプがある。

完全変態　卵→幼虫→蛹→成虫と四段階の変化をする。幼虫と成虫とでは形が違い、幼虫は脱皮を繰り返して育ち、蛹の時代をはさんで翅をもつ成虫に変身する。多くの場合、幼虫と成虫とでは、食物も違う（本章6・3を参照のこと）。昆虫類の中ではもっとも進化した変態様式で、全昆虫の約八五パーセントの種類がこのグループに入る（コウチュウ類、チョウ・ガ類、ハチ・アリ類、ハエ・アブ・カ類など）。

不完全変態　卵↓幼虫↓成虫と三段階の変化をし、蛹の時代がない。ふつう幼虫と成虫は形が似ているが、成虫には翅がある。これらのグループの中にはノミなどのように翅が退化したものもあるが、そうした種類を除けば、どんなに大きな虫でも小さな虫でも翅がなければ幼虫であり、逆に翅があれば成虫でそれ以上は成長はしない。多くの場合、幼虫と成虫は、食べ物も同じである。スズムシは、幼虫も成虫も食べものはかわらない。セミは、どうだろう。幼虫は土の中、成虫は地上部で生活する。このように棲み場所には大きな変化がみられるが、食生活にはあまり変化がない。幼虫は土中で根から樹液を吸い、成虫は樹幹にとまって同じように樹液を吸っている。不完全変態には、バッタのように幼虫と成虫が同じような環境に棲み、姿も似ているものと、セミやトンボのように、幼虫と成虫で棲む場所や姿がまったく異なるものがいる（バッタ・コオロギ類、セミ・ウンカ・アブラムシ類、カメムシ類、トンボ類など）。

無変態　不完全変態と似ているが、成虫になっても翅がない点で異なる。もっとも原始的な翅のないグループの変態様式で、種類数も少なく、約五〇〇〇種が知られているだけである（トビムシ類、シミ類など）。

7　昆虫の繁栄と環境への適応

7・1　昆虫類の繁栄をもたらした要因

昆虫類が繁栄に成功したのは、感覚と本能が極度に発達していること、環境への適応力がずば抜けて優れていること、翅をもち自分で移動して自由に棲む場所を選べるようになったこと、一世代の期間が短く進化の速度を早めることができたことなどが理由としてあげられる。また、体が小さいことも大きな理由の一つにあげられる。これによって餌も少量ですみ、一定の面積に多数の種類や個体が共存できる。小さいことは体の水分を失う危険性が大きくなるが、固い皮膚（外骨格）で体を保護することでこれを防いでいる。昆虫は一定の体温を保つことができない変温動物で、熱さ寒さは苦手だが、これも生活の途中で体の形を変える変態や、不適当な環境を眠ってすごす休眠性を獲得することで乗り越えた。遺伝的変異が大きいことが、新しい環境への適応を可能にした。こうして分布を広げた昆虫たちは、それぞれの土地における環境の違いに応じて別々の種に分化して種類を増やし、驚くほどの繁栄をなしとげたのである。しかも南極の果てや氷河の残る高山、荒涼とした砂漠などの劣悪環境にもめげずたくましく生きている。昆虫の環境への適応の様相について眺めてみよう。

7・2　空への進出

昆虫の翅も外骨格からできている。そこには鳥のような内部から羽を支える骨格はない。しかも、

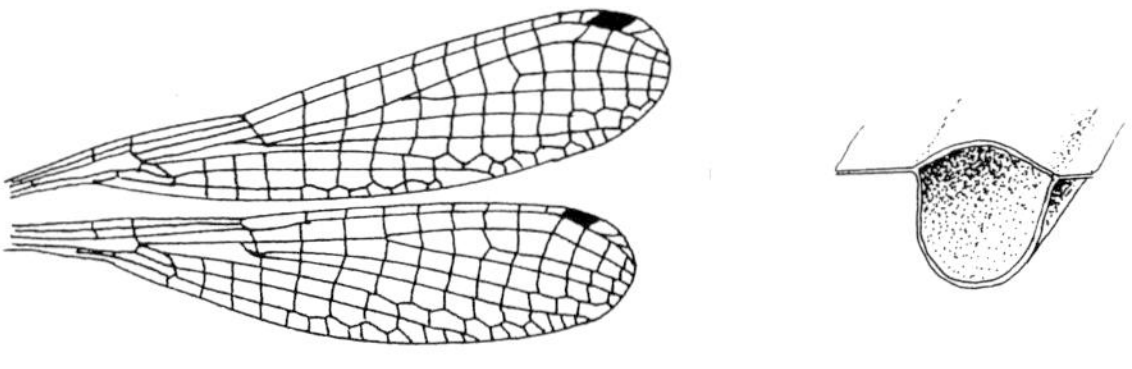

図 1-9　昆虫の翅の構造（Chapman、1998 より）
翅全体はクチクラでできており、軽量でしなやかかつ頑丈。翅脈は器官の延長でパイプ状の構造をしており、軽量化にひと役かっている。翅脈の間には、クチクラでできた膜があり、空気抵抗を作り出す。

非常に軽くできており、たとえば、トンボの翅の重さは全体重の実に二パーセント程度しかない。こんなに軽い翅でどうやって空中で体を支え、敏捷に飛びまわることができるのだろうか。

昆虫の翅は、翅脈（しみゃく）と薄い膜の二種類の部品からできている（図1-9）。翅脈は気管が変化したものであるため、パイプ状の構造になっていて軽量で頑丈である。それにくわえ、翅の材質が弾性に富むクチクラであるところに、昆虫の翅の頑丈さの秘密がある。

鳥やコウモリが羽ばたくときに使う筋肉や骨は、私たち人間が手や腕を動かすときに使う筋肉や骨とそう大きく違わない。どちらも共通の祖先から進化してきた。しかし、昆虫の羽ばたきに使われる筋肉や骨格は、鳥や哺乳類のそれとはまったく違うものだ。昆虫は外骨格をもっていて、筋肉はすべて固い殻の中に収められている。翅を動かす機構も大きく異なる。

昆虫の羽ばたきに使われる筋肉や骨格の構造は、その羽ばたきの機構の違いに応じて、大きく二種類に分けられる。トンボなどは、筋肉が四枚の翅の基部につながっていて、それぞれを別々に直接動かすことができる（直接飛翔筋型）（図1-10A）。一方、ハチなどの小型昆虫では、筋肉は翅ではなく外骨格につながっている（間接飛翔筋型）

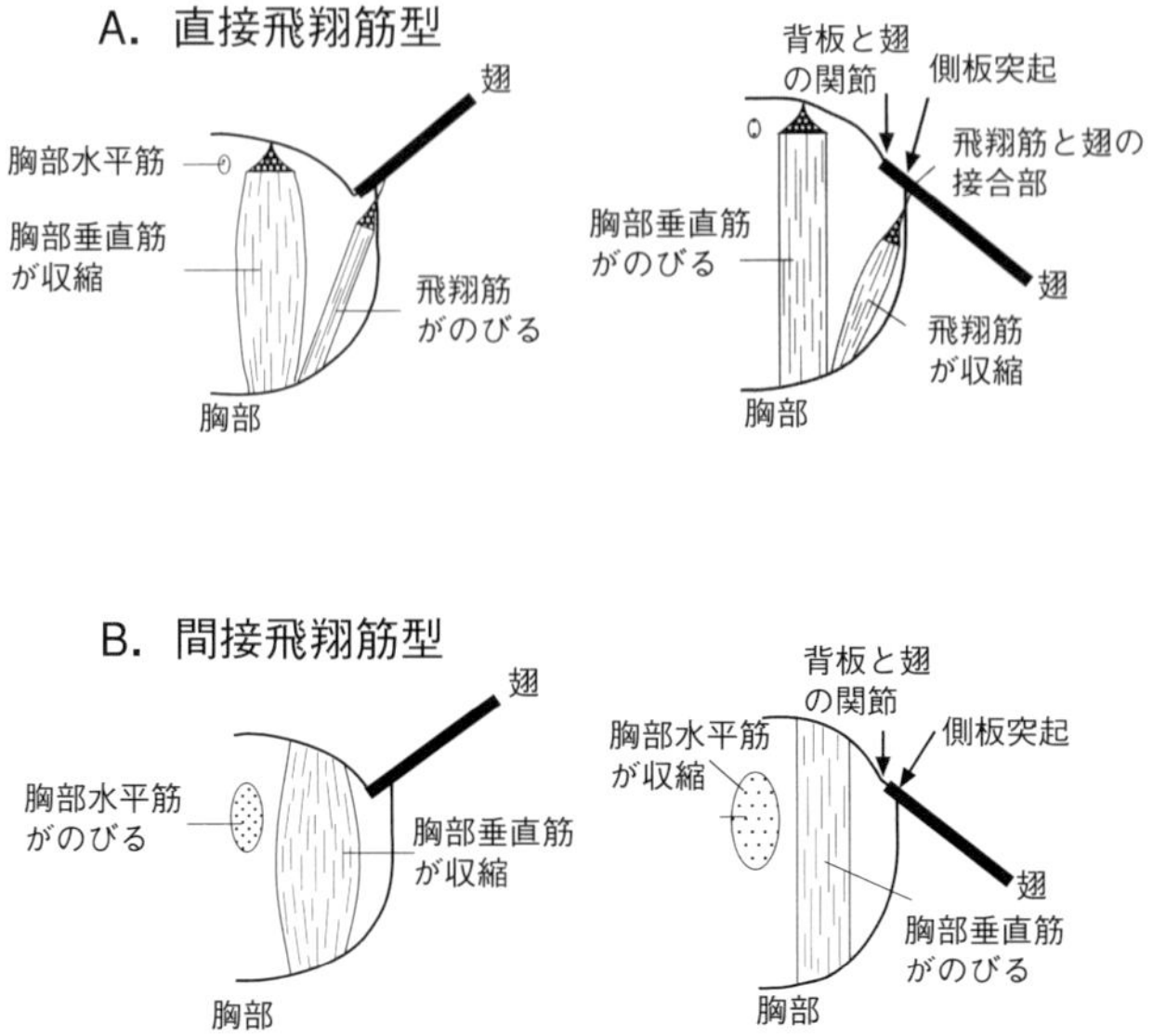

A. 直接飛翔筋型
翅
胸部水平筋
胸部垂直筋
が収縮
飛翔筋
がのびる
胸部
背板と翅
の関節
側板突起
飛翔筋と翅の
接合部
胸部垂直筋
がのびる
翅
飛翔筋
が収縮
胸部
B. 間接飛翔筋型
翅
胸部水平筋
がのびる
胸部垂直筋
が収縮
胸部
背板と翅
の関節
胸部水平筋
が収縮
側板突起
翅
胸部垂直筋
がのびる
胸部

図 1-10　昆虫の飛翔の仕組み（Chapman、1998 より）
直接飛翔筋型では、飛翔筋の伸縮により翅を上下に動かす。それに対し、間接飛翔筋型は、位相を逆転させて胸部垂直筋と胸部水平筋の伸縮の繰り返しにより、胸部外骨格を垂直方向に伸縮させることによって、翅を上下に動かす。

（図1－10B）。体の前後方向（体軸方向）と、これに直角な方向に走った筋肉を交互に収縮させて、外骨格全体をでこぼこと変形させることにより、間接的に翅を動かす。このとき、外骨格はバネのような働きをしてエネルギーを蓄え、これを羽ばたき運動に利用している。また、外骨格を利用することで一秒間に一〇〇〇回以上も羽ばたくことを可能にしている。

7・3　水への進出

一生のうちの一時期あるいはすべてを水中ですごす昆虫たちを総称して水生昆虫とよぶ。昆虫類は分類学上、三二目に分けられるが、そのうちの一二目（トビムシ目、カゲロウ目、トンボ目、カワゲラ目、バッタ目、カメムシ目、アミメカゲロウ目、コウチュウ目、ハエ目、チョウ目、トビケラ目、ハチ目）、日本ではバッタ目を除く一一目に水生昆虫の仲間が含まれている。カゲロウ目、トンボ目、カワゲラ目、トビケラ目のほとんどの種は水生昆虫の仲間で、卵から幼虫あるいは蛹時代を水中ですごす。カメムシ目では、アメンボ、タガメ、ミズカマキリなどがよく知られている。またコウチュウ目に属する水生昆虫としては、日本の夏の風物詩ホタルや、ゲンゴロウがいる。現在までにおよそ一五〇万種もの昆虫が知られているが、水生昆虫の仲間と見なされるものは約四万種ほどで、昆虫全体からするとわずか三パーセントにも満たない。

　水生昆虫が棲息場所として利用している水域は海水、汽水、淡水と多岐にわたる。水生昆虫の中でも湖や池などの止水に棲息するものを止水性昆虫、流水に棲息するものを流水（河川）性昆虫と区別することもある。カゲロウ目、カワゲラ目、トビケラ目では七〇パーセント以上の種が流水生昆虫だが、逆にトンボ目では八〇パーセント以上の種が止水性昆虫の仲間に入る。

　脊椎動物では、魚類は鰓（えら）や浮き袋、両生類以上の種類では肺と皮膚で呼吸を行う。甲殻類を除く節足動物では、気管とよばれる微細な管状の器官を使って呼吸する（図1－6D参照）。その気管への吸気・排気を行うために体表面に複数の小孔をもっている。この小孔が気門である。気門に直接つながる気管は、身体の両側面をかなり太い枝になって前後に通じている。それでは、どのようにして昆虫は水中に進出していったのであろうか？　水中で暮らすゲンゴロウ（鞘翅目）は、水面にお尻を出し、翅と腹部の間にガスボンベのように空気を貯めておき、水中で呼吸する。そのためお尻に空気の泡をつけて泳ぐこともある。水生昆虫でも翅をもたない幼虫時代には、魚のように鰓をもち、水に溶けている酸素を吸収しているものがいる。トンボの仲間のヤゴは、お尻の穴の中（直腸）に鰓があり、イトトンボやカワトンボの仲間では、腹の先に、尾鰓（びさい）とよばれるヒラヒラの鰓を三本もっている。羽化間近になると、ヤゴは段々と水面近くに上がってくる。これは、水中での鰓呼吸から、陸上生活にむけた気門呼吸への準備段階である。水生ホタルの幼虫は腹部側方に肉質の気管鰓を備え、先端は二股になっている。一方は鰓として水中の溶存酸素を吸収し、他方は気門となっていて渇水時や上陸したときに働くようになっている。イエカやヤブカの幼虫であるボウフラは、鰓呼吸ではなく、水面で腹端の呼吸管から空気を取り入れて呼吸している。蛹では呼吸管が胸背部に一対ある。これを鬼の角に見立てて、オニボウフラとよばれている。幼虫をボウフラとよぶ語源は、腹端の呼吸管を上に倒立して泳ぐさまが「棒ふり」に似ているためである。

7・4　温度への適応

昆虫は変温動物であるため、温度の影響を強く受ける。ところが、なかには低温や高温に適応したものがある。

これまでに知られている昆虫の温度耐性の記録は西アフリカのユスリカで、この幼虫は一〇二度に一分間、零下二七〇度に五分間処理しても死なず、その後無事に羽化したという。ちなみにこれは、この幼虫が棲息していた水溜まりが干上がってしまい、虫体の含水率が八パーセントにまで乾燥した状態での話である。温泉に棲むアブやユスリカの幼虫も高温に強く、五五度以上の湯の中で正常に発育する。

逆に、寒さに強い昆虫も少なくない。フユシャク、ガガンボ、カワゲラ、ユスリカなどの中には、他の多くの昆虫がまったく活動を停止している冬だけ活動する変わり者がいる。

フユシャク類の蛾は体長二〜三センチの白い蛾で、全国的に分布し、本州では一〜二月の厳冬期に出現するが、北海道では一〇〜一二月に現れる。年一回、春に卵から発生して孵化し、二〜三週間の短い幼虫期間の後、土の中で蛹になり、そのまま夏眠して晩秋まで土中ですごし、冬に蛾になり、〇度以上の比較的暖かい日に活動して交尾・産卵するが、零下五度ぐらいでも人為的に刺激すれば活動する。雄は白い翅をもって飛ぶことができるが、体表面積を小さくして外界の気温の影響を最小限に留めるために雌の翅は退化して、翅の表面から体温が失われるのを防いでいる。また、冬は餌となる花の蜜がないのと、体内で凍結核となるので摂食しない。

クモガタガガンボやコロカワゲラなどの成虫は気温が零下一〇度でも、雪上を歩いているのを見かける。体が暗色なので、太陽の輻射熱を吸収し、体温は外気温より高いとみられるが、それでも、この時期にどうして出現するのか興味深い。

真冬や氷河で活動する昆虫は、天敵である他の昆虫や動物が少ないので、その攻撃から逃れられるという利点がある。しかし、これらの昆虫にはエネルギー代謝、筋肉、神経活動など特殊な仕組みが備わっていると考えられている。イラガの前蛹（老熟幼虫）やキアゲハの蛹などは、あらかじめ細胞外凍結しておくと、液体酸素（零下一八三度）や液体窒素（零下一九六度）につけても死なない。

自然界では過冷却状態で越冬している種が多く、休眠に入ると、過冷却点がどんどん下がり、零下二〇度以下でも凍らないことがある。マイマイガの越冬卵の過冷却点は零下二七・七度という。越冬期には過冷却状態を安定させる機能をもつ蛋白やグリセリン、ソルビトール、トレハロースなどの凍害防御物質を体内に蓄積し、耐寒性を高めている。そのメカニズムについては、まだ確かなことはわかっていない。

また、これらの防凍型とは違って、かちんかちんに凍っても死なない耐凍型の戦略をとる昆虫もいる。

7・5 乾燥への適応

南アメリカには〝地中の真珠〟とよばれているブドウの根につくカイガラムシの一種がいる。この昆虫は旱魃が続くと、多量の固いロウを分泌して体表面をおおい隠し、真珠の玉のようになってしまう。そして、乾燥が続く限りこの状態で何年も生き延びるという。乾燥標本として一七年間、保存してあったこの〝地中の真珠〟に水分を与えて蘇生に成功したという記録がある。

ナイジェリアに棲息するユスリカの幼虫は金魚の餌にするアカムシのように水中で生活しているが、日照りが続いて水溜まりが干上がってしまうと、固くなった泥の中でゴミくずのように縮んだままの姿で、雨の降るのを何カ月も何年も待っている。数年間も乾燥貯蔵しておいた幼虫を水中に投げ入れると、みるみるうちに、幼虫は水を吸ってよみがえり活動を始めたという。

8　化性と休眠

8・1　生活史と休眠

昆虫類の一生は、卵から成虫まで育ち、次代の卵を産んで死亡する。これを世代といい、そのプロセスを生活史という。種によってこれを一年の間に一回しか繰り返さないものや二回以上繰り返すものがある。これを化性という。また、カマキリ類のように、発生回数が遺伝的に決まっていて、どんな場所でも年一回しか発生しないものもあるが、年間の気温の差などの関係で、同じ種類でも地域によって年間の世代数が変わるものが多い。同じ場所でも、その年の気候によって、世代数が変化したり、地域個体群の一部の個体が一世代よけいに経過したりすることもある。また、セミの仲間や材を食べる昆虫、寒い高山に棲む昆虫のように、一世代を終わるのに何年もかかるものもある。昆虫全体では少数派だが、森林昆虫にはこのタイプの割合が比較的高い。

日本のような四季のはっきりした土地に棲む昆虫類の多くは、活動に不適当な夏や冬を生理的な活性を下げてすごす。これを休眠といい、夏の休眠を夏眠（仮眠ではない）、冬の休眠を冬眠という。冬でもただ寒いから動けないのではなく、休眠の場合には昆虫は生理的な活性を下げるため、温度を上げてもすぐに眠りから覚めることはできない。休眠する発育段階（卵・幼虫・蛹・成虫のいずれかあるいは複数）は種によって決まっている。季節の変化を感知するのにもっとも信頼できる環境シグナルは昼の長さ（＝日長）である。そのため、季節とともに生理的反応を変化させるほとんどの温帯生物において、休眠のためのシグナルとしては光周期が使われている。たとえばアゲハチョウは春から夏の昼が長い（長日条件）ときに育った幼虫は休眠しない蛹になり、秋の日が短い（短日条件）ときに育った幼虫は休眠蛹になって越冬する。この長日と短日の境界の日長を臨界日長という。卵休眠の場合、親世代が日長に反応して休眠卵と非休眠卵を産み分けている場合が多い。親世代が長日条件下におかれると休眠せずにすぐ孵化してくる卵を産み、秋の短日条件下に反応すると休眠卵を産むのである。

休眠性は生活史に冬や夏など発育に不適な季節の存在を組み込んだ見事な適応である。したがって、休眠性をもたない熱帯の昆虫が高緯度地帯へ棲みつくためには、冬の存在が大問題になる。休眠する性質を獲得するまでは、生まれつきもっている耐寒性だけが頼りになる。これらの冬越しは、生理活性を低下させる休眠状態ではないため、温度が上がるとすぐに活動を再開してしまう。このため、日本でみられる熱帯からの移入種も、大部分は屋内や温室など冬でも暖かい特殊な場所でだけみられたりする。それに対して、熱帯起源の昆虫でもコオロギは、高緯度に分布を拡大する過程で休眠性を獲得し、温帯に分布を広げていった。

赤道直下では昼と夜の長さが一二時間ずつの短日条件で一年中変化がない。したがって、逆に温帯の休眠性をもった昆虫が熱帯地方に移り住むとたちまち休眠してしまい、場合によっては、冬のない熱帯でもいつまでも眠りから覚めないことになりかねない。

図1-11　アメリカシロヒトリの成虫（左）と幼虫（右）（五味正志氏 撮影）

8・2　侵入害虫アメリカシロヒトリの分布拡大と化性の変化

アメリカシロヒトリ（*Hyphantria cunea*）（図1-11）は、第二次世界大戦後、進駐軍とともに持ち込まれた外来種である。北アメリカでもしばしば大発生する森林昆虫であるが、日本では街路樹や公園など市街地を中心に大発生し、森林では大発生することはない。幼虫はクワ、プラタナス、サクラ、ヤナギなど食樹は六〇〇種以上におよぶ広食性の昆虫である。若齢の幼虫は、クモの巣状のテントを作り、集団で生活する。餌を食べつくした幼虫が移動する際、家屋に侵入して騒がれるが、人体への直接被害はない。体にふれるとかぶれて大変なことになるチャドクガと同じ毛虫なので、昆虫に特別の知識をもたない一般の人たちが大騒ぎするのも無理はなかろう。

日本で最初にアメリカシロヒトリの侵入が確認されたのは一九四五年の東京（北緯三七・五度）である。現在では分布域を北緯約三三〜四二度の範囲まで拡大し、四一の都道府県で発生が認められている（図1-12）。とくに、近年寒い地方への分布が急速に拡大している。長い間定着が確認できなかった青森市では、数年来アメリカシロヒトリが定着して街路樹や庭木が食害されている。また、いないとされた北海道でも二〇〇〇年に函館市で繁殖が確認された。

アメリカシロヒトリの原産地はアメリカ大陸で、メキシコ湾沿いでは四化、カナダでは一化、これらの中間地帯では二化〜三化する。アメリカの三化性の

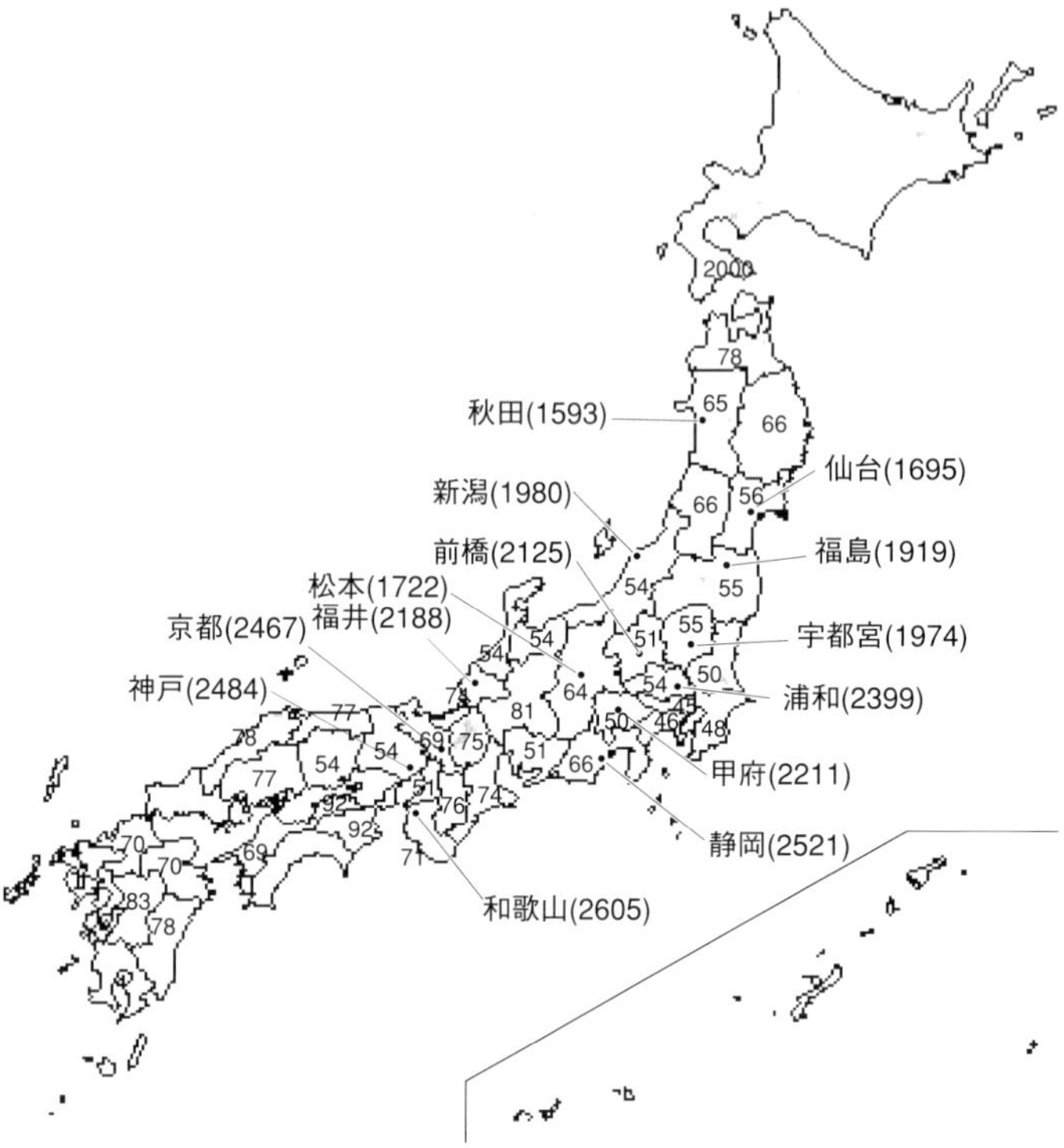
秋田(1593)
新潟(1980)
前橋(2125)
松本(1722)
福井(2188)
京都(2467)
神戸(2484)
仙台(1695)
福島(1919)
宇都宮(1974)
浦和(2399)
甲府(2211)
静岡(2521)
和歌山(2605)
2000

図1-12　アメリカシロヒトリの分布拡大の様子と主な都市の有効積算音量（五味、1993；五味、2002を改変）
各県に示した数字は初記録の西暦年を示すが、1990年以降は初発生年を正確には反映していない。

個体群が日本へ侵入したものと推測されているが、最初に侵入したのが東京だったため、日本では二化を経過していた。発育に必要な積算温量から推定して、アメリカシロヒトリが二化の生活史を維持できる限界は本州北部にあり、この限界を越えて北上するのには、生活史を二化から一化に切り替える必要があると考えられていた。北の夏は日が長い。現在の二化性のアメリカシロヒトリは、二五度での臨界日長は一四時間三〇分で、これ以上の日長では休眠蛹にならない。北海道では、日が長いため休眠せず第二世代を生じてしまうが、第二世代は発育途中で早霜に遭遇して死んでしまうために定着できないと推測されていたのだ。ところが、大方の予想を裏切り、アメリカシロヒトリは生活史を一化性に切り替えることなく函館に定着してしまった。これは、一九八〇年代後半以降続いている温暖化傾向が関係しているものと推測される。一方で、暖かい地方への分布の拡大には、一年二化という生活史では適応できなかった。それは高温では休眠した蛹の死亡率が高いからである。

本種の侵入後、「アメリカシロヒトリ研究会」が発足し、さまざまな生物学的分野の観点から数多くの研究がなされた。それによると日本に侵入した本種の生理的形質はかなり均一で、発育零点（理論上、発育と成長が可能な最低温度）は約一〇度、有効積算温量は約八〇〇日度であった。また休眠が誘導される臨界日長は、一二五度で一四時間三五分であった。本種の生活史は、一九七〇年ころまでは日本での分布域全般にわたって、二化性であることが知られていた。すなわち、越冬した休眠蛹から春に成虫が羽化し、夏に一世代を経過して秋に休眠蛹が現れるという生活史である。ところが、一九七六年に埼玉県と奈良県で、個体群の一部が三世代を経過していることが発見された。これは、侵入後に化性が変化したことを示している。日本の北東部では現在も二化性のままであるが、西南部では一年に三世代を繰り返す三化性の生活史が主流になっている。現時点では、二化性地域と三化性地域の境界は北緯三六度付近にある。

神戸大学の五味正志さん（現、広島県立大学）は、侵入から半世紀が経過して分布を広げたアメリカシロヒトリの発育パラメータの地理的変異を調べた。現在では、北緯三六度以南で、有効積算温量

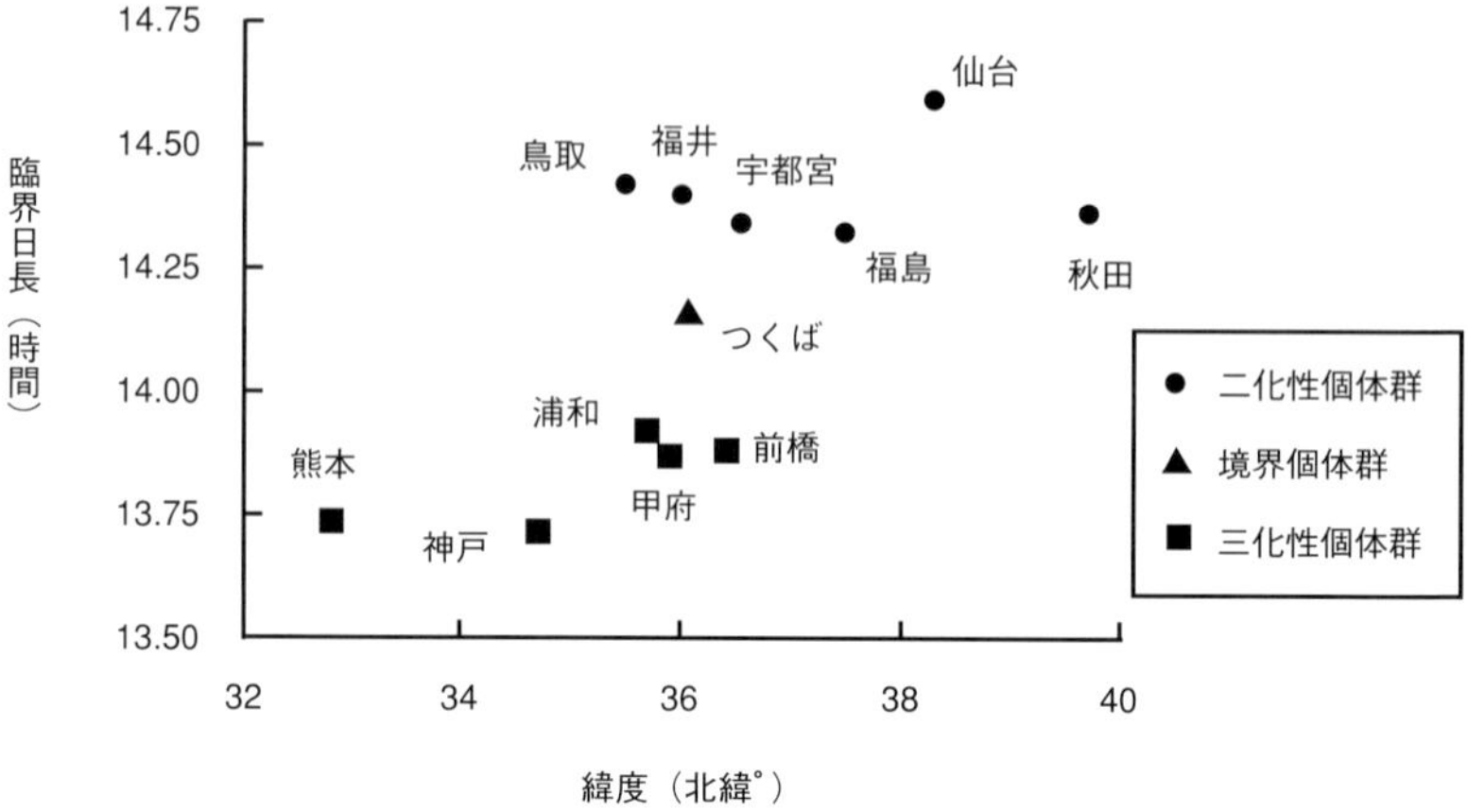

臨界日長（時間）
14.75
14.50
14.25
14.00
13.75
13.50
32
34
36
38
40
緯度（北緯°）
仙台
鳥取
福井
宇都宮
福島
秋田
つくば
浦和
前橋
熊本
甲府
神戸
二化性個体群
境界個体群
三化性個体群

図 1-13　アメリカシロヒトリの臨界日長の地理的変異（五味、2003 より）

が二二〇〇日度以上の地域になっている。三化性の個体群を調査したところ、第一世代から第二世代にかけて必要な有効積算温量は約六九〇日度となっていた。これは二化性の個体群で報告された有効積算温量約八〇〇日度よりも少ない値であり、化性の変化に伴って、発育速度に変化が生じたことを示唆している。日本各地から採集したアメリカシロヒトリを、一定の温度で飼育した場合、非休眠となる場合の幼虫期間は、低緯度の個体群ほど短くなっていた。したがって、低緯度の個体群ほど、発育期間を短くして化性を増やす方向に進化が働いているようだ。また、二化性から三化性への変化が起こり、第二世代で休眠が誘導されなくなるためには、光周反応の臨界日長にも変化が起こる必要がある。すなわち、これまでよりも臨界日長を短くして、休眠が誘導される時期を遅らせる必要がある。神戸市の個体群で調べると、臨界日長は一三時間四五分になっていた。二化性のときに報告された臨界日長と比較すると、五〇分以上短縮しており、第二世代で休眠が誘導されにくくなっていた。日本各地から採集したアメリカシロヒトリの臨界日長を調べた結果が図1-13である。多くの昆虫で知られているように、北の個体群では臨界日長が長く、南の個体群では短いという結果になっている。三化地域では、臨界日長は低緯度ほど短い傾向が認められるが、二化地域では臨界日長はほぼ一定である。現在でも二化性の地域に分布を拡大させる過程では、日本に侵入以来の休眠性を変化させる必要がなかったのかもしれない。また、二化地域と三化地域の間、とくに宇都宮・福井・鳥取と前橋・甲府・浦和との間には大きなギャップがあり、後者では侵入後に臨界日長の短縮が起こったことを示している。これは、類似した環境のもとで、化性を増やすためには、臨界日長が短縮する必要があるからである。福井市と鳥取市の個体群は北緯三六度よりも南に位置しているのにもかかわらず二化性のままである。今後、鳥取や福井で第二世代の蛹が休眠せずに三化性個体群が出現するためには、臨界日長を短くする必要がある。そうなると、緯度と臨界日長の関係は、いまよりももっと「きれいな」直線関係になるだろう。その意味で、本種はまだ、日本の環境に対する適応が十分なされていないのかもしれない。ちなみに、近年福井市では年三回アメリカシロヒトリの防除が行われており、すでに部分三化（図1-13におけるつくばと同じ境界個体群）になっているものと考えられる。今後の研究成果が待ち遠しい。

アメリカシロヒトリは侵入害虫としてはありがたくないが、発育速度や臨界日長を変えることによって化性を変化させ、昆虫が分布を拡大していくプロセスが手にとってわかる貴重な例といえよう。

2章
森林昆虫群集と食物網

1　生物間の関係

1・1　食物網と生物間の相互作用

生き物同士の食べる・食べられるの関係をバイオマス（生体量、生物量）で模式的に表示したものが、小学校の理科の授業でも習う生態ピラミッド（生物ピラミッド）だ（図2－1A）。ピラミッドを構成する一つひとつの積み木を栄養段階という。栄養段階が一つ上がるごとに、そのバイオマスは約一〇分の一になることが知られている。ピラミッドの頂点に位置するのがオオタカなど、ワシ・タカの猛禽類である。

たとえば「植物を食べるウサギをキツネが食べ、キツネをワシが食べる」といったように、生物が〝食〟を通じて一連の鎖でつながれている関係が「食物連鎖（food chain）」である。しかし必ずしもこの流れは一本の鎖ではなく、互いに交差したり相互関係をもちながら、複雑なネットワークを形成している、これを「食物網（food web）」とよぶ（図2－1B）。

食物連鎖によって、窒素やリンなどの物質とエネルギーが循環する。食物連鎖は大きく生食連鎖（せいしょく）（「なましょく」ではない！）と腐食連鎖とに分けられる。

生食連鎖の流れは、おおまかに「緑色植物→草食動物→小型肉食動物→大型肉食動物」となっている。ここでいう「動物」は、「植物界」「菌界」に対して「動物界」に相当するもので、昆虫・鳥などを含む広義の「動物」である。生食連鎖は、文字通り生きたものを食べる流れである。一般には、食

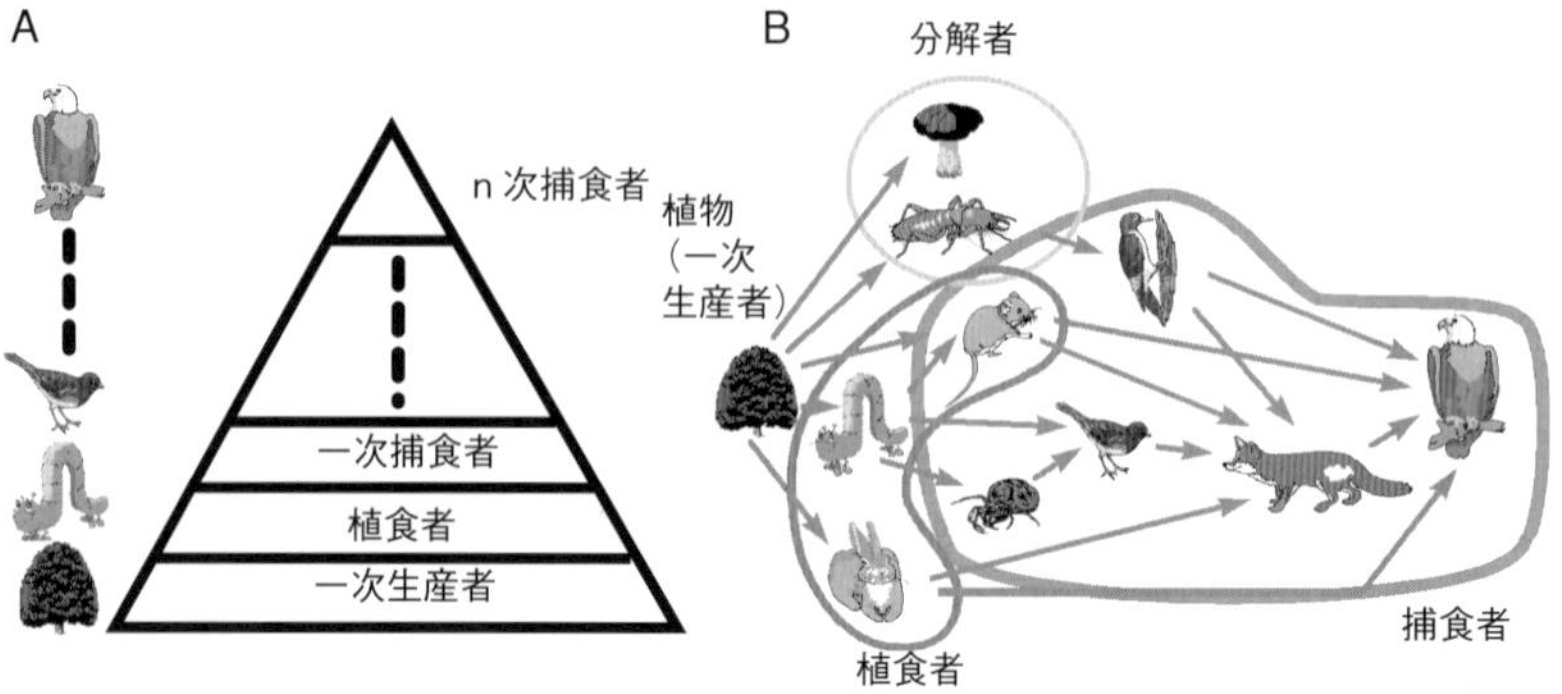
A
n 次捕食者
一次捕食者
植食者
一次生産者
B
分解者
植物
(一次
生産者)
植食者
捕食者

図 2-1　生態ピラミッドと食物網（主に生食連鎖）の概念図
実際の生態系では、食うものと食われるものが網の目状になる。また、ネズミは植食者と捕食者の両方に入っていることがわかる。シジュウカラは、植食者を食べる一次捕食者であると同時に一次捕食者であるクモを食べる二次捕食者でもある。

物連鎖イコール生食連鎖というイメージが強い。しかし、実際には上位の栄養段階に食べられないまま死ぬ個体の割合が高く、これらは腐食連鎖によって分解されていくため、生食連鎖より腐食連鎖のほうが量的にははるかに多い。

生食連鎖で使われなかった物質（たとえば落ち葉、小枝、根、幹、動物の遺骸）は、腐食連鎖をたどる。これらの物質は最終的には細菌や菌類などによって分解され、複雑な有機物は無機物に還元される。そしてこの無機物は植物に利用され、再び生食連鎖や腐食連鎖へ利用されていくのである。したがって、腐食連鎖の流れは、「有機堆積物→動植物→バクテリアや菌類→腐食者→肉食動物」と示されるが、生食連鎖と同じく、実際は複雑な網の目状になっている。

また、生物遺体によって生食連鎖から腐食連鎖へのインプットがあるばかりでなく、腐食連鎖から生食連鎖へのインプットもある。木材腐朽菌によって変質した腐朽材を食べるクワガタムシ（7章4・1を参照）、キノコを食べるさまざまな節足動物（2章2・3を参照）などはその典型であり、腐食連鎖の過程にある資源を利用して発育した動物によって、腐食連鎖から生食連鎖への逆流が起こる。生食連鎖と腐食連鎖は相互作用をおよぼしながら、食物連鎖が形作られている。

このように、地球上のただ一つの生物として、ほかの生物との関係なしには生きていけない。次節以降、森林の昆虫のニッチとギルドを明らかにしたうえで、森林昆虫を中心とした生物間の相互作用を紹介する。

1・2 ニッチとギルドと群集と

ニッチ（niche）は、日本語では「生態的地位」とかそのまま「ニッチ」と訳されている。ニッチとは、「生物が群集の中でどのような役割を担っているかということ、生物的環境における位置、その食物および敵に関する諸関係」のことである。ハビタット（habitat）は、「棲息場所」と訳され、ニッチよりははるかに狭義で、「場所」的な意味合いが強い。

群集（community）、ギルド（guild）、アセンブリジ（assemblage＝「集合体」）という用語は、しばしば混乱して用いられている場合が多い（図2-2）。アセンブリジは構成種の相互関係がないことが明らかであるか、もしくは相互関係がわかっていない場合に使われる。たとえば、誘蛾燈によって採集された昆虫の集まりを群集とよんでいる場合があるが、生物間の相互作用関係が明らかにされていない場合にはアセンブリジという。

ギルドは、同一の栄養段階に属し、ある共通の資源を利用している複数の種の集まりのことをい

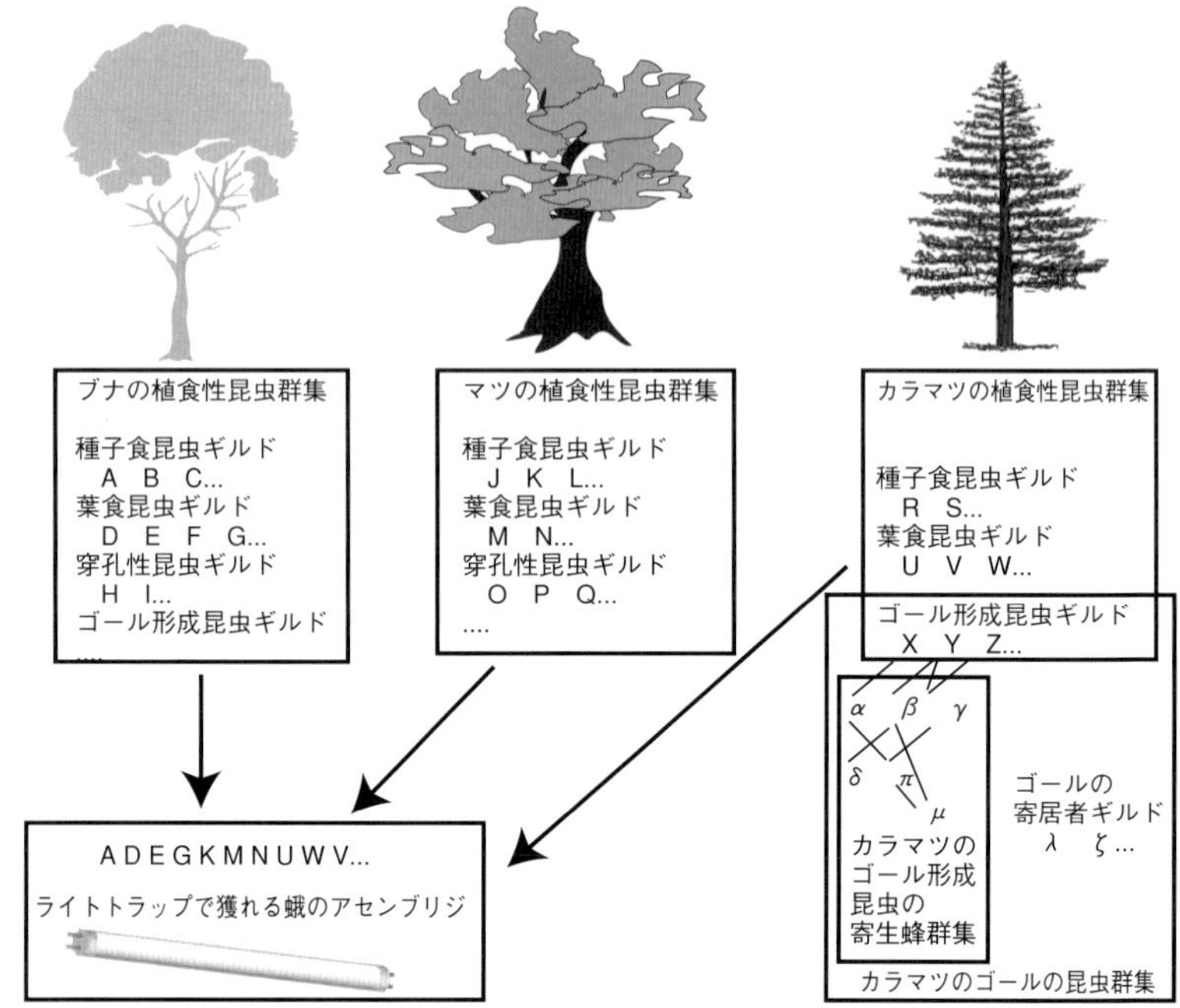
ブナの植食性昆虫群集
種子食昆虫ギルド
A B C...
葉食昆虫ギルド
D E F G...
穿孔性昆虫ギルド
H I...
ゴール形成昆虫ギルド
....
マツの植食性昆虫群集
種子食昆虫ギルド
J K L...
葉食昆虫ギルド
M N...
穿孔性昆虫ギルド
O P Q...
....
カラマツの植食性昆虫群集
種子食昆虫ギルド
R S...
葉食昆虫ギルド
U V W...
ゴール形成昆虫ギルド
X Y Z...
α β γ
δ π
μ
カラマツのゴール形成昆虫の寄生蜂群集
ゴールの寄居者ギルド
λ ζ...
カラマツのゴールの昆虫群集
ADEGKMNUWV...
ライトトラップで獲れる蛾のアセンブリジ

図 2-2　ギルドと群集とアセンブリジ

う。したがって、同じ資源を利用するギルド種は、きわめて近いニッチをもつ。

森林昆虫のギルドとしては、以下のようなものがあげられる。葉食性昆虫ギルド、潜葉性昆虫ギルド、種子食性昆虫ギルド、訪花昆虫ギルド、ゴール形成昆虫ギルド、吸汁性昆虫ギルド、樹皮下昆虫ギルド、材食性昆虫ギルドなどなどである。したがって、群集は、複数のギルド種を含むことになる。たとえば、ブナの「ゴール（虫こぶ、詳しくは6章参照）形成昆虫ギルド」と「ゴール昆虫群集」の違いをわかりやすく説明すると次のようになる。ブナには二六種のタマバエがゴールを作る。「ギルド」といった場合、この二六種のうち何種類がついていたかということが問題になる。一方、ゴールの中にはゴールの形成者ばかりでなくさまざまな昆虫が棲んでいる（6章参照）。ゴール形成者の寄生者（一次寄生者）、寄生者に寄生する高次寄生者、他人が作ったゴールに居候する寄居者などである。「群集」は、これらをすべて含んだものである。したがって、「ブナのゴール昆虫群集」というと、二六種のタマバエのゴールに棲む、ゴール形成者・一次寄生者・高次寄生者・寄居者をすべて含むことになる。しかし、このような定義は、一般にも、研究上でも使われることはあまりない。なぜならあまりにも範囲が広すぎるからである。実際は、「ブナハマルタマフシのゴール昆虫群集」のように、一種のタマバエによって作られたゴールについて、そこに棲息する昆虫群集が研究の対象となることがほとんどである。

「群集」という用語が、「ギルド」や「アセンブリジ」と区別されずに使われることも多いが、厳密にいえば、「群集」という用語は構成種間の相互関係がはっきりしている種の集まりに対して使うのが正しいだろう。

1・3 群集を規定する要因――「食物―棲み場所テンプレート」

陸上の群集の多様性をエネルギーや物質の循環から説明しようとする研究が数多く行われてきたが、あまり良い結果が得られなかった。その理由は、植物の一次生産量のうち生食連鎖に流れる割合が小さいことによるところが大きい。一方、植物は食物だけでなく棲み場所を提供することによって、群集形成において重要な役割を果たしていることが最近認識されるようになってきた。植物の純一次生産のうち動物に食べられる割合は生態系によって異なっている。群集を規定するうえで、植物が果たす食物の役割と棲み場所としての役割の相対的重要性がこの割合によって異なっていることを、京都大学の武田博清さん（現同志社大学）は、「食物—棲み場所テンプレート」の概念として提唱した。たとえば、森林生態系では植物の純一次生産のうち植食者に食われる割合は五パーセント以下と低いが、立体構造が発達しており、棲み場所を提供することによって群集の形成に大きな役割を果たしている。草原生態系では、森林生態系よりも植食者に食われる割合は高いが、立体構造はあまり発達しないため棲み場所として群集の形成に果たす相対的な重要性は森林生態系よりも低い。海洋では、植物プランクトンの生産した一次生産量の四〇〜六〇パーセントが動物プランクトンに食べられるため、エネルギー循環や物質循環など食物としての役割が群集を規定するうえでより重要になっている。

2　森林の昆虫群集

光と養分などの資源を獲得するための競争の結果、植物は多様な形態を示している。この多様性が、森林の動物の棲み場所や餌資源の多様性を生み出し、動物に生活の場を提供している。また、土壌から植物への養分の供給においては、分解者が重要な役割を担っている。したがって植物と分解者の相互作用により、動物の「食物—棲み場所テンプレート」が決定される。樹木の幹や枝などの支持器官は主にセルロースやリグニンなどの高分子化合物からできており、窒素やリンといった養分の含有率が低く、植食者が利用しにくい食物資源である。生食連鎖にまわらなかった一次生産物は棲み場所を形成するが、いずれは枯死して土壌分解系に加入する。生物による炭素の固定と放出（無機化）

がつり合っている場合、加入した有機物に等しい量の有機物が分解者系によって無機化されていることになる。したがって、陸上では、生食連鎖に比べ腐食連鎖が卓越することが予測される。

森林という多様な棲息環境の中には非常に多くの種数・個体数の節足動物が棲息しており、森林のもつ複雑な空間構造と相まって、昆虫群集の研究を難しくしている。このような状況にもかかわらず、日本でもいくつかの森林における昆虫（節足動物）群集に関する優れた研究が行われてきた。この節では、昆虫よりも少し広く、森林の節足動物群集について紹介する。

林冠の昆虫の調査方法——その一

森林は人間よりもはるかに大きい立体構造をしているため、森林に棲息する生物を調査するのは簡単なことではない。最近では、タワーや、タワーとタワーをつなぐウォークウェイ、さらには林冠クレーンを使って比較的容易に樹冠部に到達することが可能になっている。これらの林冠調査用器具の発達により、林冠研究が急速に進んだことはここであらためて紹介するまでもなかろう。しかし、昆虫は林冠の中で均一に分布しているのではなく、ましてや木によっても密度は均一ではない。一本の木をいくら精密に調べ上げても、「木を見て、森を見ず」ということになりかねない。そこで、これらの木登りディバイスが一般的になるはるか昔から、使われてきた方法がある。その一つがノックダウン法とよばれる方法である。林床に一定の大きさのシートをあらかじめ広げておき、燻煙剤タイプの殺虫剤を使って樹冠に棲息している昆虫をノックダウンして、シートに落ちてきた昆虫を数える方法である。正確な密度を知ることができる利点があるが、昆虫相を一時的であれ破壊してしまうというデメリットがある。この方法は、昆虫群集の調査によく使われる方法で、熱帯林で優れた研究成果があげられている。日本では、名古屋大学の肘井直樹さんの研究グループが、この分野で優れた研究業績を残している。

2・1　森林の節足動物群集

森林は他の生態系と比較して、次のような特徴がみられる。①高い現存量と生産力、②多様な食物資源、③発達した空間構造、④物理的環境に対する緩衝作用などである。①は量的に、②は質的に多種個体群の共存を支えている。植物は食物連鎖の起点になる。森林の一次生産のうち植食者にまわるものは、熱帯雨林で七パーセント、温帯広葉樹林で五パーセントというデータがあるが、実際、森林の葉の被食量は、植食者の異常発生を除けば、おおよそ葉のバイオマスの一割程度である。被食量ではなく捕食者そのもののバイオマスで比較するとその割合はもっと低い。葉のバイオマスに対する一次消費者のバイオマスの比率は、ヒノキ人工林では〇・〇一パーセント、カラマツ人工林でも〇・〇二パーセント以下にすぎない。この結果は、植物の一次生産の中で腐食連鎖にまわる部分が大きいことを示唆している。

地上の節足動物群集と地下部のそれとを比較すると、分解が比較的遅い日本の温帯では、地下部の群集のほうが個体数で二桁ほど多い。この結果は先に述べた予測に一致する。現存量を調べたデータによれば、志賀高原のコメツガ林では、乾重で地上部一ヘクタール当たり四・二キログラム、地下部

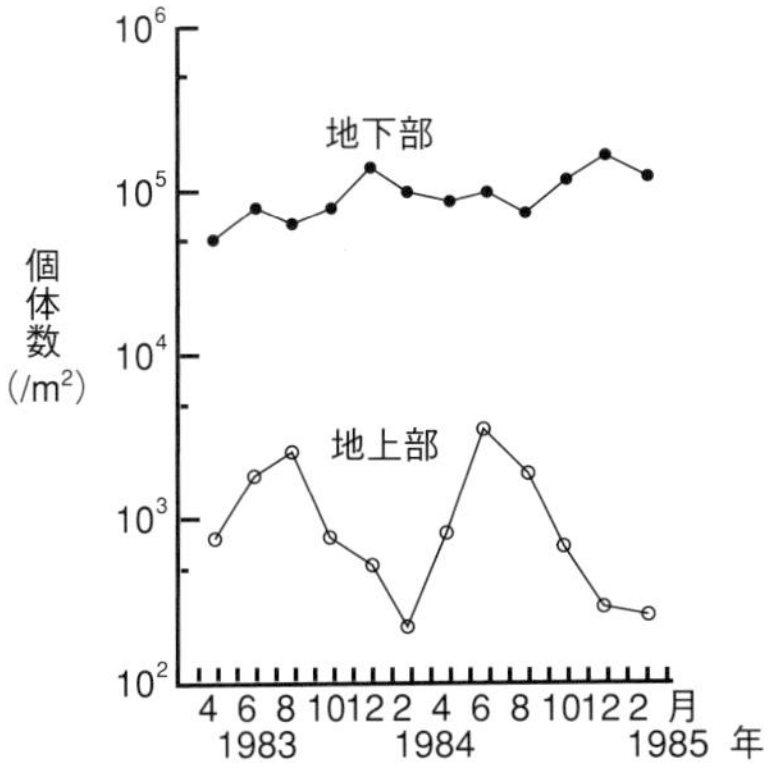
地下部
地上部
個体数（/m²）
10⁶
10⁵
10⁴
10³
10²
4 6 8 10 12 2 4 6 8 10 12 2 月
1983 1984 1985 年

図 2-3　スギ人工林の地上部と地下部における節足動物群集の個体数の季節変化（肘井、1987：木元新作・武田博清編『日本の昆虫群集―すみわけと多様性をめぐって』東海大学出版会を改変）
地下部のほうが2桁多いことと、冬も安定していることが特徴

一ヘクタール当たり二三キログラムという値が得られている。イギリスのナラ林では地上で一ヘクタール当たり三キログラム、地下部で一ヘクタール当たり三六キログラムとなっている。いずれも地上部に比べ地下部での現存量が約六～一〇倍高いことがわかる。しかも地上部の群集では冬季に個体数が減少して夏季にピークをむかえる明瞭な季節変化を示すのに対し、地下群集では季節に関係なくほぼ一定の値を示す。時間的な変動を調べると、土壌棲息動物群集は一年を通して密度がきわめて安定しているのに比べ、樹上棲息動物群集は、冬季に著しく減少し、また年ごとのパターンも土壌層ほど一定していない（図2－3）これらは、地上部と地下部の、時間的な環境安定性の違いや有機物の空間分布の違いを反映しているものと考えられている。

樹冠部の群集をさらに詳しくみてみよう。群集構成者を、「植食者」、「腐食者」、「菌食者」、「一時滞在者」、「捕食者」、「捕食寄生者」という六つの「ギルド」に区分すると、圧倒的な食物資源量がありながら、「植食者」の割合は低い。この傾向はとくに針葉樹で顕著である。「腐食者」の占める割合が大きく、そのほとんどがトビムシとササラダニの二つの群集によって占められている。また、「捕食者」の占める割合はこれらに比べれば低いが、現存量ではつねに一割前後を占めていることは興味深い。肘井さんが若いスギ林で調査した例では、棲み場所である樹木のサイズと節足動物の個体数や現存量との間には正比例の関係が認められた。ギルドごとに調べると、「腐食者」「一時滞在者」は樹木サイズとの間に正比例関係が認められたのに対し、「植食者」は樹木サイズとの関係は弱く、「菌食者」はほとんど無関係であった。この結果は、植食者は資源量に対して飽和とはほど遠い状況にあるのに対して、腐食者は資源量に対して飽和に近い状態にあることを意味している。植食者が資源量に対して低いレベルに保たれるのは、植物の防御によるボトムアップと、天敵などのトップダウン、気候などの物理的要因などによるものと考えられている。

熱帯林の構造と生物群集

熱帯林は、高木層の樹高が高いことと林冠部の多層構造の層数が多いことに特徴づけられる。地上部の生態系としては、地球上でもっとも多様性の高い生態系といっても過言ではなかろう。日本の東北地方のブナ林が樹高約二五メートル、台風の影響を強く受ける沖縄のイタジイ林では二〇メートル以下なのに対し、熱帯林では高木の樹高は六〇メートルにも達する。これは低緯度地方では、温帯モンスーン地方と異なり、台風のような強い風が吹かないことに関係している。また、多層構造は、降り注ぐ太陽の放射エネルギーが大きいことに関係している。

熱帯林では、高温多湿で分解が早いため、腐植が溜まりにくく、土壌が薄い。熱帯林をいったん伐採するとなかなか復元が難しいのは、土壌が薄く多雨によって表層土が流されやすいことと、土壌よりも地上部の生体に分布している栄養塩の割合が高いため、伐採によって栄養塩が系から奪略される影響が強いことによる。このように熱帯では土壌が発達しないため、温帯よりも地下部の動物群集が貧弱になる。

2・2 地上部の昆虫群集——森林のショウジョウバエ群集

ショウジョウバエは、ツンドラ帯を含む極地と樹木限界より上の高山帯を除く、地球上ほとんどの気候帯に棲息している。とくに森林は種数が多く、ショウジョウバエにとって中心的な棲息環境になっている。

北海道大学の戸田正憲さんは、北海道の落葉広葉樹林でショウジョウバエ群集を調べた。ショウジョウバエ各種の垂直分布を比較した結果、林冠集団と林床集団という二つの集団に分かれた。さらにそれぞれの集団は、やはり垂直分布に対応した二つずつの亜集団に分割された。すなわち、林冠集団は、上層亜集団と下層亜集団に、林床集団は、低木層亜集団と草本層亜集団に分かれた。林冠集団と林床集団とでは、食性に大きな違いが認められ、樹冠集団は樹液食、林床集団はキノコ食者によって構成されていた。キノコ食者が林床集団で多い理由は、地表から生える子実体が多いことから容易に

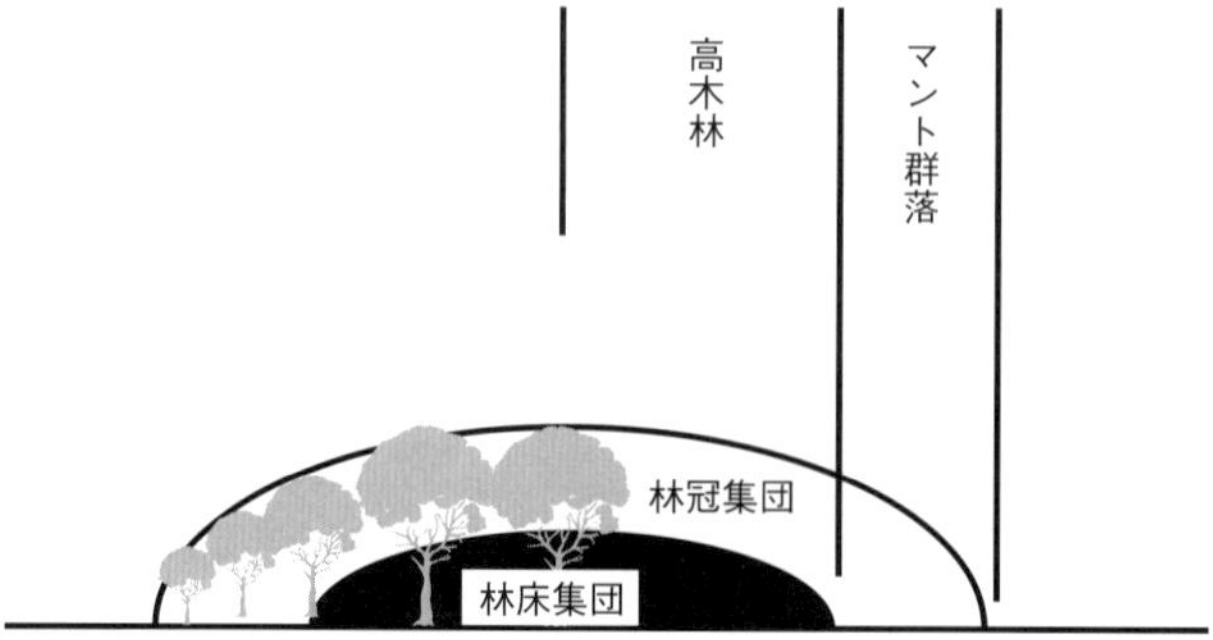
マント群落
高木林
林冠集団
林床集団

図 2-4　森林性ショウジョウバエ群集の階層構造は饅頭を半分に割ったようなもの（戸田、1987：木元新作・武田博清編『日本の昆虫群集—すみわけと多様性をめぐって』東海大学出版会より描く）
マント群落には地表部にもショウジョウバエの林間集団がみられる

想像がつく。樹冠集団で樹液食者が多いのも樹冠部で樹液が豊富であることが原因と推測されている。

興味深いのは、二次林や低木林、林縁部で行われた調査結果である。樹高が一〇メートルくらいある二次林には、天然林と同じ四つの亜集団がすべて分布する。しかし、亜高木層と低木層の区別が不明瞭になるのに伴い、各亜集団の分布帯の重なりが大きくなり、階層構造が不明瞭になる。樹高が三〜五メートルの低木林には、主に林冠集団が分布する。上層亜集団は葉群層に限って、下層亜集団はすべての層にわたって分布する。下層亜集団は、隣接する草地にもみられた。葉群層の下の比較的植生密度が低い層には、低木層亜集団の一部が分布する。林縁では、マント群落の発達によって、林冠層と同じような葉群層が、林の側面から連続的に地表近くにまで形成される。その結果、林冠集団はこの葉群層にそって地表近くまで分布するようになる。一方、林床集団のうち、低木層亜集団は林縁にまで分布するが、草本層亜集団は植生密度の高いマント群落下層には侵入しない。

すなわち、森林性ショウジョウバエ群集の空間分布は、ちょうど饅頭のような二重構造になっていると考えるとわかりやすい。外側の皮の部分にあたる葉群層には林冠集団が分布し、内側のあんこの部分には林床集団が分布している。この饅頭を縦に割ってみたときの断面は、ちょうど森林のプロファイルに示されるショウジョウバエ群集の亜集団の空間分布に似ている（図２－４）。

微気象などの物理的環境も、また、葉の性質（陽葉かあるいは陰葉か）についても、林縁や低木林は林冠層に似ており、森林の中では高いところに分布する林冠性種が、これらの環境では地表近くの葉群層にまでその分布帯を下げる。森林性動物の生活空間は葉群層（＝樹冠層）と内側の林床層に大きく分かれ、外側の葉群層は光合成が行われる生産空間、内側の林床層は分解空間とみなすことができよう。

２・３　資源に対する群集の反応――キノコ食摂食動物群集

名古屋大学の大学院生だった山下聡さんは、菌類の子実体（キノコ）を食べる節足動物群集について、異なるギルド間で資源の利用特性を比較した。対象は、アカマツ林に出現するハラタケ目というグループのキノコに形成される節足動物群集である。糞や果実などのさまざまなパッチ状資源と同じように、キノコを生態学的な「島」とみなして、キノコを餌として利用する訪問者ギルドと、餌だけでなく棲み場所としても利用する棲育者ギルドとで、キノコの性質、とくにサイズに対する反応を調べた。

訪問者ギルドは主にダニ目とトビムシ目から構成され、ムラサキトビムシ科が、採集された全節足

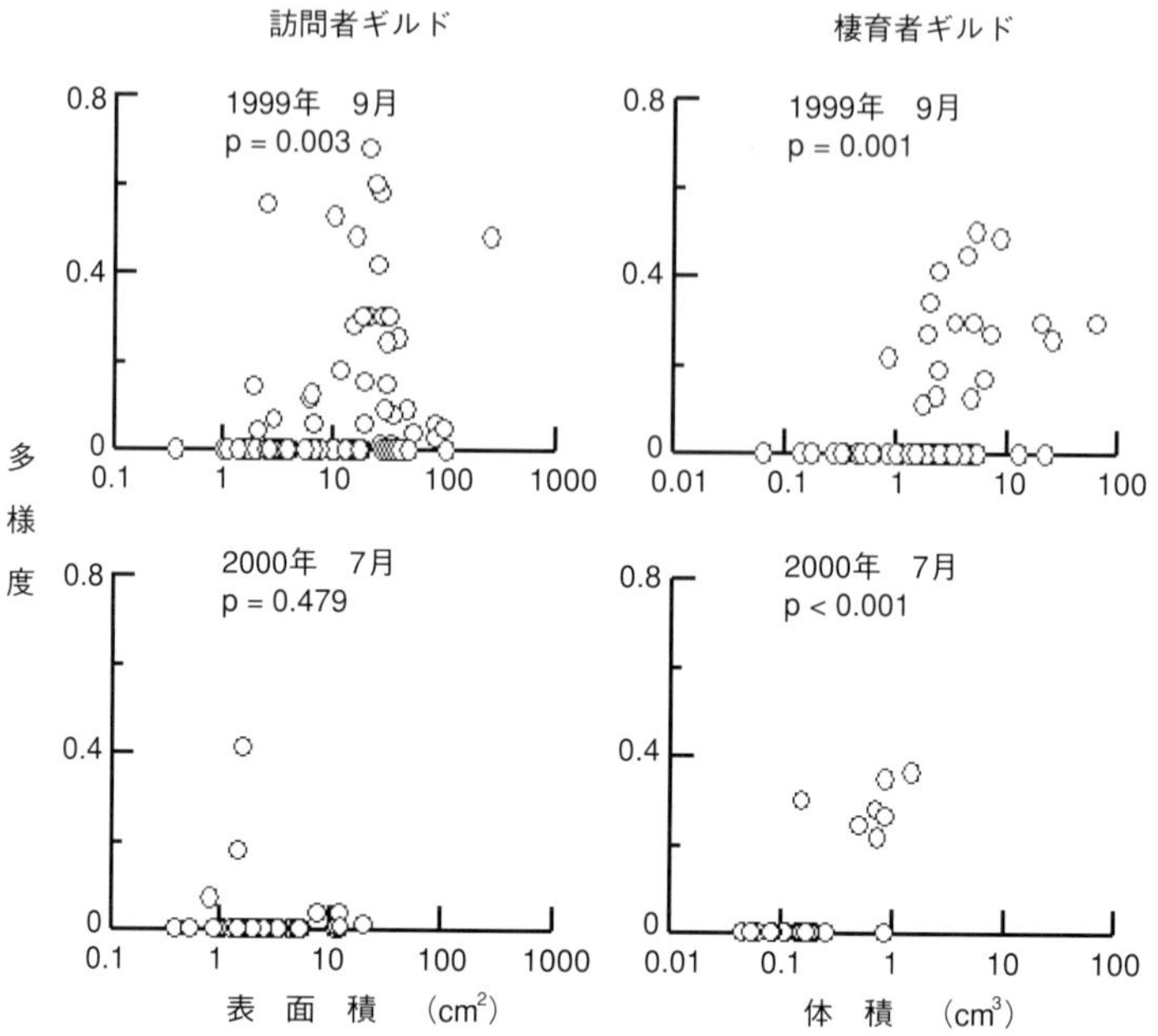

訪問者ギルド
棲育者ギルド
1999年　9月
p = 0.003
1999年　9月
p = 0.001
2000年　7月
p = 0.479
2000年　7月
p < 0.001
多様度
0.8
0.4
0
0.1
1
10
100
1000
0.01
表面積　(cm2)
体積　(cm3)

図 2-5　キノコのサイズと節足動物の多様度の間の関係（山下　聡原図）
訪問者ギルドにおけるムラサキトビムシ科の個体数密度は、1999 年 9 月において低く、2000 年 7 月には高かった。科の多様度（H'）をキノコ 1 つひとつについて算出した。p は有意確率。横軸は対数表示。

動物の個体数の九七パーセントを占めていた。これに対して、棲育者ギルドは主に鞘翅目と双翅目から構成され、優占する六科の昆虫で個体数の九〇パーセントを占めていた。訪問者ギルドでは、ムラサキトビムシ科の個体数の季節的な変動に伴って、キノコのサイズとギルド構成者の多様度との関係が変化した（図2-5）。これに対して、棲育者ギルドでは、ギルドの構成は季節的に変化したが、大きいサイズのキノコほどギルド内の科数や多様度が大きくなる傾向が一貫して認められた

このように、資源を棲み場所として利用しているグループ（棲育者）のほうが、餌としてのみ利用

図2-6　ササラダニ（金子信博氏 撮影）

しているグループ（訪問者）よりも、資源の特徴とギルドの構造との関係がより緊密であることがわかる。

2・4　地下部の節足動物群集――ササラダニ

ササラダニ（図2-6）はクモ綱に属し、一つの亜目を形成するダニの一群である。体長は、ほとんどの種が〇・三〜〇・五ミリメートルだが、中には体長二ミリに達するものも知られている。主に有機物の多い土壌表層に棲息していて落葉や枯れ枝などの枯死有機物、それらの表面や内部に付着している微生物を摂食し、分解者として土壌有機物の分解に関与している。

京都大学の大学院生だった金子信博さん（現、横浜国立大学）は、ササラダニの共存機構について研究を行った。以下に、金子さんの研究を紹介しよう。

ササラダニの食性は三つに細分化することができる。①分解途中の高等植物を食べるもの（植物遺体食性）、②菌糸や胞子などの微生物を食べるもの（菌食性）、③高等植物の遺体と微生物の両方を食べるもの（広食性）、である。それぞれのグループでは食性と消化酵素や口器との間に明瞭な関係が認められる。植物遺体食性種はセルロースなどの構造多糖を分解する酵素をもつが、カビの貯蔵炭水化物であるトレハロースは分解できない。逆に菌食性種は構造多糖を分解できないが、トレハロースを分解する。広食性種は両者に対する消化活性を示す。ササラダニは口器にある鋏角という器官を使って餌を食べる。植物遺体食性種は大きくて丈夫な鋏角をもち、鋏角の先端のクチクラが発達している。菌食性種は細長い鋏角をもつ。

ササラダニの土壌中の垂直分布にも、種ごとに違いがみられる。土壌表層には大型の種が棲息している。深い場所ほど平均体長は小さい。これは、土壌中では下層ほど空隙が小さいため、大型の種が分布できないためだと考えられる。分解の進んだ有機物を食べる植物遺体食性や広食性の種は、土壌表層には分布しない。菌食性の種は表層にも分布して、有機物表面の菌糸などを食べている。このように、体長が同じくらいの種間では、食性によって棲息深度が異なる。また、同じ層位でも異なるサイズの空隙を利用することによって、共存を可能にしている。さらに、菌食性種の間では、不完全ながらもカビの種類の食べわけがあることが最近の研究で明らかにされている。それにしても同所的に似た種が多いので、微小棲息場所がたくさんあって、餌資源量に対しては飽和していないと考えるのが自然だろう。

群集の種多様性を説明するためのたくさんの仮説が提案されている。ニッチの分割（＝資源分割）による共存機構もその一つである。ササラダニの棲息場所である土壌は、地上に比べると温度や湿度の変動が少ない安定した環境である。このように安定した環境下では、空間分布と食性とによって、土壌という環境を細かく分割しながら利用して、多様性を維持しているものと考えられる。

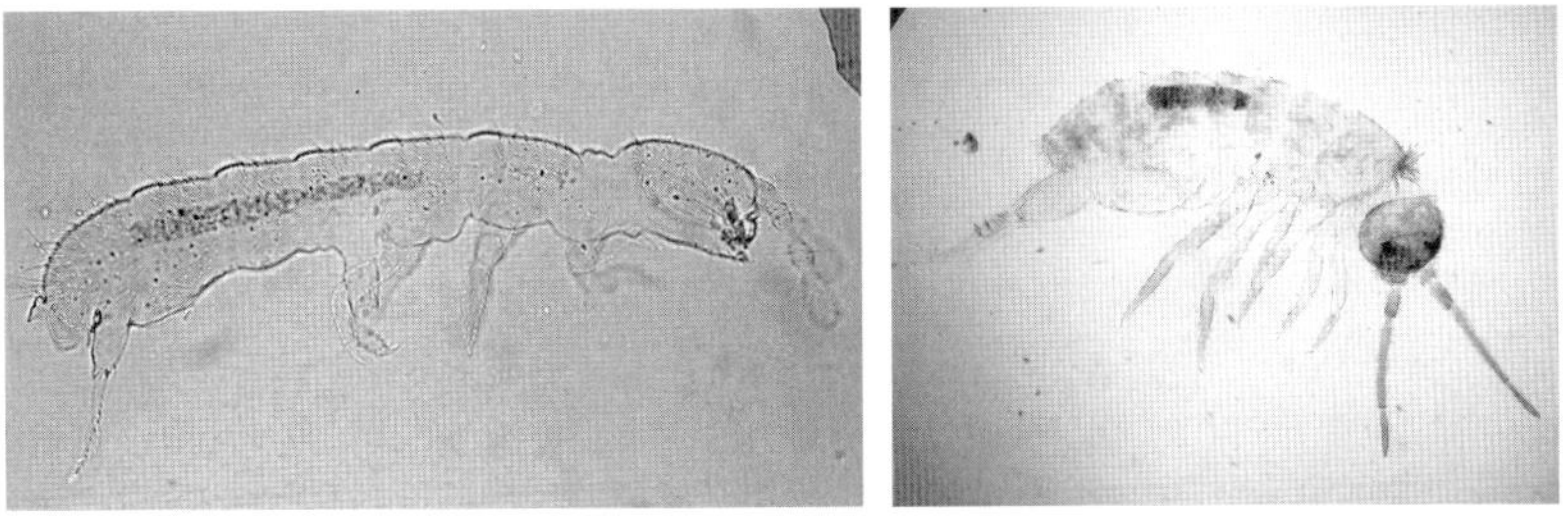

図 2-7　トビムシ（長谷川元洋氏 撮影）
左：ヒメフォルソムトビムシ、右：キノシタトゲトビムシ

2・5　地下部の節足動物群集――トビムシ

ササラダニでは、空間と食性という二つのニッチの分割によって多様性が維持されていた。同じ地下部の節足動物であるトビムシ（図2-7）の場合はどうだろうか？　トビムシは、無翅昆虫亜綱に属する原始的な昆虫群である。腐植物や土壌の発達しているところにはあまねく分布しているが、とくに森林の土壌には非常に多くのトビムシが生活している。武田清博さんが、天然アカマツ林で、一五年間にわたり土壌中のトビムシ群集を調査した結果、トビムシ群集の構造は、持続的でかつ安定していた。すなわち、一五年間毎月の調査でも、トビムシ群集は種の構成が大きく変わることはなく、とくに、冬の群集構造は一五年間にわたって安定していた。

武田さんは、実験的に落葉（リター）の量を操作することによって、そこにできあがるトビムシ群集を調べた。落葉量が増えると種数が増加し、落葉の量にほぼ正比例して個体数も増加した。このように、アカマツ林のトビムシ群集は、資源量に対して飽和していた。棲み場所である土壌堆積腐植層（A_0層）は、毎年林床に供給される落葉量とその後の分解の動的な平衡の上に成り立っている。トビムシ群集は、毎年林床に供給される落葉に侵入定着し、分解に伴って種が遷

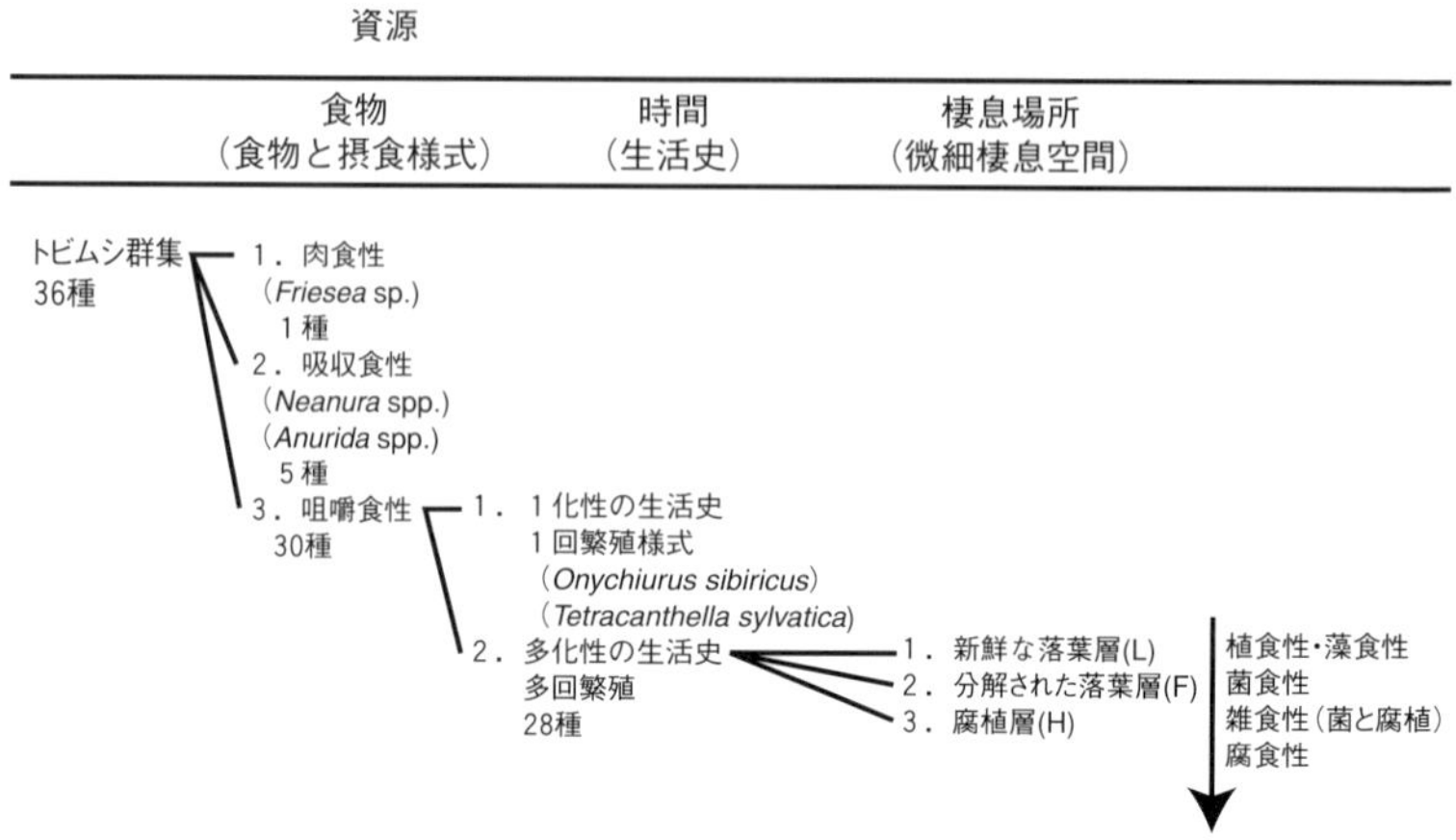
資源
食物
（食物と摂食様式）
時間
（生活史）
棲息場所
（微細棲息空間）
トビムシ群集
36種
1．肉食性
（Friesea sp.）
1種
2．吸収食性
（Neanura spp.）
（Anurida spp.）
5種
3．咀嚼食性
30種
1．1化性の生活史
1回繁殖様式
（Onychiurus sibiricus）
（Tetracanthella sylvatica）
2．多化性の生活史
多回繁殖
28種
1．新鮮な落葉層(L)
2．分解された落葉層(F)
3．腐植層(H)
植食性・藻食性
菌食性
雑食性（菌と腐植）
腐食性

図2-8　トビムシの資源の分割様式（武田、1987：木元新作・武田博清編『日本の昆虫群集—すみわけと多様性をめぐって』東海大学出版会を改変）

移することによって、動的な平衡が保たれていた。

トビムシの食性は、肉食性、吸収食性、咀嚼食性に大別されるが、大部分のトビムシは植物の遺体や菌糸を餌とする咀嚼食性である。咀嚼食性の種には選択的に菌を摂食したり、さらには菌の種類による好みを示したりするものもあるが、腐植と菌糸双方を摂食するような中間的な食性を示す種が多くみられる。このように、ササラダニと異なり、トビムシでは食性の分化は顕著ではない。また、二種の一化性のトビムシを除くと、残りはすべて多化性であり、生活史を通しての時間的な棲息場所の分割は進んでいない。トビムシ群集は、土壌の層状構造に起因する生活場所の分割によって、多様性を維持している（図2-8）。鉱物質の土壌の上には、落葉の分解過程を反映した有機物のA_0層があり、表層をおおっている。A_0層をさらに細かくみると、新鮮な落葉からなるL層（リター層）、その下の分解した落葉からなるF層、さらにその下には分解の結果できたH層（腐植層）からなる。京都大学の大学院生だった長谷川元洋さん（現、森林総合研究所）は、落葉分解過程と微生物、および土壌動物群集の関係を研究した。L層では菌を選択的に摂食する種が優占し、F層、H層では菌食と腐植食の双方を行う種や腐植食性の種が優占する。このように、トビムシ群集では、落葉の分解に伴う土壌の層状構造によってトビムシの棲み分け選択が起こり、多種の共存を可能にしている。

3章
密度変動要因と生物間の相互作用

1　大発生と密度変動のタイプ

大発生がどのようにして起こりどのように終息していくのかという問題については、個体群動態論の重要な研究課題として、また、応用的な観点からも非常に多くの研究が行われてきた。

Berryman (1987) は動物の大発生に関係した個体群動態のパターンを、平衡点が安定であるか不安定であるかという観点から四つのタイプに分類した（図3－1、3－2）。高密度平衡点と低密度平衡点の二つの平衡点に対して、それぞれの平衡点が安定な場合にはその状態が長続きし、不安定な場合にはすぐにその状態から変化するという、単純な分類方法だ。

「持続的大発生型」は二つの平衡点がともに安定なタイプである。低密度状態に保たれていた個体群がいったん大発生状態に達すると、何らかのきっかけで減少に転じない限り、大発生も長続きする。青変菌と共生関係をもっていて高密度状態になると一次性を発揮するようになる二次性の樹皮下キクイムシ（7章4－4参照）などがこのタイプに入る。

「突発的大発生」は、低密度平衡点が安定平衡点で、高密度平衡点が不安定なタイプである。低密度状態に保たれていた個体群が何らかのきっかけでいったん大発生状態に達しても、しばらくするとすぐに低密度状態に戻る。スギドクガ（4章3－3参照）などでは、好適な気象条件が数年続くことによって、個体群が増加して大発生に至るが、しばらくすると減少してしまう。葉食性昆虫の中で、最後の「周期的大発生」に入らないものは、ほとんどがこのタイプに分類される。

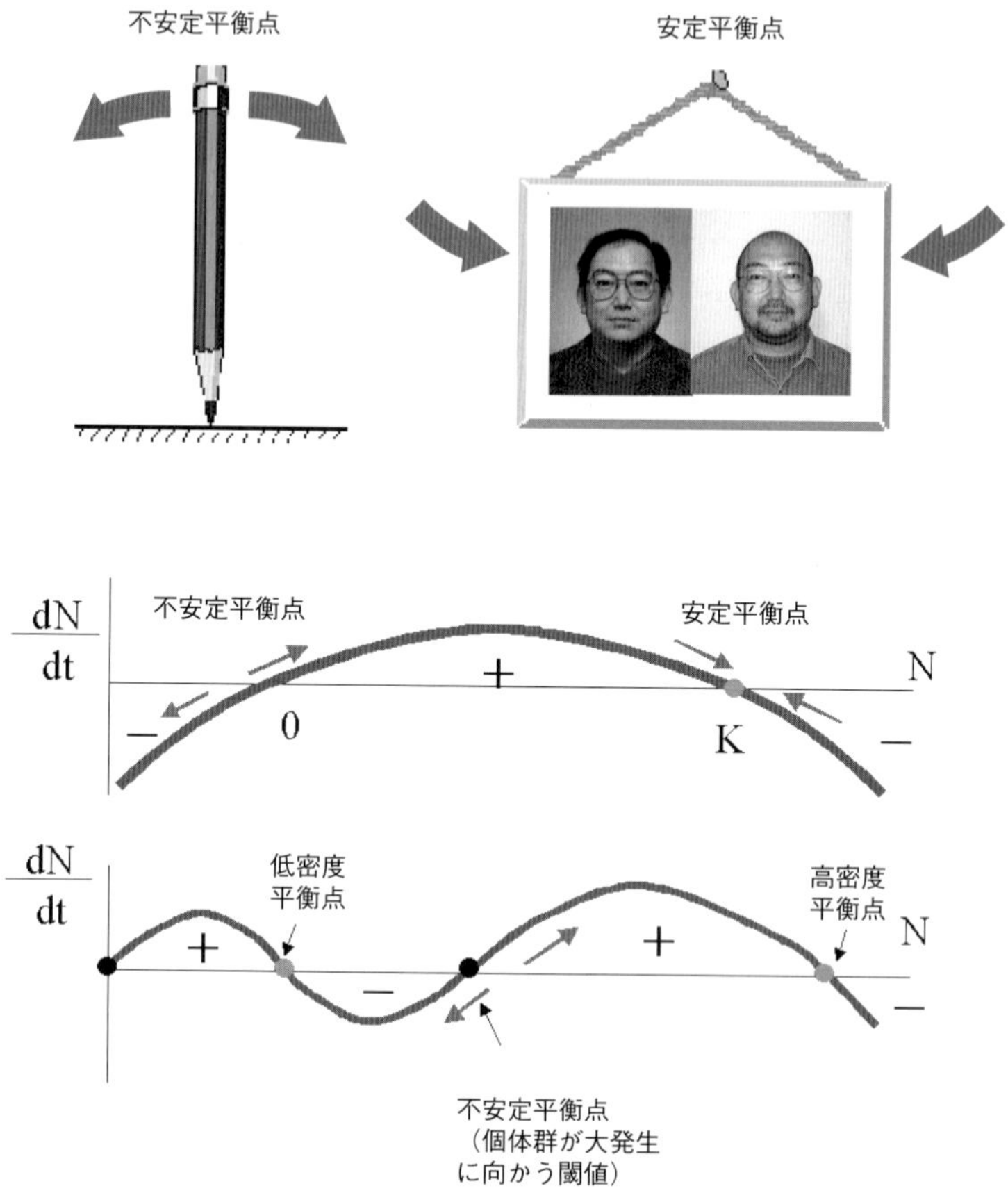
不安定平衡点
安定平衡点
dN
dt
不安定平衡点
安定平衡点
N
+
−
0
K
−
dN
dt
低密度
平衡点
高密度
平衡点
N
+
+
−
−
不安定平衡点
（個体群が大発生
に向かう閾値）

図 3-1　安定平衡点と不安定平衡点の概念

「永続的大発生」は、低密度平衡点が不安定で、高密度平衡点が安定なタイプである。もともと棲息していなかった場所に昆虫が新たに侵入したとき、寄主植物が抵抗性を持ち合わせていなかったり、あるいは有力な天敵がいないと、流行病的に大発生が恒常的に続くようなパターンである。たまに非常に条件の悪い年があると密度は減少に転ずるが、すぐにまた大発生状態に回復する。北ア

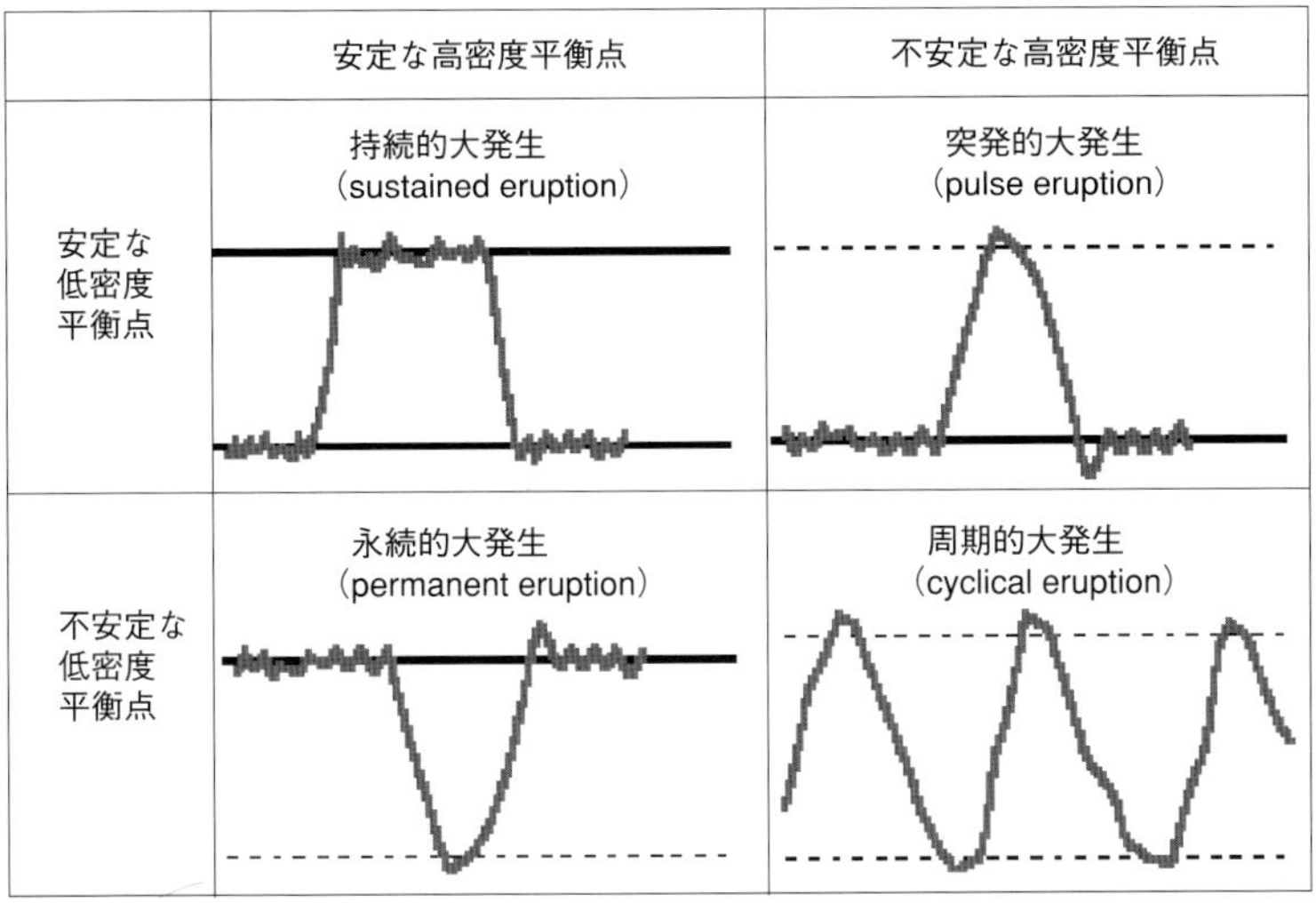
安定な高密度平衡点
不安定な高密度平衡点
安定な低密度平衡点
不安定な低密度平衡点
持続的大発生
(sustained eruption)
突発的大発生
(pulse eruption)
永続的大発生
(permanent eruption)
周期的大発生
(cyclical eruption)

図 3-2　安定平衡点－不安定平衡点による大発生の分類

メリカで問題になっているマイマイガやアオナガタマムシの基亜種（*Agrilus planipennis*）はこのタイプになる。マイマイガの場合は天敵が欠如していたことが、*Agrilus planipennis* の場合は北米大陸の寄主であるトネリコが防御反応を欠いたことが流行病的な被害を引き起こしている原因であると考えられている。日本では、マツの材線虫病を引き起こすマツノザイセンチュウ（病原体）とマツノマダラカミキリ（媒介者）がこのタイプに属する。この場合、マツノザイセンチュウは北米大陸からの侵入種であり、マツノマダラカミキリ自体は日本の在来種である。

最後のタイプは「周期的大発生」である。二つの平衡点がともに不安定なタイプであり、高密度平衡点と低密度平衡点との間を周期的に変動を繰り返す。日本でも、葉食性昆虫のブナアオシャチホコやマイマイガなど、このタイプに属する昆虫がいくつか知られている。

2　密度変動要因

ある地域に棲む同種の個体の集まりを個体群とよぶ。個体群を構成する個体数はそれを取り巻く環境要因の作用によって絶えず変動している（図３－３）。

昆虫の密度変動に関係する要因は、大きく非生物的要因と生物的要因に分けることができる。非生物的要因としては、温度・光・湿度・気候・立地などがあげられる。昆虫の産卵数、羽化率、世代数、性比、移動能力などを決定するうえで、温度や湿度が重要な役割を果たしていることは多くの研究によって明らかにされている。生物的な要因では、餌植物の防御によるボトムアップ、天敵によるトップダウンのほか、種間競争がある。同種内での個体間でも競争や相互干渉などが働く。

天敵には、捕食者、寄生捕食者、病気がある。これらは、スペシャリスト種とジェネラリスト種（74ページのコラム参照）に類別することができる。Holling（1959）は餌種の密度に対する天敵の反応を「数の反応」と「機能の反応」に類別し、体系的な理論を構築した（74ページのコラム参照）。数の反応が起こり密度が高くなるほどより効果的に働く天敵が、大発生の際には有効に働く。捕食者には数の反応に限界があるため、微生物による病気が大発生を終息させる場合が多い。また、低密度期には、ジェネラリストの天敵が個体群密度を低密度に維持するうえで重要な役割を果たす。

一方、植物も植食者に対してさまざまな形で防御を行っている。棘や毛、あるいは表皮を厚く堅くすることによる物理的な防御、タンニンなどのフェノール類やアルカロイドを使った化学的防御

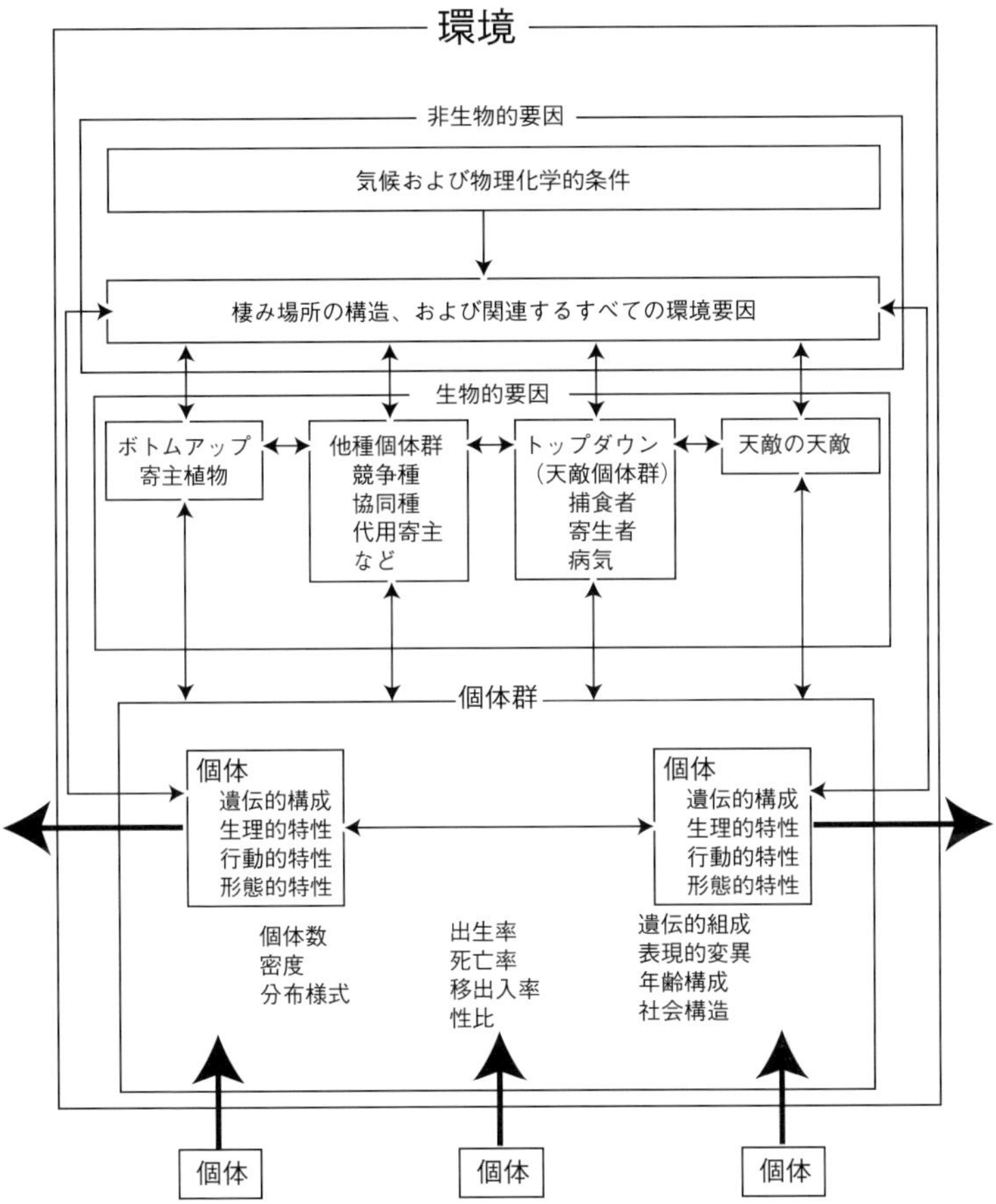
環境
非生物的要因
気候および物理化学的条件
棲み場所の構造、および関連するすべての環境要因
生物的要因
ボトムアップ
寄主植物
他種個体群
競争種
協同種
代用寄主
など
トップダウン
(天敵個体群)
捕食者
寄生者
病気
天敵の天敵
個体群
個体
遺伝的構成
生理的特性
行動的特性
形態的特性
個体
遺伝的構成
生理的特性
行動的特性
形態的特性
個体数
密度
分布様式
出生率
死亡率
移出入率
性比
遺伝的組成
表現的変異
年齢構成
社会構造
個体
個体
個体

図 3-3　個体群とそれを取り巻く環境との関係（巌・花岡、1972：巌俊一・花岡資『生物の異常発生（生態学講座 32）』共立出版を改変）

はよく知られている。あるいは、植食者が出現する季節をずらすことによって逃げるフェノロジカルエスケープも、植物の防御戦術といえよう。これら以外にも、アリなど他の生物の力を借りる傭兵型防御の存在も最近広く知られるようになっている。

生態学用語の基礎知識

ボトムアップとトップダウン　ボトムアップ、トップダウンという用語はさまざまな分野で使われるが、生態学では、栄養段階の下位のものから受ける影響をボトムアップ、栄養段階上位のものから受ける影響をトップダウンという。たとえば、植食者の場合、餌である植物から受ける影響をボトムアップ、捕食者から受ける影響をトップダウンという。

スペシャリストとジェネラリスト　特定の餌種のみに特化して、捕食したり寄生したりするものをスペシャリストという。それに対して、餌や宿主範囲が広いものをジェネラリストという。

「数の反応」と「機能の反応」　「数の反応」とは、餌種の密度増加に反応して、天敵の密度が増加すること。狭義には、増殖によって数が増えることを指すが、広義には、まわりから餌密度の高いところに集まってくる「集合反応」を含めて「数の反応」という。「機能の反応」とは、餌密度の増加に伴って、一個体が食べる餌生物の数が増加すること、餌を探すのに要する時間が短縮されることによって起こる。また、複数の餌を食べているような場合、そのうちの一種が増加すると、増加した餌種を食べる割合が増える「餌メニューの変化」が起こることも「機能の反応」の一因である。しかし、「機能の反応」には限界があるため、餌の密度がある閾値を超えると、餌種の死亡率は減少に転じる。したがって、「機能の反応」は低・中密度までは密度依存的に働くが、この閾値を超えると密度増加をとめることはできず、大発生を終息することもできない。大発生のような高密度を終息させるためには「数の反応」が必要となる。

3　天敵

英語の natural enemy を日本語に直訳すると「天然の敵」、これを省略したのが「天敵」という日本語の由来である。天敵とは、生きている生物から栄養摂取して生活し、その結果その生物を死亡させるか、あるいはその生物の繁殖力を著しく低下させる生物のことをいう。天敵は大きく三つのグループに分けることができる。第一のグループは、感染性の病気を起こして死亡させる病原微生物、第二のグループは、体内または体外に寄生して死亡させる捕食寄生者、第三のグループは、つぎつぎと複数の個体をとらえて食い殺す捕食性天敵である。

3・1　捕食者の餌の見つけ方

捕食寄生者や捕食者（本項では、まとめて捕食者という）は、どのようにして餌や寄主を見つけているのだろうか？　基本的には、視覚・聴覚と化学的な刺激を利用しているが、その方法はきわめて多種多様である。

眼が優位な知覚器官である人間の獲物探索は一般には視覚が中心である。人間と同様に、視覚を利用した捕食者の最たるものは鳥類であろう。猛禽の視力は、人間が双眼鏡を使って見たぐらいの分解能を誇り、フクロウの暗視能力はヒトの一〇〇倍ともいわれている。

カマキリもまた視覚を利用している捕食者である。カマキリの形態的特徴の一つは、あの鎌のような前脚だが、眼もまた特徴的である。カマキリの複眼はほぼ全周を見ることができる。それにくわえて、複眼の中には偽瞳孔とよばれる黒い点があり、見る角度によって位置が変化する。カマキリはこの複眼によって獲物の位置を正確に見極めることができる。

本州の渓流魚の中では最上流部に棲息するといわれているイワナは、完全な動物食で、しかも生きている餌以外はなかなか食べない。イワナの餌の中では、昆虫が大きな割合を占めている。秋から春までは、水の中に棲んでいる水生昆虫の幼虫が彼らの主な餌である。春先にはミミズなどもよく食べる。しかし、地上で植物の芽が開き、陸生昆虫の量が増えると、イワナの餌の主流は水面に落下する陸生昆虫にシフトする。いもむしや毛虫など葉食性の鱗翅目の幼虫、あるいはバッタなどが、誤って水面に落下するとイワナの餌となる。東北地方では、「ぶな虫（ブナアオシャチホコの幼虫のこと）」が最高の釣り餌だといわれている。「ぶな虫」一匹で、一〇尾は釣れると豪語していた釣り人もいるくらいだ。トンボ・カゲロウ・トビケラ・カワゲラ・ハエやアブ・ユスリカ・ガガンボなどの成虫は、水辺に産卵する際に食べられるものが多い。ところで、これら水生昆虫の幼虫たちの活動には日周性がみられ、主に夜間に活動する。これは、イワナを始めとする動物食性の淡水魚は、餌を探すのに主に視覚に頼っていて夜間には餌を食べないため、夜間に活動したほうが魚に食べられにくいことと関係しているといわれている。ところで、真っ昼間に釣れない経験をした太公望も少なくなかろう。イワナが餌をとるのは朝と夕方に多い。これはイワナの最大の天敵である鳥の捕食から逃れるためだといわれている。鳥‐魚‐水生昆虫という、視覚に頼る捕食者とその餌生物との間に、食物連鎖を介して進化した興味深い行動パターンである（図3‐4）。

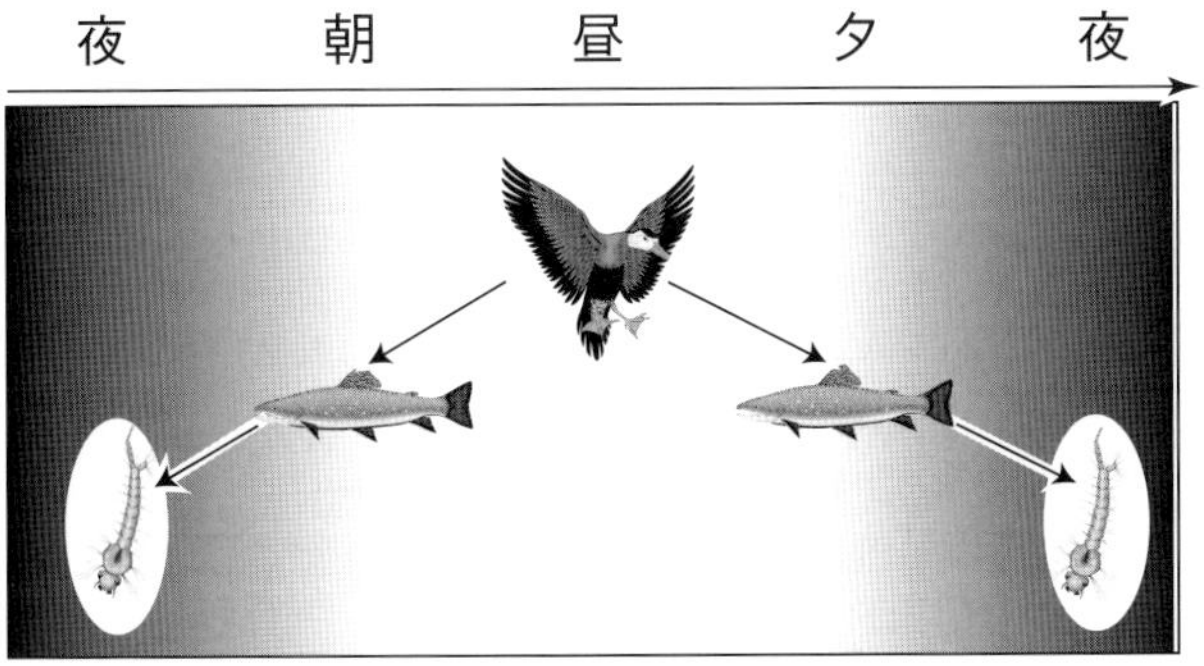
夜
朝
昼
夕
夜

図 3-4　食物連鎖に関係した鳥と魚と水生昆虫の活動時間帯
鳥も魚も視覚によって捕食を行うため、夜間は摂食活動ができない。水生昆虫は魚からの捕食を避けるために、夜間に活動する。魚は鳥からの捕食からできるだけ逃れるため、主に朝夕に摂食を行う。

一方、寄主の探索に化学物質を手がかりにしている捕食者や捕食寄生者も多い。これらの捕食者はまずランダムに動きまわる。このときに手がかりにする匂いは、寄主の食草、食草上の食痕、寄主の唾液や糞などさまざまなものがある。そして、寄主の手がかりとなる刺激物質を認知できる範囲に入ると、今度は触角をさかんに動かしながらたんねんな寄主探索を行う。

生物間の相互作用の中で果たす役割という観点から化学物質を分類したときに、生産者、受容者ともに利益を得るものをシノモンとよぶ。もし食草の匂いが天敵を引き付けるのであれば、それはシノモンと考えられる。共進化の観点からみると、植物がシノモンの分泌を進化させる方向に淘汰圧が働くことは十分に考えられる。モンシロチョウにはアオムシコマユバチという寄生バチが寄生する。アオムシコマユバチは、モンシロチョウ幼虫の食痕から出る匂いに誘引される。「植物が植食者に食べられた際に、植食者の天敵を誘引する物質を生産・放出する」という現象が一九八〇年代に明らかにされた。これは、植物が自ら防衛する代わりに揮発性の化

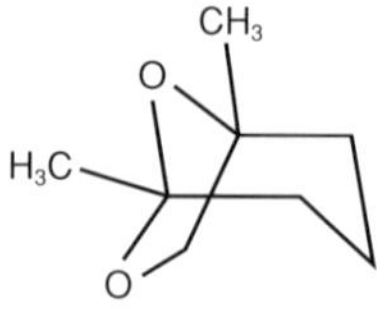

図 3-5　サザンパインビートル（*Dendroctonus frontalis*）の集合フェロモンの主成分フロンタリンの構造式（化学式は $C_{10}H_{14}O_2$）

学物質を産生することによって天敵を誘引して防御してもらう、一種の傭兵による防御と考えられ、「植食者誘導性植物揮発成分（Herbivore-induced plant volatiles: HIPV）」と呼ばれている。ＨＩＰＶは機械的な傷処理ではほとんど誘導されない。トウモロコシで調べた研究では、同じ株内で食害を受けた葉以外の健全葉もＨＩＰＶを産生していることから、ＨＩＰＶの産生は全身的な誘導反応であると考えられている。

一方、生産したものには不利に、感受したものに有利に働くものを、カイロモンとよぶ。カイロモンでとくに興味深いのは、種内のコミュニケーションとして利用している物質が、寄主発見の手がかりとして利用されているものが多いことである。たとえば、樹木の幹や枝に主に穿孔するキクイムシ類では、特定の木に集中して攻撃するマスアタックがみられる（7章4・4参照）。マスアタックは、最初に穿孔した個体が出すフェロモンによって誘発される。最初に穿孔した個体は、穿孔するとフェロモンを放出する。集まってきた個体は、つぎつぎと穿孔を試みる。これらのキクイムシもフェロモンを出してさらに仲間をよぶ。キクイムシの穿孔に対抗して、植物は樹脂（ヤニ）を出して抵抗するが、樹脂の滲出が止まるまでフェロモンの放出は続く。キクイムシのマスアタックに同調して、多くの捕食者や寄生者も集まってくる。北アメリカでマツ類の重要な害虫になっている樹皮下キクイムシの一種サザンパインビートル（*Dendroctomus frontalis*）では、集合フェロモンの成分であるフロンタリン（図３－５）に反応して捕食者である甲虫のカッコウムシの仲間（*Thanasimus dubius*）が集まってくる。また、捕食性のアシナガバエ科の仲間（*Medetera bistriata*）、寄生バチ（*Dinotiscus dendroctoni*）もフラス（木屑と糞が混ざったもので、この中にフェロモンが入っている）に引き寄せられる。集合フェロモンはキクイムシが寄主植物の防御をうち破るうえで非常に重要なものであるため、たとえ天敵に追跡の手がかりを与えてもキクイムシはやめることができないのだろう。

３・２　病気

病気は自然生態系の中では動物の数をコントロールする重要な役割を担っている。病気は、捕食者や捕食寄生者のように機能の反応が起こらないため、昆虫の大発生を終息させる要因として働くことが多い。病気を利用した害虫防除や微生物殺虫剤の開発は産業としても重要な分野であるが、逆にカイコやミツバチといった有用昆虫を病気から守ることも、昆虫病理学の重要な応用分野の一つである。実は、昆虫病理学の分野は、長い間日本が世界をリードしてきた研究分野だった。それは、明治以来の重要産業であった養蚕業を守るという強い必要性の結果であった。

人間と同じく、昆虫もさまざまな生物が病原体となって病気にかかる。病原体によって病気を分類すると、ウイルス病、細菌病、菌類病、原虫病、寄生虫病に分けることができる。その中でも、森林昆虫と関係の深いものを紹介しよう。

ウイルス病

北海道や東北地方のカラマツ植林地では、しばしばマイマイガの幼虫が大発生して、広い面積にわたって葉を食いつくしてしまう（マイマイガについては1章19ページのコラムを参照のこと）。マイマイガの大発生の終息には核多角体病ウイルス（NPV）が重要な役割を果たしている。このウイルスの特徴はウイルス粒子が多角体とよばれる蛋白質の封入体に包まれているので、環境に対する耐性が強いことにある。NPVは成虫では発病しないが、病死した幼虫からのウイルスで棲息環境が汚染されていると、成虫がウイルスを運んで垂直伝搬（親世代から子世代への感染）が起こる。マイマイガの卵塊は雌成虫の体毛でおおわれているので、雌成虫がウイルスで汚染していると、卵の表面や卵塊も汚染される。孵化幼虫は多角体を卵殻や体毛の一部と一緒に食べて発病し、死亡する。その死体は水平伝搬（同世代の他個体への感染）の感染源となる。個体群密度が高いときには、非汚染卵塊から孵化した幼虫が近くの汚染卵塊に接触し、水平伝搬が起こることもある。マイマイガの若齢幼虫は木の上方へ移動する性質があり、罹病虫は樹冠部で死亡するので、風雨による下方部へのウイルスの拡散が起こりやすい。このようにして、流行時には、林床がウイルスによって汚染される。マイマイガの個体群密度の上昇につれてウイルスの感染率が増し、ウイルス病の流行によって個体群の大発生は終息する。

昆虫のウイルス病には、ウイルスの種類によって、核多角体ウイルス（NPV）、顆粒病ウイルス（GV）、細胞質多角体ウイルス（CPV）、昆虫ポックスウイルス（EPV）、虹色ウイルス（IV）、濃核病ウイルス（DV）、σウイルス（SV）などがある。昆虫の病気の中でも、ウイルス病は昆虫

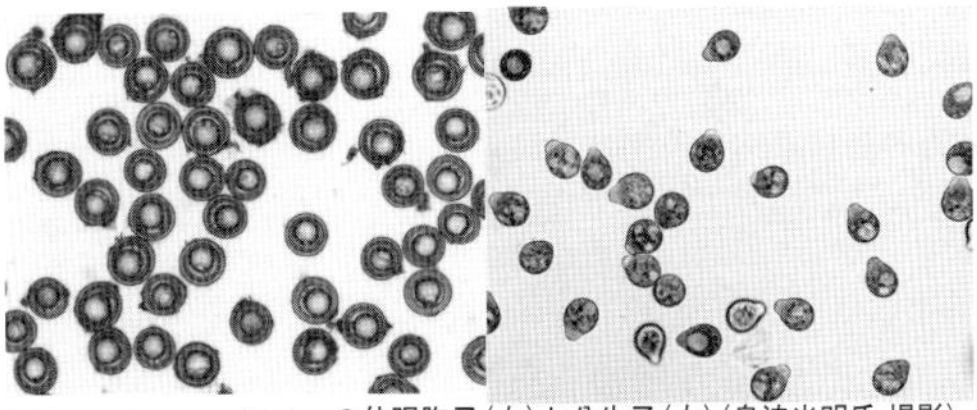

*Entomophaga maimaiga*の休眠胞子（左）と分生子（右）（島津光明氏 撮影）

*Entomophaga maimaiga*で死んだマイマイガ幼虫（島津光明氏 撮影）

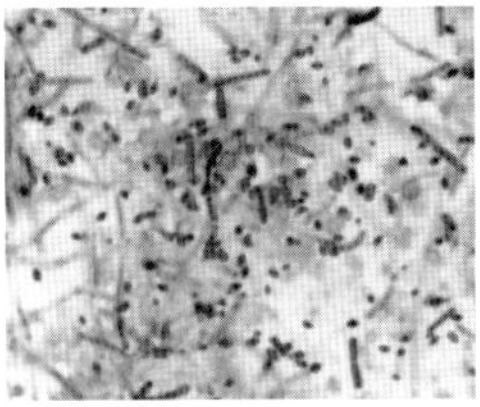

Bt（島津光明氏 撮影）

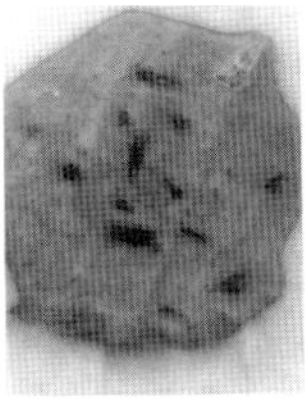

ハラアカマイマイのNPV（片桐一正氏 撮影）

*Beauveria bassiana*で死亡したマツノマダラカミキリ幼虫（左）と成虫（中）。不織布を使った防除試験（後藤忠男氏 撮影）

図 3-6　昆虫病原菌

の大発生を終息させる病原体としてたいへん目立つ要因である。

細菌病

昆虫の病原体としてもっともよく知られる細菌は*Bacillus thuringiensis*（バチルス・チューリンゲンシス）である。Btという略称が一般的に使われる。Btは土壌中に生活している細菌の一種で、自然界に広く分布している。ちなみに、本菌を最初に発見したのは日本人の研究者である。Btにはさまざまな系統があり、その系統ごとに異なる種類の昆虫に対して殺虫効果を示す。Btは、胞子（芽胞）を形成する細菌で、芽胞形成と同時に結晶性の毒素蛋白質（クリスタル）を形成する。このクリスタルが消化されて分解されると昆虫の腸を破壊して毒性を発揮するため、Bt自体が微生物農薬（BT剤）として用いられるだけでなく、芽胞を殺してクリスタルだけにしたものも殺虫剤として使用されている。また、Btのもつ殺虫性蛋白質合成遺伝子を利用した遺伝子組換え作物（Bt作物）も実用化されている。Btから毒素を作り出す遺伝子を取り出し、植物細胞の中に入れ、細胞培養によって植物を育てる。すると、その植物は一生、Btの殺虫毒素を作り出す能力をもつことになる。Bt作物はダイズ、トウモロコシ、ナタネ、ジャガイモ、ワタなどで実用化されている。しかし一方で、害虫がBtに対して抵抗性を獲得した例や、Bt作物によってチョウが死んだ例など、生態系に対する脅威が指摘されている。遺伝子組換え作物に対するハザード評価が今後も必要とされる。樹木では、中国で一九九〇年代初めにBtポプラの作出に成功している。一年生の作物と違い、寿命の長い樹木では昆虫に抵抗性が生じやすいため、実際に野外に植栽する際には、昆虫がBt抵抗性を進化させないかどうかを事後モニタリングする必要があるだろう。すでに中国では大面積にこのBtポプラが植栽されているが、現時点でBt抵抗性の昆虫に関する情報はえられていない。

菌類病

中学や高校では、菌類は分解者として教えられる。しかし、生態系の中で菌類が果たす役割のうち、重要なものの一つに、昆虫を含む動物の病原体としての働きがある。

マイマイガの大発生が終わるころ、カラマツの枝や幹にだらんと垂れ下がる幼虫の死体が無数にみられる。これは、*Entomophaga maimaiga*（エントモファーガ・マイマイガ）という疫病菌の一種によって引き起こされる流行病である。この菌の種小名は、マイマイガという和名（日本名）に由来している。このエントモファーガ・マイマイガが、マイマイガの大発生の終息要因になっている場合も多い。エントモファーガ属の属するハエカビ目（接合菌綱）の糸状菌は、別名「昆虫疫病菌」ともよばれ、エントモファーガ・マイマイガのほかにも、バッタの大発生が終息するときに働く *Entomophaga grylli*（エントモファーガ・グリリ）など、昆虫の大発生を終息させるうえで重要な役割を果たしているものが数多く知られている。

糸状菌が森林昆虫の大発生をコントロールしている例はまだまだある。秋に公園や寺社の松に腹巻きのような「こも」を巻く風景を見たことがある読者もいると思う。これはマツカレハという蛾の幼虫（通称、「まつけむし」）が、冬ごもりのために木の幹をはい降りてきて、樹皮の割れ目や落葉の中で越冬する性質を利用した駆除方法だ。テレビのニュースではしばしば、「松くい虫対策として、……」と間違った紹介をされているのが気にかかるが……人間が松に巻いたこもを、マツカレハは安全な越冬場所と勘違いするようだ。春先にこもから逃げ出す前に、一網打尽に焼却してしまう。マツカレハもしばしば、海岸のクロマツ林や、内陸部のアカマツ林で大発生を繰り返してきた。マツカレハの大発生は、*Beauveria bassiana*（ボーベリア・バッシアナ）という病原菌によって終息する。マツカレハのボーベリア・バッシアナで死亡した幼虫の死体からは、黄白色のカビが節々から出てくることから、黄きょう病、ないし、白きょう病とよばれる。ちなみに、「きょう」というのは硬直した死体のことで、死亡すると体の中が菌糸で充満したミイラのようになることからこのような名前がついた。

このボーベリア・バッシアナは、宿主範囲が広くさまざまな昆虫に寄生することが知られている。

しかし実際には、ボーベリア・バッシアナは、系統によって病原力に差があり、分離源となった昆虫種に対して一番強い病原性を示す場合が多い。日本全国で問題になっているマツの材線虫病（通称「松くい虫」）は、マツノマダラカミキリという甲虫が、病原体マツノザイセンチュウを運ぶことによって感染が始まる。マツノマダラカミキリの幼虫が、松材の中でボーベリア・バッシアナに感染して死んでいるのがしばしば見つかるため、ボーベリア・バッシアナを使った生物的防除の方法が農林水産省森林総合研究所（現、独立行政法人森林総合研究所）を中心に研究されてきた。最初に試された方法はキイロコキクイムシという甲虫にボーベリア・バッシアナの分生子（胞子）を運んでもらう方法である。マツノマダラカミキリの幼虫はマツの樹皮下の内部で生活しているので、農薬を散布する通常の方法で分生子を散布してもなかなか虫がいるところまで届かない。キイロコキクイムシはマツノマダラカミキリに似た環境で生活しているので、マツノマダラカミキリの幼虫が入っている木に、キイロコキクイムシが菌を運んでくれるのではないかと考えた。キイロコキクイムシは松材に潜ったあと、まぶされたボーベリアにより死亡し、死体上に分生子が形成される。この分生子がマツノマダラカミキリへの感染源となるはずであった。実験室で大量に繁殖させ飼育したキイロコキクイムシの成虫に、やはり実験室で大量に培養したボーベリア・バッシアナをまぶし、マツ林で放した。しかし、ときどき、マツノマダラカミキリの死亡率が非常に高い木もみられたが、全体的には期待したほどの高い死亡率は得られず、実験は成功しなかった。次に試されたのは、不織布という資材にボーベリア・バッシアナを培養し、枯れ木や枯れ木を切り倒した丸太に貼り付ける方法である。こちらの方法は、人間が枯れた木までいかなければならないというデメリットはあるが、かなり安定して高い死亡率が得られる。周辺では、ボーベリア・バッシアナで死亡したマツノマダラカミキリの成虫も見つかる。現在では商品化されている。

似たような微生物農薬としては、*Beauveria brongniartii*（ボーベリア・ブロンニアティ）菌を不織布上に固定した商品も実用化されている。これはミカンにつくゴマダラカミキリや桑につくキボシカミキリの駆除に有効で、宿主範囲が限られているため、他の生物に与える影響が小さいという利点がある。新しいタイプの〝環境にやさしい〟農薬である。

そのほかにも、ブナアオシャチホコの大発生のときに活躍するサナギタケ（4章2・4を参照）など、いろいろな菌類による病気で森林昆虫の密度を制御する働きが知られている。

寄生虫病

寄生虫病の病原体は、線虫、昆虫、ダニがある。その中から、線虫病を取り上げよう。昆虫の腸管内に寄生している線虫の多くは、ふつうは宿主と運搬共生か栄養摂取共生の関係にある。この場合、線虫は腸内の細菌を餌として、昆虫組織を害することはなく、生活史の一部を腸管内ですごす。しかし場合によっては、鞘翅目や膜翅目、鱗翅目の昆虫の血体腔内に侵入して、宿主に致命的な病気を起こしたり、あるいは不妊化したりするものがある。その中にはスタイナーネマ科（Steinernematidae）の *Steinernema kushidai*（スタイナーネマ・クシダイ）のように、共生細菌（*Xenorhabdus japonicus*）をもっていて敗血症を起こすものがある。スタイナーネマ・クシダイは口や肛門や皮膚を突き抜いて昆虫体内に侵入する。その昆虫の血液では、線虫の保有している共生細菌（*Xenorhabdus japonicus*）が繁殖して、昆虫は敗血症を起こして死亡する。線虫は死体内の細菌を食べて数回世代を繰り返すが、死亡昆虫体内に食べものが不足してくると、本線虫は感染態幼虫という形態に分化して、昆虫体外へ脱出する。この感染態幼虫は土壌中では体を丸めた状態で潜んでおり、別の昆虫への新たな感染の機会を待っている。このスタイナーネマ・クシダイは、かつては生物農薬としてコガネムシ類の幼虫防除用に発売されたことがある。

4　植物の防御

植食者の食害に対して、植物は決して無防備ではなく、物理的な防御、化学的な防御、フェノロジカルエスケープによる防御、傭兵による防御など、さまざまな形の防御を行っている。

4・1　化学的防御

葉食性昆虫に対する化学的防御物質は、アルカロイド、カラシ油配糖体、テルペノイド、タンニンを主とするフェノール類などの二次代謝物質である。テルペノイドやフェノール類は、量的防御物質といわれ、植食者全般に効力を発揮するのに対し、アルカロイドやカラシ油配糖体は質的な防御物質といわれる。青酸のようなシアン化合物はその代表的なものである。質的防御物質は、植物の葉に常在し、少量でも致死的な効果を引き起こす。そのため、大部分の昆虫種の食害をきわめて効果的に防ぐことができる。しかし、これらの物質に対して耐性を進化させた昆虫に対してはまったく効力をもたない。それればかりか、このような昆虫の中には、逆に防御物質を巧みに利用しているものも少なくない。アゲハチョウはミカン科植物を食草とするが、母蝶は、食草（ミカン、サンショウなど）の葉に含まれるフラボノイド、アルカロイドなどの特有成分を前肢の化学感覚器で検知して食草を見分け、正確に産卵している。モンシロチョウなど *Pieris* 属のチョウはアブラナ科植物を食草とするが、母蝶はアブラナ科植物の葉に含まれるカラシオールという物質を手がかりに食草を見分けている。これらの物質は、もともと植物が植食者から身を守るために発達させてきた成分であり、食うものと食われるものの間に化学物質が介在した「共進化」の過程がうかがえる。そればかりか、毒に適応した昆虫の中には、植物の作り出した毒を天敵の攻撃から守るために利用しているものも少なくない。ジャコウアゲハという蝶がいる。翅を広げると一〇〇〜一一〇ミリメートルになる中型のアゲハチョウである。低い山に多く、幼虫はウマノスズクサ（*Aristolochia debilis*）という毒草のみを食草にしている。ウマノスズクサにはアリストロキア酸という毒が含まれている。幼虫は毒であるアリストロキア酸に耐性をもっていて、親蝶はアリストロキア酸を前足にある嗅覚器官で識別し、ウマノスズクサの葉の裏側に産卵する。ここまでは、モンシロチョウとアブラナ科植物の関係と同じである。幼虫はウマノスズクサの葉を食べて成長するが、ヘアーペンシルという器官にアリストロキア酸を蓄えて小鳥などからの食害を免れている。鳥はこの幼虫に毒があることを知っていて食べないが、これは、赤と黒の見るからに毒々しい警戒色を手がかりとしている。ジャコウアゲハはやがて黄色い色の蛹になるが、蛹もやはり毒を含んでいる。成虫にも毒があり鳥はこれを食べようとしない。卵の表面にも毒がある。このようにウマノスズクサはアリストロキア酸という毒によって自分を守ろうとしたのだが、ジャコウアゲハはその上をいくようにうまくアリストロキア酸を利用しているのだ。こうなると、植物にとってアルカロイド毒をもつことは、逆に自分の首を絞めることにつながりかねない。話が横道にそれるが、有毒物質をもっていない近縁種のチョウの中には、このチョウそっくりに擬態をして身を守っているものもいる。

量的防御物質は、質的防御物質のような劇的な効果こそないが、植食者に抵抗性が進化しにくい利点がある。これは、量的防御物質の常在量が少なく、食害程度に応じてその量が増えるためである。このように食害量に応じて量を増やすことができるのは、量的防御物質が炭素原子（C）と水素原子（H）を主とする、化学的に製造コストが安い物質であることに関係している。フィンランドのハウキオヤ（Haukioja, E.）らは、カバノキの葉が食害を受けると、食害を受けた葉やその周辺の葉が堅くなり、タンニンなどのフェノール類の含有率が増加することを見出した。また、木が丸裸にされるような強い食害を受けると、翌年の葉のフェノール含有率も高くなることを発見した。このように、食害を受けることによって防御物質が増える現象を誘導防御反応といい、多くの木本植物でかなり普遍的に認められる。葉の食害は、植物から光合成器官である葉を奪うため植物体の炭素バランスを撹乱する。その一方で、葉の光合成をつかさどる葉緑体の酵素（ルビスコ）に主に使われている葉内窒素も食害によって失われるため、植物体内では窒素不足も起こる。このように、昆虫によって強い食害を受けると、植物の炭素と窒素の両方が不足するが、相対的にどちらがより多く不足するかによって、食害を受けた後の植物の反応が異なっている。炭素不足がより強い場合には、葉の骨格物質であるセルロースやリグニンなどの不足を引き起こす。これは、葉の小型化や、葉を薄くしたり柔らかくするかたちで表れる。また、テルペンやフェノールなどCHOのみで構成される二次代謝産物の合成

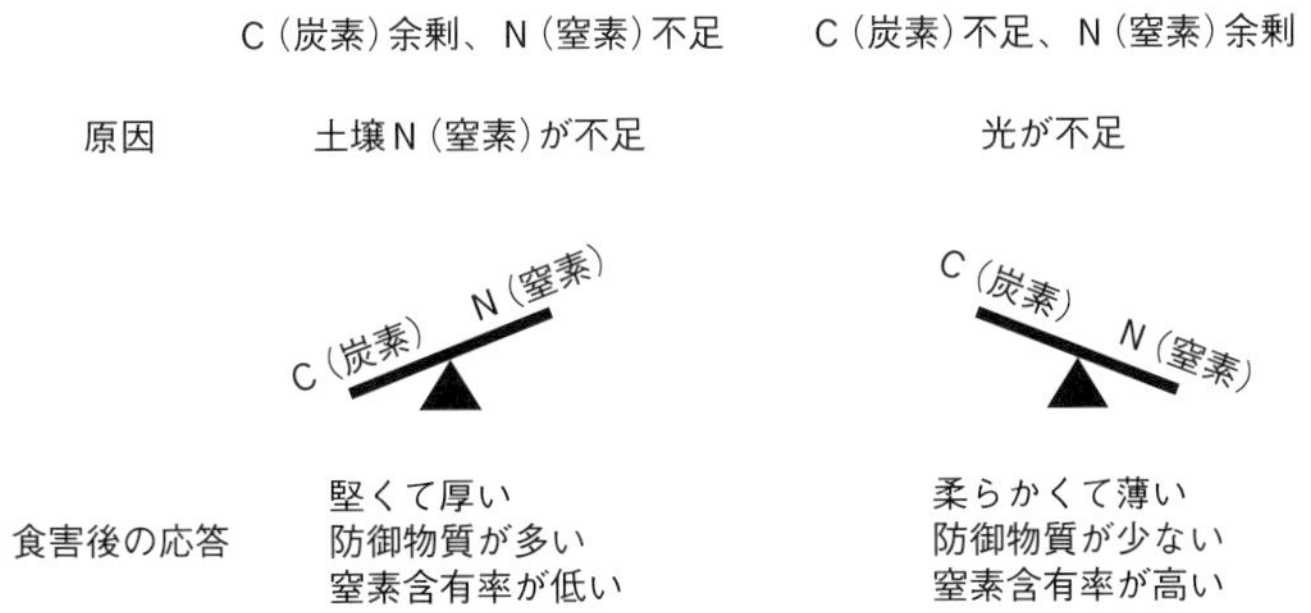
C（炭素）余剰、N（窒素）不足
C（炭素）不足、N（窒素）余剰
原因
土壌N（窒素）が不足
光が不足
C（炭素）
N（窒素）
C（炭素）
N（窒素）
食害後の応答
堅くて厚い
防御物質が多い
窒素含有率が低い
柔らかくて薄い
防御物質が少ない
窒素含有率が高い

図3-7　CNバランス仮説

は抑制される。一方で、窒素不足が相対的に強い場合には、相対的な炭素過剰状態を引き起こし、フェノール類などの二次代謝産物の増加を引き起こす。このように、昆虫の食害によって撹乱される炭素と窒素のバランスが、植物の誘導防御に密接に関係しているというのが、ブライアント（Bryant, J.P.）らによって提唱されたCNバランス仮説である（図3－7）。

樹種間で比較すると、植食者に対する防御と補償成長との間にはトレードオフ関係が認められる場合が多い。すなわち、防御にはあまりコストをかけずに、植食者に食われたときには補償成長をすることによって対応している樹木と、植食者に食われまいとして一生懸命防御にコストをかける樹木がある。一般に、針葉樹や、広葉樹でも遷移後期種は植食者に対する防御を発達させており、補償成長の能力に乏しい。「食われることは一大事。できるだけ食われないようにしよう。」というペシミスト戦略である。また、遷移前期種や、窒素の負荷がかかりにくい植物ほど、一般に防御よりも補償成長によって植食者に相対している。これらの植物は、植食者にあまり抵抗せずに、「食われたらまた成長して取り返せばよい。」というオプティミスト戦略をとっている。ハンノキ属の植物は

Frankia 属の放線菌と、マメ科の植物は *Rhizobium* 属の細菌と共生しており、これらの共生細菌が空中の窒素を固定してくれるため窒素に不自由することはない。これらの植物は、防御にはあまり投資をせずに、植食者に食われたときには補償成長によって対応している。また、窒素固定細菌と共生していなくても、遷移前期種であるポプラ属・ヤナギ属も同様の戦略をとっている。

4・2 傭兵による防御

植物の中には自分で防御をせずに、ボディガードを雇って食害から逃れているものがある。ボディガードはアリであるが、植物はさまざまな分類群で知られており、アリ植物と総称されている。なかでもよく知られているのはアカシアである。生態学の教科書にも引用されている有名な実験によれば、アリを取り除くことによってアカシアの生存率は七二パーセントから四三パーセントに低下し、伸長生長量も五分の一から七分の一に低下したという。

成長と防御の間のトレードオフだけではなく、異なる防御戦術間にもトレードオフ関係がみられる。トウダイグサ科のオオバギ属（*Macaranga*）という植物のグループがある。熱帯・亜熱帯地方に多く分布しており、主に遷移の先駆種的なニッチにある。オオバギ属の植物と共生アリの間にはほぼ一種対一種の特異的な関係が結ばれ、両者はここ約七〇〇万年にわたって共進化してきたことが明らかにされている。

名古屋大学の大学院生だった野村昌弘さんたちは、オオバギ属の植物がアリの防衛に頼る程度と、物理的・化学的防御レベルとの間には、トレードオフ関係を示唆する逆相関の関係が種間レベルでみ

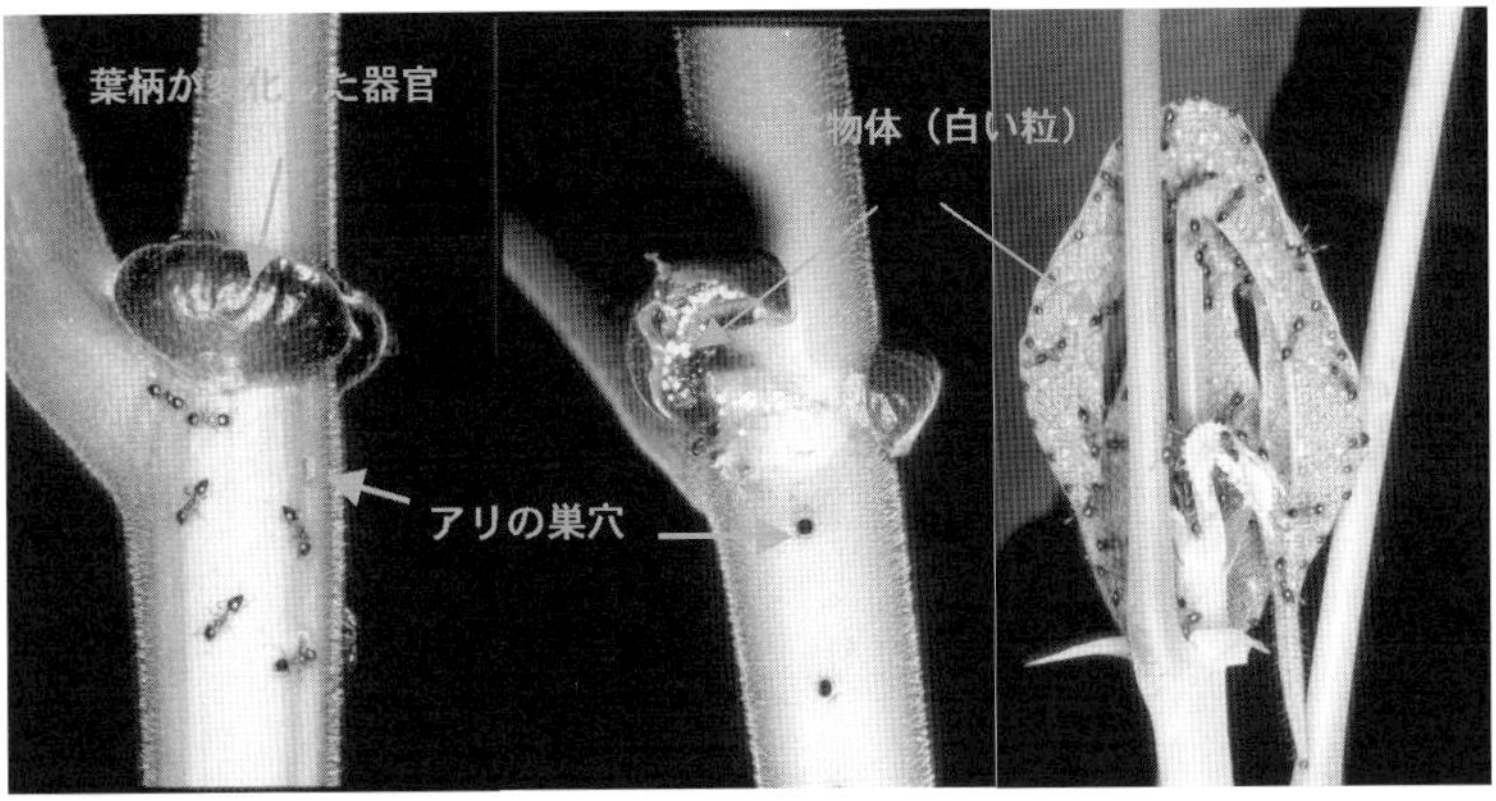
アリの巣穴

図 3-8　アリ植物（*Macaranga* 属）とアリの関係
上：葉柄が変化した器官の内側や葉の裏側にある食物体（白い粒）を、植物は餌としてアリに与える。アリは茎に穴をあけて巣を作る。（上左、上右は、市岡孝朗氏 撮影）、（上中は井上民二氏 撮影）
下：葉を食害するシジミチョウ科の幼虫を攻撃するアリ（市岡孝朗氏 撮影）

られることを見出した。たいへんエレガントな実験なので紹介しよう。物理的防御と化学的防御を併せて、野村さんたちは非生物的防御とよんでいる。五種の生葉を広食性の葉食者であるハスモンヨトウに与えて発育を比較することによって非生物的防御のレベルを調べた。物理的防御は葉の堅さを測定することによって、化学的防御はそれぞれの葉の乾燥粉末をくわえた人工飼料をハスモンヨトウの幼虫に与えて発育を比較することによって、物理的防御と化学的防御のレベルを調べた。三種類のアリ共生型オオバギと二種類の非アリ共生型オオバギについて、物理的防御と化学的防御の強さを生物検定によって調べたところ、物理的防御レベルと化学的防御レベルの間には、種間レベルで正の相関関係が認められ、

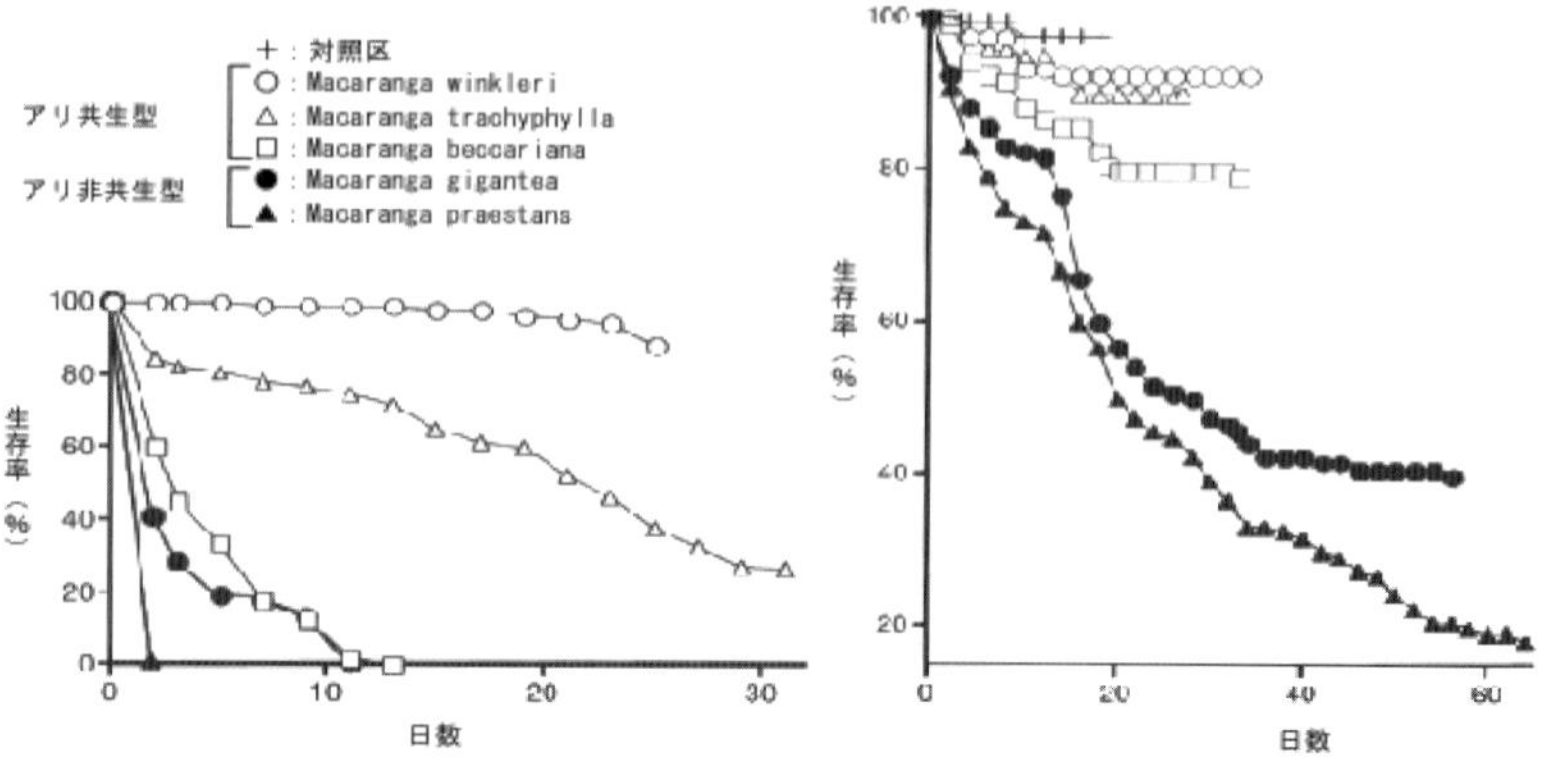

＋：対照区
アリ共生型
○：Macaranga winkleri
△：Macaranga trachyphylla
□：Macaranga beccariana
アリ非共生型
●：Macaranga gigantea
▲：Macaranga praestans
生存率（%）
日数
0
10
20
30
40
60
80
100

図 3-9　アリ共生型と非共生型のマカランガ 5 種の非生物的防御の強さ（Nomura *et al.*, 2000 を改変）
A：葉をそのまま与えた場合（化学的防御と物理的防御）
B：葉の乾燥粉末を人工飼料に混ぜて飼育した場合（化学的防御）

アリ共生型オオバギでは、非アリ共生型オオバギよりも、非生物的防御のレベルが低いことが明らかにされた（図3−9）。

4・3　物理的防御

誰でも一回はバラの刺で痛い思いをしたことがあるだろう。あの刺は物理的防御の最たるものである。バラ科の植物は、軒並み葉食性昆虫の食害を受けやすい。どうもバラ科の植物は、葉の化学的防御にはあまり投資していないようにみえる。刺は哺乳類など大型の動物に対する被食防衛反応である、昆虫のような小型の植食者に対しては、毛（トリコーム）が防御の役割を果たしている。トリコームによる防御は、小型の昆虫や、同じ昆虫でも若齢期の個体に対して効果が高い。アブラムシなど吸汁性の昆虫では、トリコームがじゃまをして口吻を差し込むことができない。葉食性昆虫でも、孵化してまもない幼虫はトリコームが密生していると葉に食いつくことができない。食いつくど

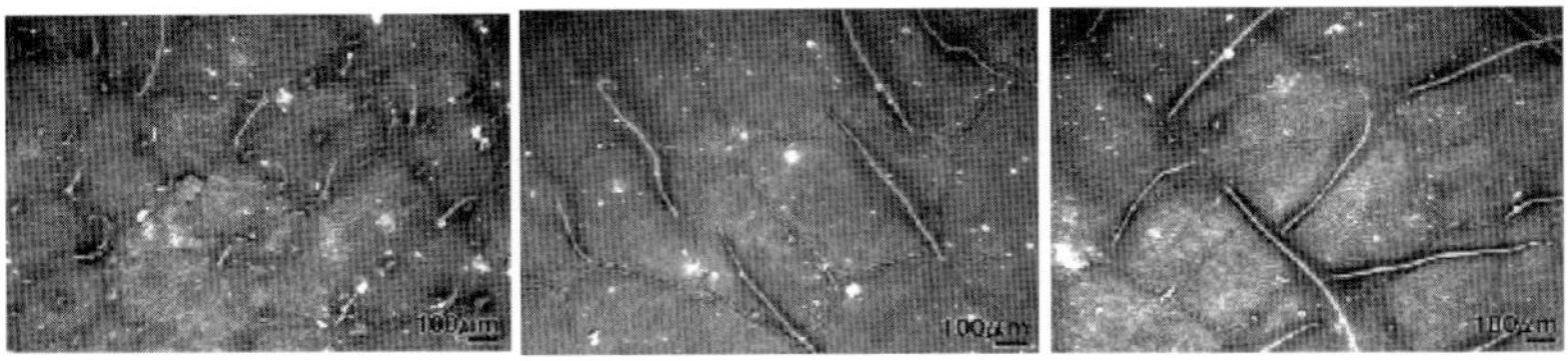
100μm
100μm
100μm
シラカンバ
ダケカンバ
ウダイカンバ
図 3-10　カバノキ科 3 種のトリコーム（松木佐和子氏 撮影）

ころか、ふわふわの絨毯の上を歩いているようなもので、地に足をつけて歩くことができない。もちろん足をつけておきたいのは地面ではなく葉っぱなのだが。

樹木の開葉パターンは、一斉開葉型（春先にすべての葉を一斉に開くタイプ）と、順次開葉型（季節を通してつぎつぎと新しい葉をつけるタイプ）という、二つのタイプに分けられる。カバノキ科の樹木は、順次開葉型の成長タイプを示すので、春葉と夏葉という異形葉をもつ。これまで、異形葉には晩霜害に対する適応的な役割があると考えられていた。北海道大学の大学院生だった松木佐和子さん（現岩手大農学部）は、同所的に生育するカバノキ科樹木三種、シラカンバ、ダケカンバ、ウダイカンバの三種について、異形葉の間でトリコーム密度に違いがあることに着目し（図3－10）、化学的防御とトリコームによる物理的防御を、春葉と夏葉で比較した。その結果、物理的防御と化学的防御の季節変化には、植物の生長パターンと密接な関係が認められた。物理的防御も化学的防御も、シーズン前半に成長速度が大きいシラカンバとダケカンバでは春葉の防御レベルが高く、逆に、遅い時期にも成長速度が落ちないウダイカンバでは夏葉の防御レベルが高かった（図3－11）。

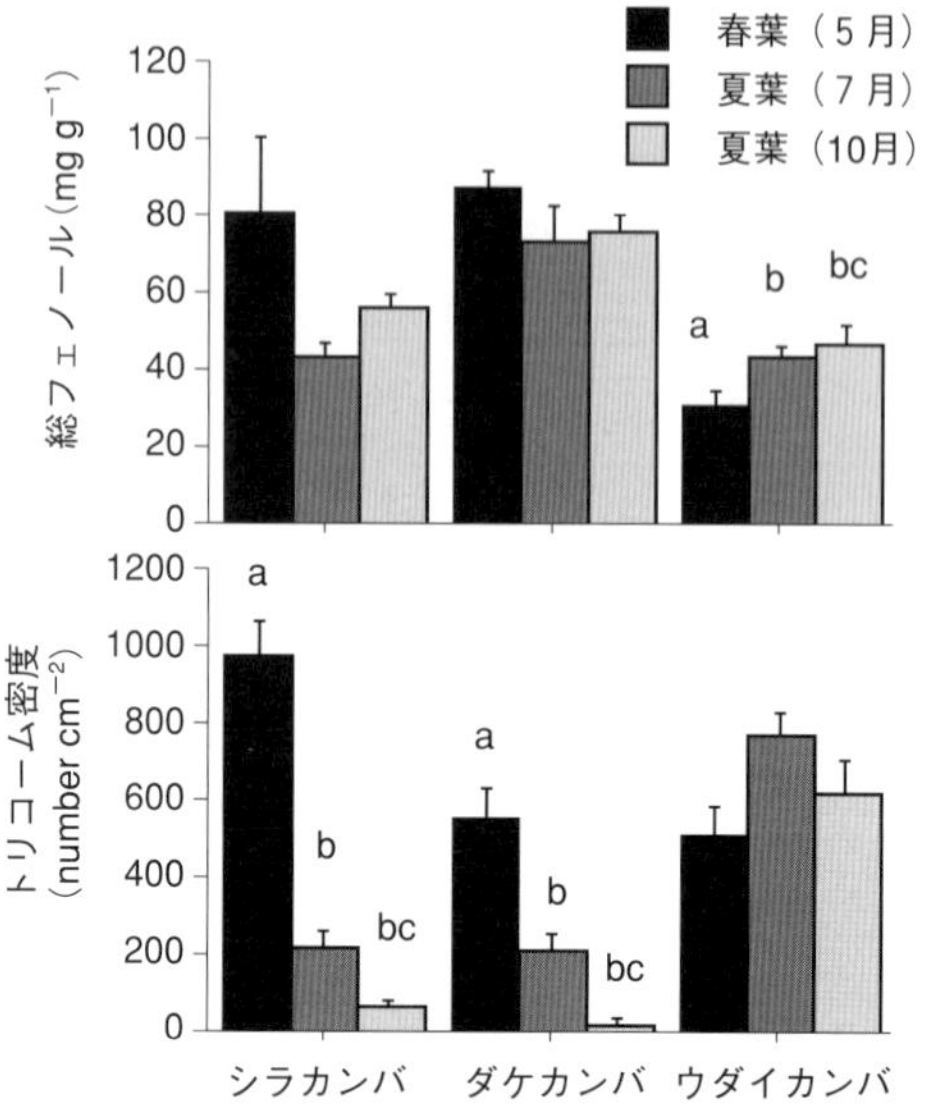
春葉（５月）
夏葉（７月）
夏葉（10月）
総フェノール（mg g⁻¹）
120
100
80
60
40
20
0
a
b
bc
トリコーム密度
(number cm⁻²)
1200
1000
800
600
400
200
0
a
b
bc
a
b
bc
シラカンバ
ダケカンバ
ウダイカンバ

図 3-11　シラカンバ、ダケカンバ、ウダイカンバの春葉と夏葉の防御レベル（Matsuki *et al.*, 2004）を改変
上：化学的防御レベルの示標としての総フェノール濃度
下：物理的防御レベルの示標としてのトリコーム密度

4・4　フェノロジカルエスケープ

植物では開葉・開花・結実・落葉、昆虫では産卵・孵化・蛹化・羽化といった生物現象のカレンダーをフェノロジー（phenology）をいう。日本語では、phenorogyを「生物季節」「生物季節学」と訳す場合もある。植物の葉の展開に伴って変化するのは葉の面積だけではない。さまざまな性質が変化する。細胞自体の体積が増すとともに、細胞壁が厚くなる。柵状組織、海面状組織が発達してくる。クチクラ層も厚くなる。これらの変化によって葉は厚く堅くなる（物理的変化）。化学的にも、開葉当初は窒素含有率が高くフェノール類の防御物質は少なかったものが、展開に伴って窒素含有率が低下し、フェノール類の含有率が増える。したがって、物理的にも化学的

にも餌としての葉の質が劣化する。

同じ場所に生育する同種の植物でも個体によってフェノロジーにばらつきがある。したがって、個体間のフェノロジーの違いが、被害程度の違いを引き起こす原因になる場合がある。

樹木が開葉すると、おいしい餌を求めて多くの種の葉食性昆虫が葉を摂食する。このように開葉してまもない幼葉を摂食する種を幼葉食者とよぶ。大発生が起こるような例外年を除けば、開葉から成葉になるまでの短期間に、摂食量、摂食する昆虫の種数ともにピークをむかえる。幼葉食者は、サイズが小型のもの、食性幅の広いジェネラリストが多い。開葉から日数が経過して成葉になると、葉食者はサイズの大きいものが増え、食性幅の狭いスペシャリストの割合が高くなる。

北海道大学苫小牧演習林の村上正志さん（現千葉大理学部）たちは、幼葉食者の幼虫がある時期になると糸をはいて樹冠から落下することを発見した。糸をはいて落下してきた幼虫にまったく餌をやらないとほとんどの幼虫は蛹になることができなかった。したがって、これらの幼虫は老熟してから落下したのではないことがわかる。また、樹冠の葉を与えてもほとんどが蛹になることはできなかったが、下層植生の葉を餌として与えると高い割合で蛹になった。つまり、陽当たりの良い樹冠部の葉が成葉になり餌として不適になったので、フェノロジーの遅い下層の柔らかい葉を食べるために幼虫は落下するのだ。

ところで、ミズナラの実生と昆虫の食害、死亡率の関係を調べていると、興味深いことに気がついた。発芽時期がトングリによって大きくばらつくのだ（図3－12）。早いものでは六月に発芽するのに、九月になってから発芽する個体もある。同じ場所で調べたブナの場合、六月前半の約二週間にほ

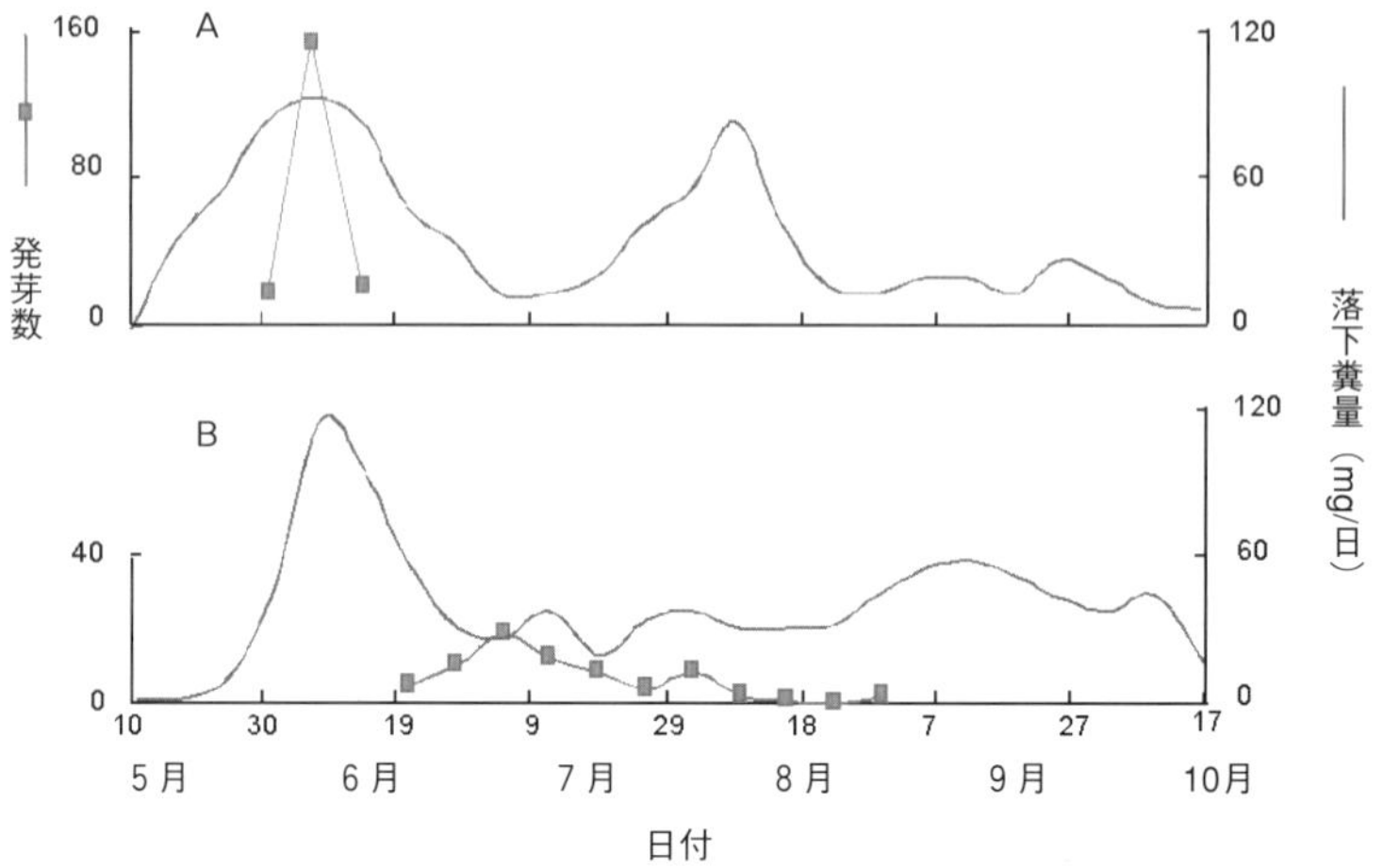
A
B
160
80
0
40
0
発芽数
120
60
0
120
60
0
落下糞量（mg/日）
10
30
19
9
29
18
7
27
17
5月
6月
7月
8月
9月
10月
日付

図 3-12　ミズナラ当年性実生のフェノロジカルエスケープ（Kamata *et al*., 2001を改変）
樹冠層から落下する落下糞量（——）と実生の発芽消長（—■—）を示した。
A：ブナ
B：ミズナラ

とんどの個体が発芽したのに対して、ミズナラの発芽時期は六月中旬から九月初旬までのおよそ二カ月半におよんだ。樹冠部の葉は、ブナでは五月五日前後、ミズナラではそれよりも約一週間ほど遅れて開葉する。およそ一カ月で樹冠部の葉が成葉になることを考えると、ミズナラの当年生実生は発芽時期を遅らせることによって、樹冠から降りてくる幼葉食の昆虫の食害から逃れているのではないかと考えられる。このように、植食者とのフェノロジーをずらすことによって食害から守る方法をフェノロジカルエスケープという。

5　昆虫の大発生

5・1　森林タイプや林齢と昆虫の大発生

昆虫の大発生は天然林よりも人工林で起こりやすい傾向がある。天然林と人工林の両方で大発生する昆虫では、人工林でより頻繁に起こることが多い。たとえば、北海道のマイマイガの場合、カラマツ植林地では毎年どこかで大発生がみられるのに、広葉樹林では約八〜一〇年の間隔で大発生する。マツカレハの大発生も植林地で起こる場合が多い。カラマツ植林地ではたくさんの種類の昆虫が大発生するが、カラマツ天然林で大発生が報告されているものは比較的少ない。アメリカシロヒトリ、オビカレハなどは、街路樹や庭園樹など都市的環境や農耕地に大発生が限定されていて、森林で大発生することはほとんどない。北海道のトドマツ植林地で大発生するツガカレハは本州ではトウヒやヒマラヤスギを食害するが、本州の大発生はヒマラヤスギの街路樹に限定される。このように、より人工的な環境で大発生が起こりやすいという傾向は、さまざまな昆虫に認められている。

また、大発生と林齢との間にも関係がみられる。たとえば、マツカレハでは、一九七〇年代までは日本各地で頻繁に大発生がみられたが、一九八〇年代以降大発生は激減した。これは、マツカレハはおよそ二〇年生以下の幼齢林で大発生が起こりやすく、戦後の植林地が成林するに伴い大発生の頻度が減少したものと考えられている。反対に、カラマツの植林地では植林後二〇年以上経過した林で葉食性昆虫の大発生が頻発する。カラマツハラアカハバチの大発生は、一九八〇年代以降、長野県、東北地方、北海道で、恒常的にみられるようになった。個々の林分では大発生は数年で終息するが、ほぼ毎年どこかで大発生がみられる状況が続いている。東北地方のカラマツ林では、カラマツハラアカハバチの他にも、カラマツツミノガ、カラマツイトヒキハマキ、マイマイガにハラアカマイマイといった具合に、毎年どこかで何かの昆虫が大発生しているような状況である。

一般に、産卵数が多く世代が短いことから、昆虫の増殖能力は高く、その増殖力にしたがって無制限に増加すると、またたくまに天文学的な数に達する。しかし、自然界では、このような昆虫の増殖力を抑制しようという作用が働くために、死亡率は高く、昆虫の個体数は低密度に抑えられている。このような抑制作用の総和を、環境抵抗とよぶ。（図3－3を参照のこと）。大学時代の恩師である古田公人先生は、マイマイガやトドマツオオアブラなど、しばしば大発生して問題になる森林害虫を対象に、これらを大発生の起こらない場所に人工的に付け加えることによって、個体群を低密度に維持している環境抵抗を解析した。その結果、環境抵抗の中では天敵類の働きがもっとも重要で、なかでも鳥類やクモ・アリといった多食性の捕食者や宿主範囲の広い捕食寄生者など、ジェネラリストの天敵が重要な役割を果たしていることが明らかにされた。また、やはり大学時代にお世話になった小久保醇先生は、外来種であるアメリカシロヒトリが森林に発生しない要因について、鳥の捕食によるところが大きいことを付け加え実験で証明している。現在では、森林タイプや林齢に関係した大発生の有無は、ジェネラリストの天敵に関係した環境抵抗の強さに関係していると、広く認識されている。

5・2　森林昆虫の大発生の場所依存性

森林植生は緯度と標高傾度に沿って変化する。昆虫の大発生は、その昆虫が棲息しているすべての範囲で起こるわけではなく、棲息範囲の中でも限られた場所でのみ起こるのが普通である。これを大発生の場所依存性という。ブナを寄主とする昆虫にも大発生の場所依存性が認められる（図3－13）。ブナでは、昆虫のブナアオシャチホコ、ブナハバチ、ウエツキブナハムシに、ゴール形成昆虫であるブナハカイガラタマバエを含めた、四種の昆虫がしばしば大発生して失葉を引き起こす。

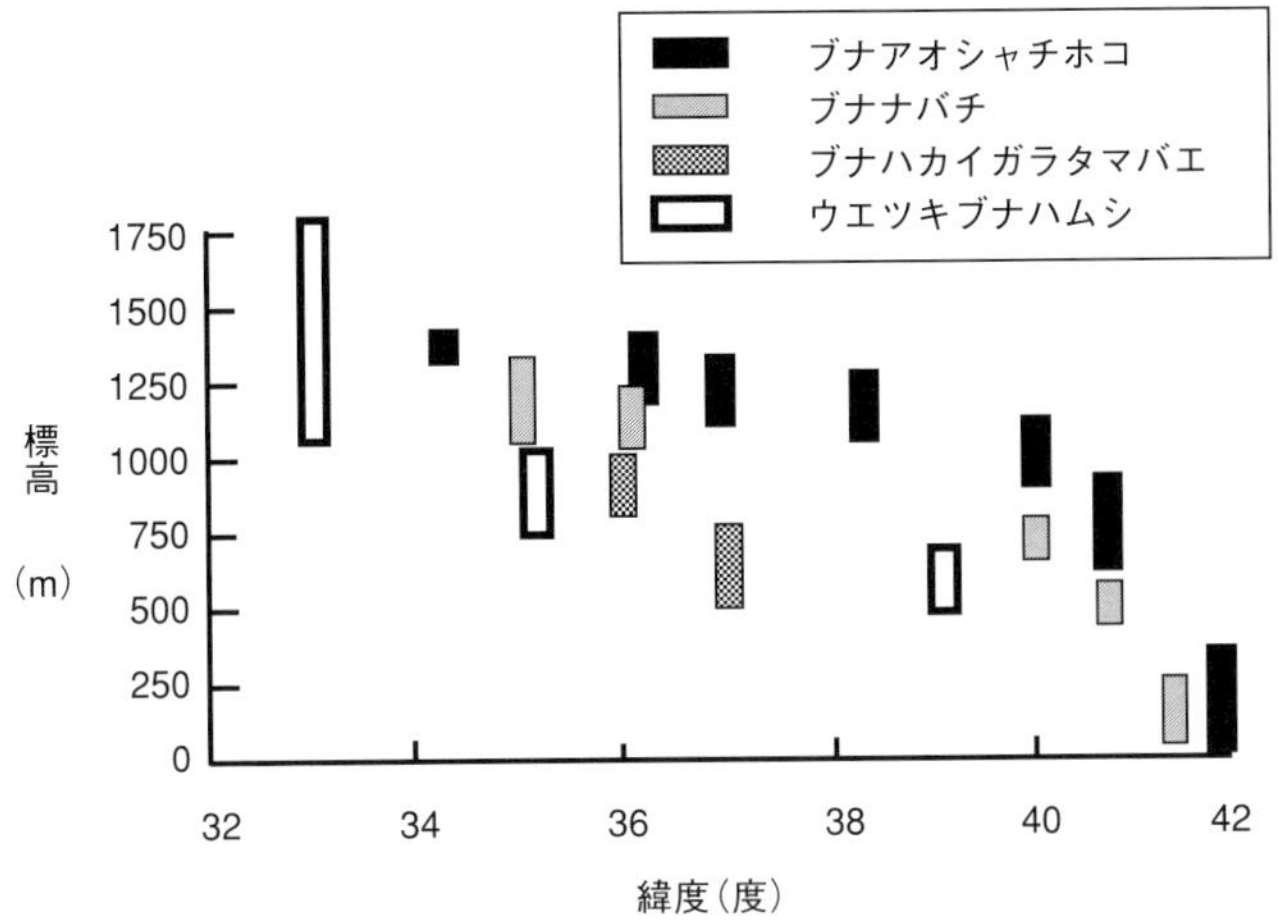
ブナアオシャチホコ
ブナナバチ
ブナハカイガラタマバエ
ウエツキブナハムシ
標高（m）
1750
1500
1250
1000
750
500
250
0
32
34
36
38
40
42
緯度（度）

図 3-13　ブナ林で大発生する昆虫 4 種の大発生の場所依存性（Kamata, 2002 を改変）
横軸に緯度、縦軸に標高で示した

これらのうち、ブナアオシャチホコがもっとも冷涼な場所で大発生する。たとえば、八甲田山では、ブナハバチとブナアオシャチホコの二種の大発生がみられたことがある。ブナハバチの大発生は萱の茶屋付近の標高五〇〇〜五五〇メートルのあたりでみられた。ところが、ブナアオシャチホコの大発生は標高六五〇〜九〇〇メートルで起こっており、ブナアオシャチホコの大発生のほうが標高が高い場所で起こることがわかる。逆に、ウエツキブナハムシは、西南日本で大発生が多い。また、これまでのブナハカイガラタマバエの大発生は、中部日本に限定されている。ブナハバチの大発生は、関東地方で多い。

このように同じブナを食べる昆虫でも種によって大発生しやすい地域が違うことは、大発生の場所依存性を引き起こすメカニズムが昆虫の種によって異なっていることを意味している。たとえば、ブナアオシャチホコではブナの純林度が高く、なおかつ、ブナの葉の窒素含有率が高い場所で大発生が多い（4

章を参照)。一方で、標高の低いブナ林でタマバエの大発生が多いのは、消雪時期が早い場所ほどタマバエとブナのフェノロジーが一致しやすいからだと考えられている(6章を参照)。

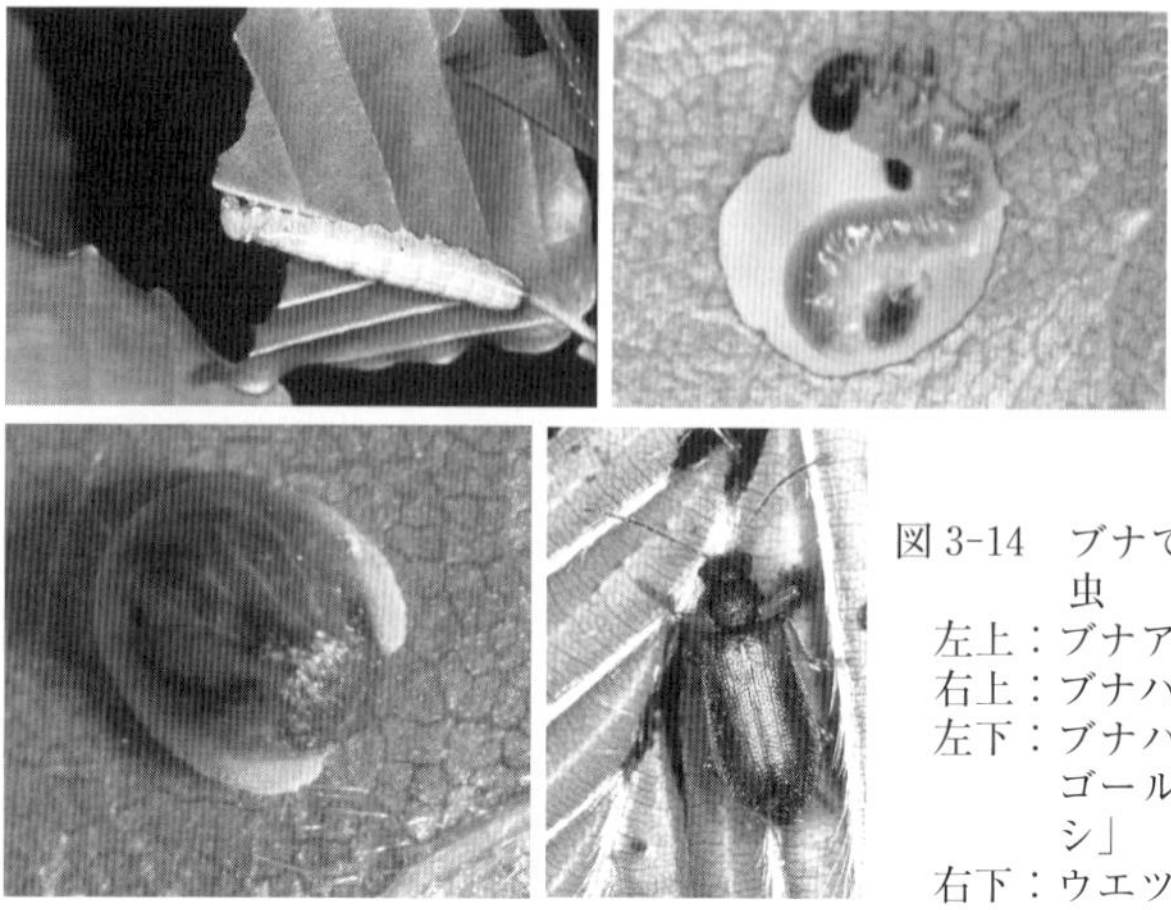

図 3-14　ブナで失葉を引き起こす昆虫
左上:ブナアオシャチホコ
右上:ブナハバチ
左下:ブナハカイガラタマバエのゴール「ブナハカイガラフシ」
右下:ウエツキブナハムシ

5・3　大発生の周期性と同調性

雨の少ない暑い夏に多くの昆虫の大発生が重なることや、ある種の昆虫の大発生が地域的に同調して起こる現象は数多く知られている。大発生が地域的に同調するメカニズムとしては、次の三つの仮説が提唱されている。大発生種の移動、天敵の移動、気候変動の同調性である。大発生種の移動の例としてよく知られるのは、ヨーロッパのカラマツで大発生するカラマツアミメハマキである。偏西風の影響でハマキガの成虫が東へ飛ばされやすいため、数年かけて、大発生地が西から東へ移っていく様子が明らかにされている。日本のカラマツ人工林で毎年のように大発生がみられるカラマツハラアカハバチ(図3-15)も、風によって成虫が飛ばされて被害地が毎年移動すると考えられて

図 3-15　カラマツハラアカハバチの成虫（左）と幼虫（右）（後藤忠男氏 撮影）

いる。気候変動については、さらに二つの仮説に大別される。その一つは、昆虫にとって好適な気候が数年続くことによって徐々に密度が増加して大発生を引き起こすという、気候解除仮説である。北海道のツガカレハの大発生は暑い夏が数年続いたあとに起こる。ブナアオシャチホコの大発生の前数年間は幼虫発育期の降水量が少ない。スギドクガの大発生も小雨の年が数年続いたあとに起こる。これらの気象要素は、広域的に同調して起こる場合が多いため、昆虫の大発生も地域間で同調して起こるという。もう一つはモラン効果理論とよばれるものである。モラン（Moran, P. A. P.）というのは、この理論を最初に考え出したオーストラリアの研究者の名前である。この理論にモラン効果と名付けて世に広めたのは、カナダ国立林業試験場の蝋山朋雄さんである。蝋山さんの名著 Analytical Population Dynamics に以下のように書いてある。「いくつかの地域個体群が、個々の場所における密度依存過程（天敵との相互作用など）によって、同じ周期を持ちながら、互いに独立な変動を繰り返している場合を考える。さらに、個々の場所における密度非依存要因（気候など）が、それぞれの周期変動を「揺さぶっている」とする。このような状況の下で、もし密度非依存過程の変動が地域間で相関を持つならば、独立に変動している地域個体群の周期の相を一致させる。」

動物の大発生の周期は、三〜五年のもの、八〜一一年のもの、二〇年以上のものが知られている。森林昆虫では、三〜五年の短い周期で大発生するものはあまり知られていないが、ハンノキハムシなどはその例に当たるかもしれない。「かもしれない」というのは、無責任な言い方のように聞こえるが、大発生の記録が十分でないため統計的検定を行うことができないのだ。八〜一一年周期で大発生するものとしては、ブナアオシャチホコやマイマイガ、キアシドクガ、ナミスジフユナミシャクのほか、ヨーロッパのカラマツアミメハマキ、アキナミシャクなどが有名である。二〇年以上の長い周期のものとしては、カナダで大発生するトウヒノシントメハマキ（約三〇年周期）が有名である。日本の南西諸島におけるキオビエダシャクの大発生は、四〇年間隔とも、六〇年間隔といわれているが、やはりデータが不十分のため周期性は検定されていない。

周期的に大発生する個体群の動態は、大きく二つに類別される。一つは、周期的な（cyclic）密度変動を示すタイプ、もう一つは大発生にのみ周期性（periodicity）が認められるpseudo-periodicタイプである。時間遅れの密度依存的な要因が周期的な密度変動を引き起こす主要因と考えられており、遅れの密度依存性が弱くなるほど、周期性そのものが薄れてくる。周期の長さを決定するのは直接の密度依存性と遅れの密度依存性の強さの相対的な関係である。直接の密度依存性が相対的に弱いほど周期の間隔が長くなる。また、時間遅れが長続きする場合にも周期の間隔が長くなる。時間遅れの密度依存的な要因としては、天敵のほか、植物の誘導防御反応が知られている。

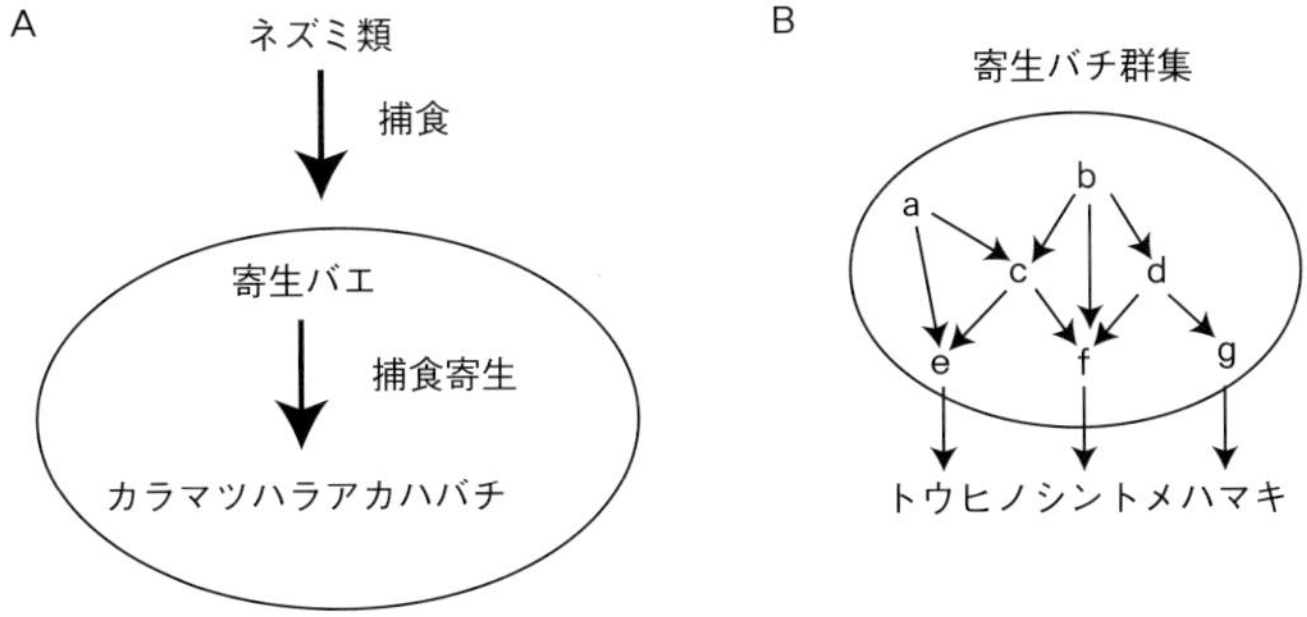
A
ネズミ類
捕食
寄生バエ
捕食寄生
カラマツハラアカハバチ
B
寄生バチ群集
a
b
c
d
e
f
g
トウヒノシントメハマキ

図 3-16　密度変動要因の複合体（natural bio-regulation complex）の例
A：カラマツハラアカハバチ（立花・西口、1984 より作成）
B：トウヒノシントメハマキ

5・4　密度変動要因の複合体（natural bio-regulation complex）

森林昆虫の主変動要因として捕食寄生者の役割が強調される一方で、これまで森林昆虫の個体群動態研究において、病気の役割が過小評価されてきた可能性が指摘されている。日本における森林昆虫では、大発生の終息要因として病気が重要な役割を担っている場合が多い。

東北地方のカラマツ林では、一九八九年から恒常的にカラマツハラアカハバチが大発生している。カラマツハラアカハバチの大発生時には他の昆虫でみられるような有効な病気の発生がみられない。長野県で一九八〇年代前半に大発生した際には、小哺乳類や鳥類の捕食が主要因として働き、補助的に捕食寄生者と餌の質の劣化が働いた。北海道ではヤドリバエの一種 *Vibrissina turrita* が大発生の終息期に六〇パーセントに達したこともあるという。カラマツハラアカハバチの大発生が長続きするのは、病気の流行がみられず、捕食者や捕食寄生者の数の反応・機能の反応には限界があり高い死亡率を引き起こすことが困難であることが原因の一つであろう。もう一つ重要な点が指摘されている。大学時代の恩師である立花観二先生は、小哺乳類が捕食寄生者の寄生したハバチの繭を捕食するなど、天敵の間にも捕食‐被食の相互作用が働くことが、カラマツハラアカハバチの大発生が長続きする原因であることを発見した（図3‐16A）。最近では、蝋山朋雄さんが、カナダのトウヒノシントメハマキにみられる約三〇年の長い周期を引き起こすのも、捕食寄生者に複数の高次寄生者が複雑に働くことが原因の一つと推測している（図3‐16B）。このように、生物間相互作用を含んだ系全体として生物的要因が密度変動にどのように関係しているのかを理解することが、個体群動態の仕組みを解き明かすうえで重要である。これが、最近注目されている密度変動要因の複合体（natural bio-regulation complex）とよばれる概念である。

近年の個体群動態研究は、「大発生の終息要因が何か？」とか「密度の主変動要因が何か？」という観点ではなく、複合体（natural bio-regulation complex）のからくりを解き明かそうという方向に進みつつある。

6　相互作用と生物多様性

6・1　植物を介した間接効果

図3‐17は二種間の生物間相互作用を、一方の種が相手の種に与える利益を＋（プラス）、不利益を－（マイナス）、どちらでもない場合を〇（ゼロ）で表して整理したものである。互いに利益がある「相利共生」、自分にとっては利益になるが相手に影響を与えない「片利共生」、相手に害を与える「捕食や寄生」、両者ともに害を与え合う「競争」、自分にとっては利益も害もないが、相手に害を与

える「片害作用」、両者ともに影響がない「中立作用」の六つに分けられる。

ところが、第三番目の種が入ってくると、二種間の相互作用に変化が生じる。これが、間接効果とよばれるものである。間接効果にも二つの種類がある。

一つめは、密度を介した間接効果である。たとえばA種、B種、C種の三種の生物がいて、AはBの捕食者で、BはCの捕食者という関係があるとしよう。A種が増えればB種が減り、結果的にB種に食べられているC種が増えることになる。すなわち、A種が増えれば間接的にC種が増えることになる。このように、食う‐食われるの関係がつながって影響がおよんでいくことを、川の水が階段状に連続した滝を流れ落ちる様子になぞらえて「カスケード効果」とよぶ。また、A種、B種、C種の三種の生物がいて、Aは、BとCの両方を食べる捕食者という関係があるとしよう。この場合にはB種が増えると、A種が餌をB種に依存する割合が高くなり、相対的にC種を食べる割合が下がる。この場合、B種が増加することによってC種は利益をこおむることになる。ただ時間が経過して捕食者A種が増えるとB種もC種もたくさん食べられることになる。このような密度を介した間接効果は、単純でわかりやすいため、これまでも比較的たくさんの研究が行われてきた。

二つめは、形質の変化を介した間接効果である（図3‐18）。こちらは、近年になって急速に研究が進展している分野である。寄主植物を介した二種の生物間の間接効果を調べたものが多い。寄主植物をA種、二種の植食者をそれぞれB種とC種としよう。大きく分けるとBからCへの効果がマイナスのものとプラスのものの二つのパターンがある。

マイナスの間接効果をおよぼす例としては、北米で、ハウチワマメ（A）の葉を食べるヒトリガ

	＋	−	0
＋	相利共生	捕食・寄生	片利作用
−		競争	片害作用
0			中立

図 3-17　相互作用の種類

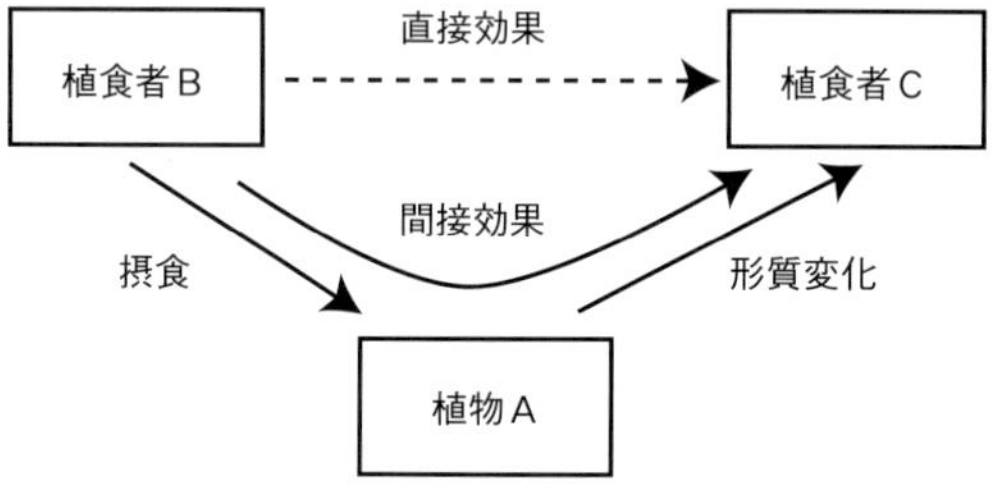
植食者B
直接効果
植食者C
間接効果
摂食
形質変化
植物A

図 3-18　植物を介した間接作用（大串、2003：大串隆之編『京大人気講義シリーズ　生物多様性のすすめ　生態学からのアプローチ』丸善を改変）

（B）と、ヒメウシロモンドクガ（C）の関係がある。ヒトリガのほうが、早い時期にハウチハマメを食べる。食害時期が異なるため、両種の幼虫間には直接的な競争は働かない。しかし、ヒトリガが食害するとその後に展葉してくるハウチワマメの葉っぱの窒素含有率が低下するために、ドクガ幼虫の発育が悪くなり、産卵数も大きく低下するという。

　プラスの間接効果をおよぼす例も数多く知られている。ポーポーノキの葉は、メイガとアゲハチョウの幼虫に食べられる。春にメイガの幼虫による食害を受けると、夏には新しいシュート（新梢）を伸ばして新葉を展開するためアゲハチョウの幼虫が大幅に増えたという。アラスカではヤナギやポプラの枝が、冬の間にアメリカヘラジカやカンジキウサギの食害を受ける。食害を受けた植物は、補償反応により若い枝を盛んに伸ばす。このような枝の葉は質が良いため、ハバチの産卵場所として好まれたり、幼虫の生存が良くなる。結果、冬に哺乳類の食害を受けた植物では、夏にみられるハバチの幼虫が大幅に増加したという。

北海道大学低温科学研究所の大串隆之さん（現、京都大学生態学研究センター）の研究グループは、エゾノカワヤナギを利用する昆虫をめぐる生物間ネットワークの研究を行った（図3-19）。このヤナギを直接利用している植食者は、枝から植物の汁を吸うマエキアワフキ、葉を巻いてかがったりして巣を作るハマキガといわれる蛾の仲間、成虫も幼虫もヤナギの葉を食べるヤナギルリハムシである。マエキアワフキは夏から秋にかけてヤナギのシュートに産卵する。アワフキが産卵したシュートでは、翌年のシュートの成長が促進される。その結果、このようなシュートでは柔らかい葉を好むハマキガの数が増えた。ハマキガは初夏になると、成虫となって巣から出ていく。空き家になった巣にはヤナギクロケアブラムシが入り込んでコロニーを形成する。するとアブラムシが排出した甘露を求めてアリがやってきて、アリとアブラムシの共生関係が成立するようになる。今度は、アリがヤナギルリハムシの幼虫をヤナギから排除するようになり、ハムシ幼虫の生存率が大きく低下した。このように、植物の形質の変化とアリを介して複数の相互作用が連鎖的につながっている。

6・2　相互作用と多様性

生物はどれ一つとってもほかの生物との相互作用なしに生活しているものはない。たとえば一〇種類の生物から構成されている生物群集があったとする。そこから、一種類の生物がいなくなったとき、また逆に、どこか別のところから一種類が加入したとき、それぞれ種類数はどういうふうに変化

ハマキガの幼虫

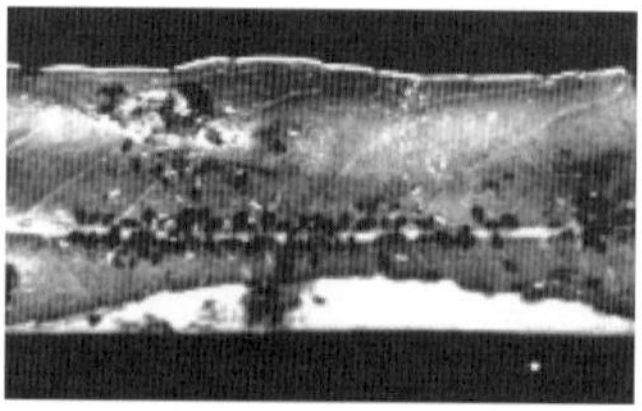

ハマキの中のヤナギクロケアブラムシ

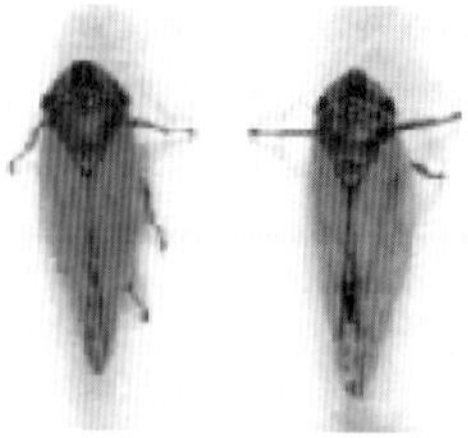

マエキアワフキの成虫

エゾノカワヤナギ

ヤナギルリハムシの成虫

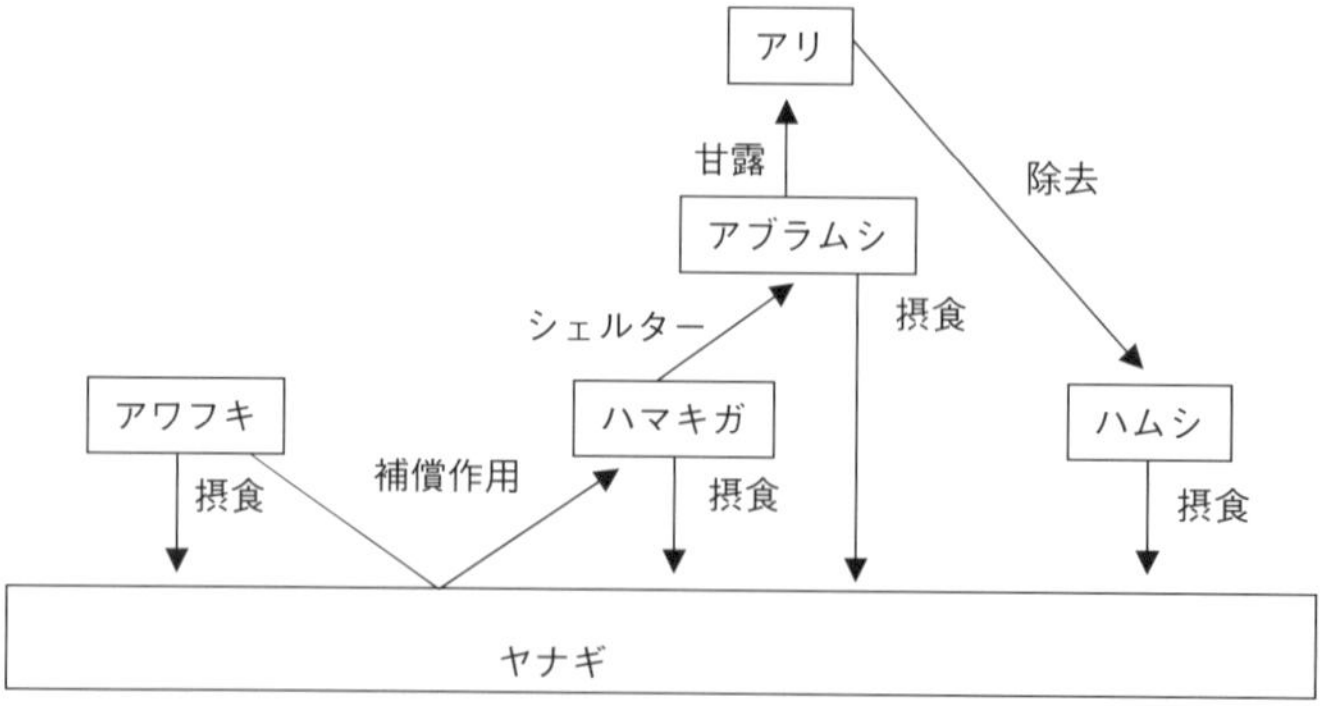
アリ
甘露
除去
アブラムシ
シェルター
摂食
アワフキ
補償作用
ハマキガ
ハムシ
摂食
摂食
摂食
ヤナギ

図 3-19　エゾノカワヤナギ上の昆虫群集と相互作用網（大串、2003：大串隆之編『京大人気講義シリーズ 生物多様性のすすめ 生態学からのアプローチ』丸善より転載）

するだろうか。単純に考えると前者は九種、後者は一一種ということになる。ところが、そんなに単純ではない。一種類いなくなったら、その生物に共生していた他の生物がいなくなってしまうかもしれない。また逆に、その生物が非常に強力な捕食者だったら、この生物が群集からいなくなることによって、たくさんの生物が加入してくるかもしれない。ある生物が加入してくる場合も同じである。

従来の群集構造の解析では、群集の多様性（複雑さ）を評価する一つの手法として、食う‐食われる関係に基づいた種間結合度が使われる場合が多かった。しかし、前項で紹介したヤナギを利用する昆虫の相互作用の連鎖では、相互作用網が明らかにした関係は食物網に基づく関係の四倍あることが明らかにされている。いかに、間接的な結び付きが生物群集の中で重要かがおわかりいただけるだろう。これまで気づかれなかった間接効果による相互作用の網は、植物をめぐる昆虫の生物多様性を維持する重要な要素となっている。

4章
葉食性昆虫

1　葉食性昆虫とは

植物の葉の生きた組織を食べる動物を葉食者（folivore）といい、その中で昆虫を葉食性昆虫あるいは食葉性昆虫とよぶ。葉食性昆虫は、生態系の生食連鎖の起点となる一次消費者あるいは植食者の代表的なものであり、植物の生産器官である葉を摂食するため、農業害虫や森林害虫になっているものも多い。

2　ブナアオシャチホコの大発生

2・1　ブナアオシャチホコとは

世の中、ブナがブームである。このブームに火をつけたきっかけの一つが、白神山地の世界遺産登録であったことに異論をはさむ人はいないだろう。

ブナは日本の冷温帯落葉広葉樹林で極相を形成することから、ブナ林というと静的なイメージをもっている読者が多いのではないだろうか。しかし、実際には、ダイナミックに変動しながら、動的な安定性が保たれている系である。なかでもよく知られているのが、ブナアオシャチホコ（*Syntypistis punctatella*）という蛾の仲間の大発生だ（口絵写真）。この蛾の幼虫は、ブナの葉を食べる葉食性昆虫だが、いったん大発生すると、ブナの葉を見わたす限り食いつくしてしまう。しかし、人間が何もしなくても、ブナを含めたさまざまな生物が互いに影響をおよぼし合いながら、大発生は自然に終息していく。ブナ林には生態系の自己調整能力が備わっている。

ブナアオシャチホコは、幼虫がブナとイヌブナの葉だけを食べる中型の蛾である。日本固有の種で、ブナとイヌブナが分布している北海道南部から九州地方の高山に分布している。

本種は、北海道南部や、八甲田山、岩木山など東北地方でしばしば大発生を繰り返してきた。大発生は八〜一一年の周期で、広い範囲で同調的に起こる。なかでも、一九八〇年前後の大発生は、記録上最大規模のものだった。一九七八年に岩木山で大発生したのを皮切りに、翌七九年渡島半島および岩木山、続く八〇年には八甲田山のほか岩手県雫石町で、八一年には岩木山、八甲田山のほか、秋田・岩手両県にまたがる八幡平から福島・山形県境の飯豊山系に達する東北地方の奥羽山系のいたるところ、さらには新潟から長野・岐阜・富山・福井の中部地方の各県でも大発生がみられた。とくに道南地方では被害面積が一万ヘクタールを超える空前の大発生であった。このように、岩木山や八甲田山では頻繁に大発生する一方で、これまでに大発生したことのないブナ林も数多い。たとえば、世界でももっとも広いブナの原生林が残っている白神山地では大発生の記録がない。ほぼ全域が二次林である安比高原でも大発生の記録はなかった（註　初版出版後の二〇〇七年に大発生がみられた）。

また、八甲田山の雛岳で大発生したときの写真（口絵）を見ると、水平に広がる帯状に食害されているのがわかる。八甲田山ではブナ林は標高三〇〇メートルくらいから一一〇〇メートルくらいまで分布しているが、このとき、激しく食害されたのは、標高六五〇〜九〇〇メートルくらいの場所である。このように、一つの地域内でも、大発生する場所としない場所がある。

2・2　密度変動と大発生

「虫がわく」という言葉があるが、「虫は突然どこからかわいてくるものなのだろうか?」、こんな素朴な疑問から、ブナアオシャチホコの数の変動を調べておおよそ三〇年になる。

青森県の八甲田山、秋田県の八幡平、岩手県の安比高原の三つの地域で、落下する糞の量から幼虫密度を推定した。また、ライトトラップを八幡平の後生掛温泉に設置して成虫数を調査した。

幼虫の密度と目で見たブナ林の失葉程度には次のような関係がみられる。ブナアオシャチホコでは、終齢幼虫の密度が一平方メートル当たり六〇頭くらいになると葉が食われた様子が目立ち始める。ブナの葉がまったくなくなってしまうようなときには、幼虫の密度は一平方メートル当たり一五〇頭に達していた。また、逆にもっとも密度が低い年には、一平方メートル当たり〇・〇一七頭しかいなかった。これは、大発生したときの密度のおよそ一万分の一にすぎない。

誘蛾燈で捕獲された成虫の個体数は、きれいな周期的変動を示した（図4-1A）。また、終齢幼虫の密度変動を調べると、三地域の個体群は、お互いによく似た変動をしていた（図4-1B）。すなわち、一九八〇~八一年の大発生の後、個体群は低い密度に維持されていたものと推測され、その後、一九八六年から九〇年まではすべての地域で同調的に密度が増加した。そして、一九八九年と九〇年には八甲田山のいくつかのプロットで大発生がみられた。

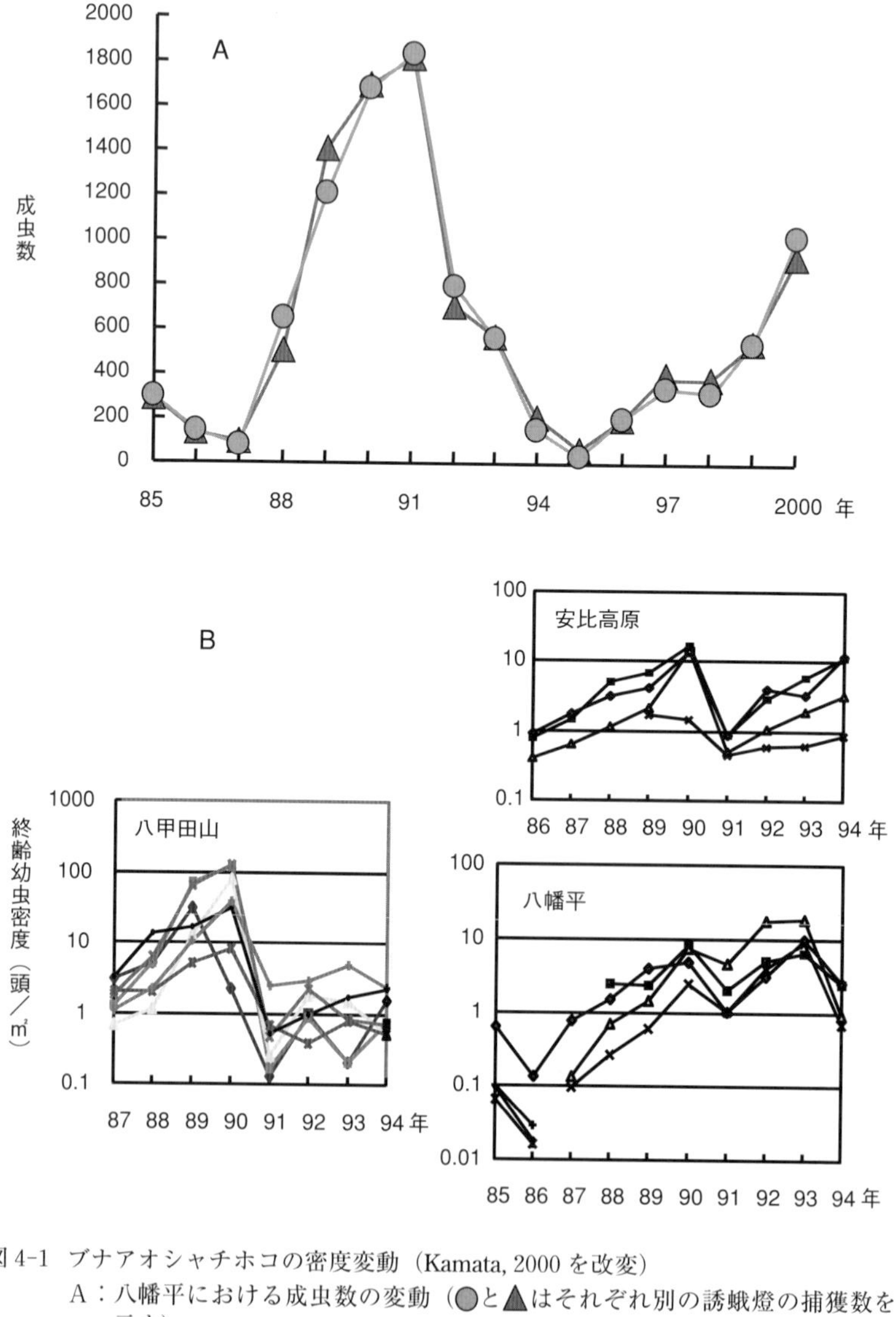
A
成虫数
2000
1800
1600
1400
1200
1000
800
600
400
200
0
85
88
91
94
97
2000 年
B
安比高原
100
10
1
0.1
86 87 88 89 90 91 92 93 94 年
八甲田山
終齢幼虫密度（頭／m²）
1000
100
10
1
0.1
87 88 89 90 91 92 93 94 年
八幡平
100
10
1
0.1
0.01
85 86 87 88 89 90 91 92 93 94 年

図 4-1　ブナアオシャチホコの密度変動（Kamata, 2000 を改変）
A：八幡平における成虫数の変動（●と▲はそれぞれ別の誘蛾燈の捕獲数を示す）
B：八甲田山・安比高原・八幡平における終齢幼虫の密度変動（縦軸が対数であることに注意）（それぞれの線がひとつのプロットの密度変動を示す）

林冠の昆虫の調査方法——その二

林冠に棲息する昆虫を調べる二つ目の方法は、林床にロート状のトラップを設置して、昆虫由来の落下物を定期的に回収して密度を推定する方法だ。こちらは、特定の昆虫種の密度変動や、棲息する昆虫のバイオマス推定によく利用される。利点は、棲息している昆虫にほとんど影響を与えることなく調査できることだ。よく利用されるのは、ヘッドカプセル（昆虫の幼虫が脱皮の際に脱ぎ捨てる「頭蓋骨」）と糞である。ヘッドカプセルのサイズを測定すると幼虫の齢を推定することができる。一個体の幼虫は一回の脱皮で一個のヘッドカプセルを脱ぎ捨てるため、落ちてきたヘッドカプセルの数から、直接密度を推定することができるメリットがある。一方、密度が低いときには、たくさんのトラップを設置しなければならないと

図 4-2　幼虫の密度調査に使った糞トラップ（左）と採集されたブナアオシャチホコの糞（右）（トラップはブナ種子の調査（5 章参照）やゴールの調査（6 章参照）にも併用できるすぐれもの）

いうデメリットがある。ちなみに、ブナアオシャチホコ終齢幼虫の密度がもっとも低かったときには、一平方メートル当たり〇・〇一七個体と推定されている。この場合、開口部の面積が一平方メートルのトラップを一〇〇個設置しても、落下するヘッドカプセルは一個ないし二個という計算になる。あくまでも確率的なものなので、運が悪ければ一個もトラップの中に入らないことだって起こりうる。この問題点を解決してくれるのが、糞である。糞であれば、特定の齢期間中に一個体の幼虫が排出する数が多いため、密度が低いときでも少ないトラップで密度が推定できる。ちなみに、ブナアオシャチホコの場合、終齢幼虫の期間中に一個体が排出する糞の数は六三〇個で、二〇メートル四方のプロットでトラップの数を五個にしても、誤差三〇パーセント以内で密度を推定することができる。ただ、必ずしも良いことばかりではない。雨が降ると、糞は多かれ少なかれ崩れて流されてしまう。

2・3 周期変動を引き起こすメカニズム

多くの理論的研究によって、時間遅れの密度依存的な要因が働くこと（時間遅れの負のフィードバック）によって周期的な変動が引き起こされることが明らかにされている（図4-3）。すなわち、密度増加とともにフィードバック作用が効き始め（a）、そのうち密度は減少を始めるが（b）、しばらくはフィードバック作用が強く働くために密度は減少を続ける（c）。密度が低くなるとフィードバック作用は弱くなり、再び増加に転じる（d）。食うもの-食われるものの例として、中学校や高等学校の生物の教科書にしばしば登場する「オオヤマネコとカワリウサギ」の密度変動なども、よい

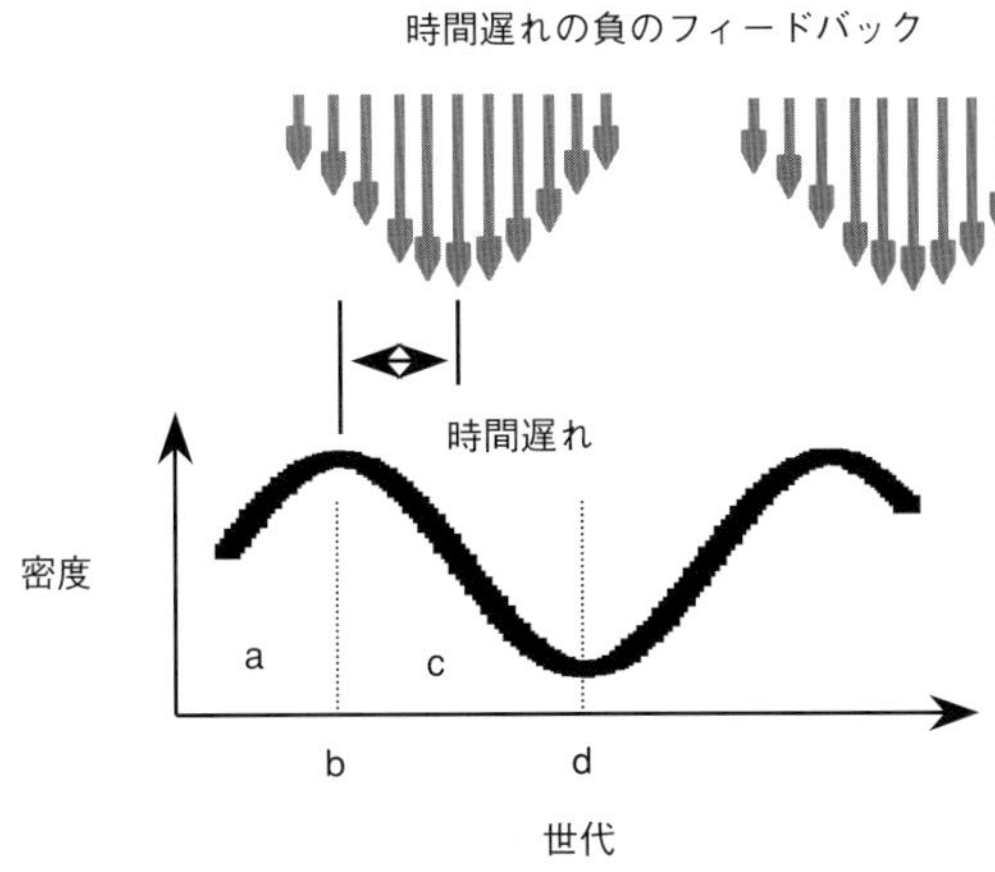
時間遅れの負のフィードバック
時間遅れ
密度
a
c
b
d
世代

図 4-3　周期変動を引き起こす時間遅れの負のフィードバック
a：密度の増加とともに、負のフィードバック作用が強くなり増加が鈍る
b：密度が減少に転じ始める
c：しばらくすると負のフィードバックが弱くなり始める
d：再び増加に転じる

例である。

ブナアオシャチホコのような長い周期の変動が起こりやすいのは、「直接の密度依存性が相対的に弱く、なおかつ時間遅れの効果が数世代にわたり長持ちする」場合であることが知られている。ブナアオシャチホコの密度変動要因を解明するためには、「時間遅れをもつ密度依存的な要因」が、大発生しない場合にも働くかどうかがポイントである。

2・4　密度変動要因

図４‐１Bから幼虫密度増加期におけるブナアオシャチホコの増加率を計算すると、一年当たり二倍から八倍程度だった。このように、数世代かけて徐々に密度が増加して大発生に至る現象を、専門用語で「漸進大発生」という。「漸進」というの

はちょっと聞きなれない言葉かもしれないが、「順を追って少しずつ進んでいくこと」という意味がある。つまり、読んで字のごとく、ブナアオシャチホコは突然わいてくるのではなく、数年間かかって少しずつ数が増えていき大発生に至るのだ。大発生するまでの密度の変化に私たち人間が気づかないだけなのだ。ところが、ブナ林で生活しているほかの生き物たちの中には、ブナアオシャチホコの微妙な数の変動に敏感に反応しているものがある。

クロカタビロオサムシ

クロカタビロオサムシ（*Calosoma maximowiczi*）は甲虫目オサムシ科に属する昆虫だ（口絵写真）。クロカタビロオサムシの成虫は、木の上や地上で蝶や蛾の幼虫を食べる。幼虫も地表や落葉層の中で鱗翅目の幼虫や蛹を食べる。オサムシ類の多くは後翅が退化して飛翔することができないが、クロカタビロオサムシは飛翔能力が高い。ふだんは探すのも困難なほど数の少ない昆虫で、昆虫マニアにとっては珍品の部類に入るほどだが、ブナアオシャチホコが大発生するとクロカタビロオサムシも大発生するため、以前からブナアオシャチホコの重要な天敵ではないかと推測されていた。

ブナ林でクロカタビロオサムシの成虫がみられるのは七月下旬から八月中旬で、それ以外の期間は土の中でじっとしている。成虫が活動する期間は、ブナアオシャチホコの終齢幼虫（蛹になる前の一番大きな幼虫）が出現する期間と見事に一致し、一カ月弱の短期間に餌を食べて繁殖する（図4－4）。

オサムシ類の調査によく使われる落とし穴式のトラップで調査をすると、クロカタビロオサムシが捕獲されるのは、ブナアオシャチホコの終齢幼虫の密度が一平方メートル当たり一〇頭を超えた

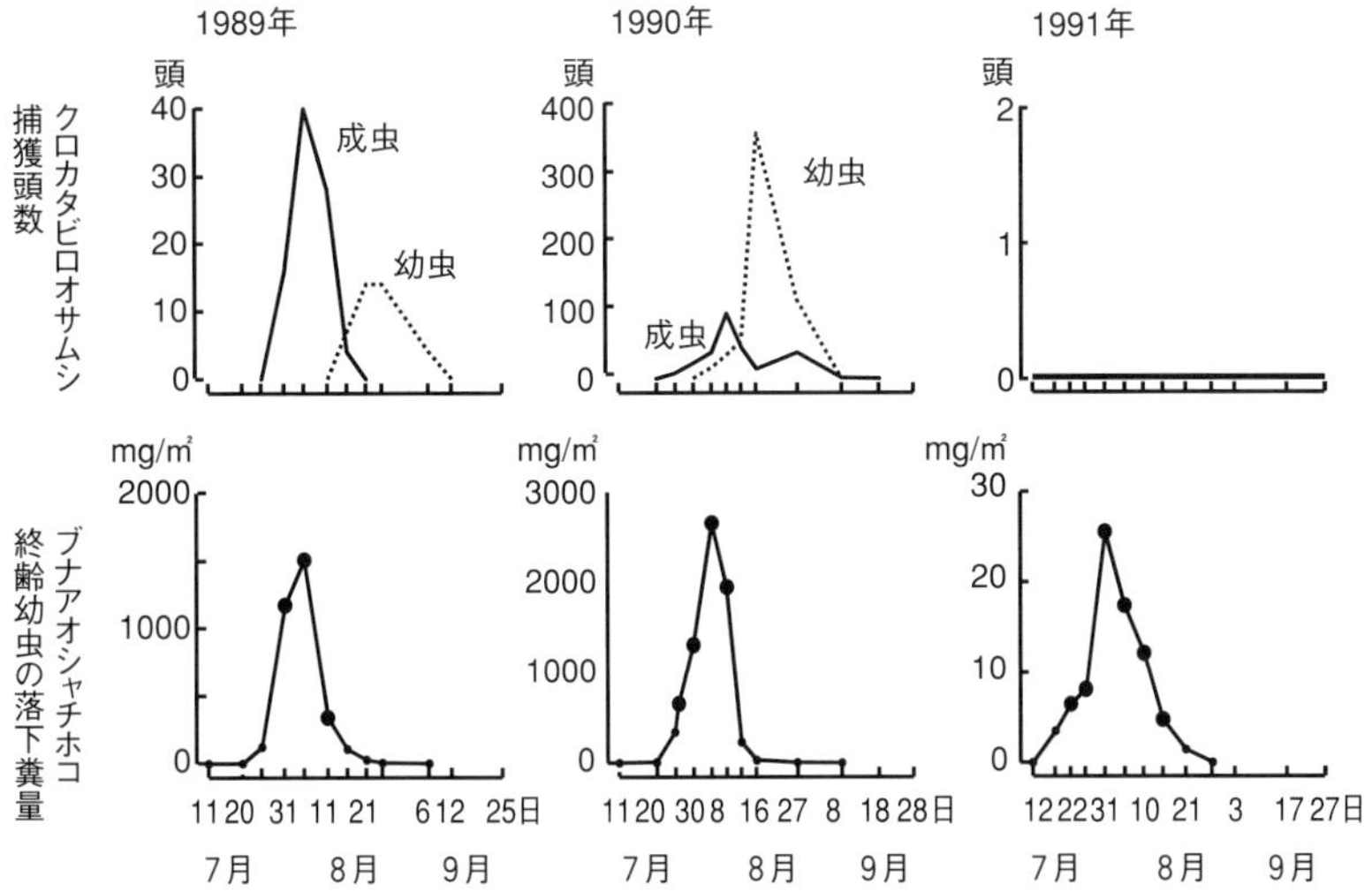
1989年
1990年
1991年
クロカタビロオサムシ捕獲頭数
頭
成虫
幼虫
ブナアオシャチホコ終齢幼虫の落下糞量
mg/㎡
7月
8月
9月

図 4-4　クロカタビロオサムシ成虫と幼虫の発生消長（上）とブナアオシャチホコ終齢幼虫の落下糞消長（下）（Kamata and Igarashi, 1995 より改変）

場所に限られていた。八甲田山では、一九八八年まではまったく捕獲されなかったのに、大発生の前年の一九八九年には成虫と、それより少し少ない数の幼虫が捕獲された（図4-4）。大発生した一九九〇年になると八九年よりもはるかに多くの成虫と、成虫よりもたくさんの幼虫が捕獲された。八九年よりも餌（ブナアオシャチホコ）がより豊富にあった九〇年のほうが、クロカタビロオサムシが盛んに繁殖したことがうかがえる。また、ブナアオシャチホコの密度が高い場所ほど、クロカタビロオサムシがたくさん捕獲された。

しかし、ブナアオシャチホコの大発生が終息した九一年になると、落とし穴トラップではクロカタビロオサムシはまったく捕獲されず、その後は一頭も捕まっていない。もちろん、大発生の翌年に当たる九一年には、ブナ林の地上を徘徊するクロカタビロオサムシ成虫を少しは見ることができたのだが。

飛翔による成虫の移動によってブナアオシャチホコがたくさんいる場所に集まってくることと、高い繁殖能力とによって、クロカタビロオサムシは、時間的にも空間的にも、ブナアオシャチホコの密度変化にすばやく反応していた。「数の反応」がうまく機能する天敵ほど、一般には大発生したときに有効に働くことができる（3章コラム参照）。したがって、クロカタビロオサムシはブナアオシャチホコが大発生した際に密度を引き下げる点では有効に働いているものと考えられた。一方、ブナアオシャチホコの周期的変動を引き起こす要因という観点からみるとどうだろう。「時間遅れの密度依存的な要因」として働いているかどうかがポイントとなるが、大発生の翌年に当たる一九九一年には、クロカタビロオサムシもほとんどみられなくなってしまった。このように、クロカタビロオサムシの「数の反応」には時間遅れが認められず、ブナアオシャチホコの周期変動を引き起こす要因としては、あまり機能していないものと考えられる。

ブナアオシャチホコが大発生した一九九〇年には、クロカタビロオサムシの幼虫が多数捕獲され、九一年にはこれらが成虫になって多数現れることが期待された。つまり、クロカタビロオサムシは、メカニズム的には「時間遅れの密度依存的要因」として働く可能性をもっていた。しかし、実際は一九九一年には激減してしまった。この原因はまだよくわかっていない。一九九〇年、青森県八甲田山での大発生の最中に、田代岱という場所で野営して調査を行っていたときのことである。朝八時すぎに朝食をしていると、一緒に泊まっていた森林総合研究所東北支所鳥獣研究室の中村充博さんが、突然「あっ！」という大声をあげた。見ると、クロカタビロオサムシの大群がほとんど丸坊主になったブナ林から次から次へと飛び立っていくではないか。丸坊主になったブナ林の隣が牧草地になっており、えんえんと続く牧草地の向こうにあるブナ林に向かって大群が飛翔していった。方角でいうと北西方向で、太陽とはほぼ反対の方向に向かっていたが、これは偶然かもしれない。林分の葉が食いつくされ、すでにここに留まっていても餌はあまりないことをクロカタビロオサムシも感じ取ったのかもしれない。しかし、幼虫は飛ぶことができないので、この場所に留まって土中に潜り成虫に羽化して越冬したはずであり、これらが翌年にどうなったのかについてはよくわからないのだ。考えられる可能性としては、オサムシタケという冬虫夏草や寄生バエなどオサムシの天敵が働いて高い死亡率を引き起こした可能性、餌であるブナアオシャチホコが少なかった一九九一年夏には地表に現れずにそのまま土中に潜っていた可能性、一九九一年夏にいったん地表に現れたが餌が少ないので周囲に分散していった可能性などが考えられる。実際に二〇〇六年から起った八甲田山の大発生の際、東京大学演習林の前原忠さんは、越冬中に多くのクロカタビロオサムシが死亡していることを確認している。今後の研究の課題である。

もう一つクロカタビロオサムシについて興味深いことが未解明のまま残っている。クロカタビロオサムシは、日本と台湾に分布しているが、それぞれの場所で異なる大発生種の生活史にうまく適応していることである。本州ではブナアオシャチホコに、北海道ではマイマイガに、台湾ではやはり別のシャチホコガ科の種の大発生に合わせて、異常発生する。それぞれの大発生種は出現時期が異なっているが、クロカタビロオサムシはそれぞれの場所で大発生種の出現時期に合わせて活動し、ほかの期間は土中に潜っている。本州のブナアオシャチホコの大発生は七月下旬から八月中旬くらい、北海道のマイマイガの大発生は七月中旬である。明らかに七月中旬の北海道のほうが寒い。どうも、クロカタビロオサムシの成虫は、温度や日長に反応して地表に出てくるのではなく、餌の存在を感知して地表に出る時期をその場で決めているように思われるが、これも今後の課題である。

鳥類

ブナアオシャチホコが大発生するとエナガやカラスの群れがブナアオシャチホコの幼虫を集中的に捕食することがしばしば観察されている。鳥も有能な捕食者として知られているが、ブナアオシャチホコの密度にどのように反応しているのだろうか？　鳥たちの食事メニューを調査してみた。成鳥が餌をとっているところを直接観察することは難しいので、雛に運ぶ餌をカメラで撮影する方法が古くから使われている。これは、カナダ森林研究所の蝋山朋雄さん（3章参照）が、東京大学の大学院生だったころに考え出した方法で、以来鳥類の餌メニューを調査するスタンダードな方法として定着している。私は、ビデオカメラを巣箱の横において、親鳥が運んでくる餌メニューを解析した。

六月には餌の九〇パーセント以上が鱗翅目の幼虫で占められていた（図4-5）。しかし、この時期にはブナアオシャチホコの幼虫はまったくメニューに入っていなかった。なぜなら、ブナの葉が開いてから堅い成葉になるまでの時期には、ブナの葉を食べる葉食性昆虫が毎年きわめて豊富にいることと、ブナアオシャチホコはこの時期まだ成虫か卵で、鳥類の餌としては豊富にあるほかの鱗翅目幼虫に比べて魅力的でないからだ。六月のメニューは、毎年ほとんど同じ内容だった。またシジュウカラとヤマガラのメニューもきわめてよく似ていた。しかし、七月になると給餌内容は大きく変化した。ブナの葉を食べる蛾や蝶の幼虫が少なくなるために、これらの代わりにバッタやクモを多く食べるようになる。蛾や蝶の幼虫はメニューの半分にも満たない。しかし、ブナアオシャチホコが大発生

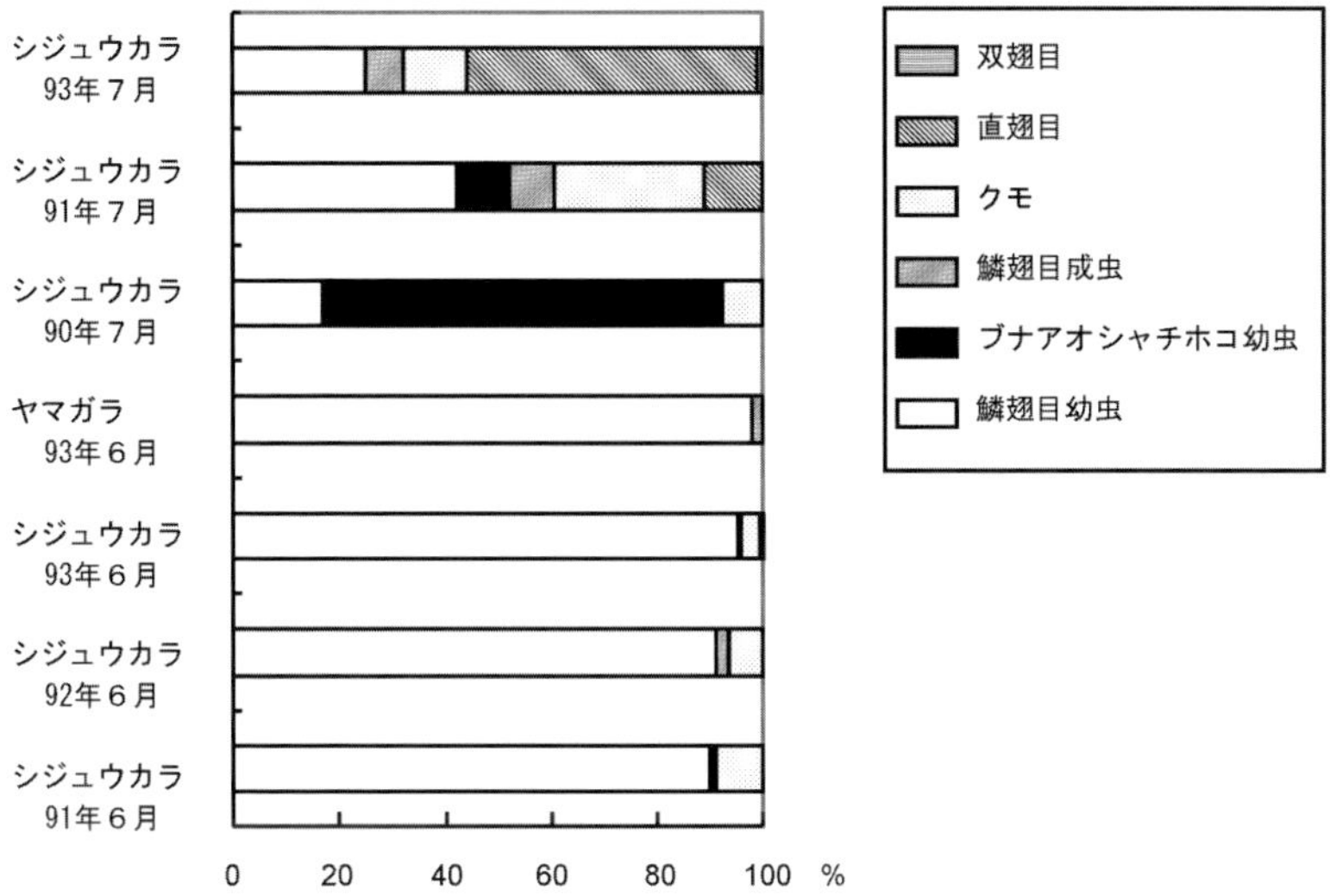
シジュウカラ
93年7月
シジュウカラ
91年7月
シジュウカラ
90年7月
ヤマガラ
93年6月
シジュウカラ
93年6月
シジュウカラ
92年6月
シジュウカラ
91年6月
0
20
40
60
80
100 %
双翅目
直翅目
クモ
鱗翅目成虫
ブナアオシャチホコ幼虫
鱗翅目幼虫

図 4-5　巣箱の雛に給餌した餌内容（鎌田ほか、1994 を改変）

すると話は別だ。八甲田山で大発生した一九九〇年には、七月にもかかわらず、餌の四分の三をブナアオシャチホコの幼虫が占めていた。ブナアオシャチホコ以外の鱗翅目幼虫も二割ほど食べていたので、合わせるとメニューの九五パーセントを鱗翅目の幼虫が占めていたことになる。大発生のときなどは、ブナアオシャチホコの幼虫だけ食べていれば、餌を探す手間も省けて良さそうにみえるが、どうもそうではないようだ。人間と同じで、同じものばかり食べていると飽きてしまうのかもしれない。これが、大発生の翌年になると、メニューの中でブナアオシャチホコの幼虫が占める割合は一割にも満たなくなった。

　このように、鳥の場合は、ブナアオシャチホコの密度が増加すると、ブナアオシャチホコを集中的に食べるようになる。餌メニューの内容を変化させることによって昆虫の大発生に対応しているのだ。このような餌メニューの変化は、「機能の反応」の一つとして知られている。しかし、残念ながら、ブナアオシャチホコが千倍以上のオーダーで変動しているのに、種数は一五〜二〇種、密度は約五〇個体（一五ヘクタール当たり）と、鳥類の種数や密度はきわめて安定的だった。このように、鳥類には、「機能の反応」はみられるが、「数の反応」が起こらないため、大発生時には鳥による捕食率は低くなる。付け加え実験で調べたところ、ブナアオシャチホコの終齢幼虫密度が一平方メートル当たりおよそ一〇個体のときにもっとも捕食率が高くなり、それよりも密度が高くても低くても捕食率は低下した。

寄生者

ブナアオシャチホコが大発生するとブナの葉は食いつくされ、餌不足のためにたくさんの幼虫が餓死するといわれていた。実際、ブナの葉が食いつくされるころに、ブナ林を歩くと、地面にはたくさんの幼虫の死体が散乱している（口絵写真）。でも、本当に餌不足が原因なのだろうか？　疑問に思い、大発生している最中に、餌がなくて木の幹をさまよっている幼虫を実験室に持ち帰り、十分に餌を与えて飼育してみた。一〇〇〇頭近く採集した終齢幼虫の中で、成虫まで生き延びたのはわずか三・二パーセントにすぎなかった。死亡した虫は、すでに野外で、寄生バエや寄生バチの捕食寄生者や、昆虫病原性糸状菌、バクテリアやウイルスに寄生されていた。死亡の原因として判明したものは、次のようなものがある。ヤドリバエ科の寄生バエであるカイコノクロウジバエ（*Pales pavida*）とブランコヤドリバエ（*Eutachina japonica*）、ヒメコバチ科の寄生バチ *Europhus larvarum*（ユーロフス・ラーバルム）、糸状菌ではサナギタケ（*Cordyceps militaris*）のほかにも、コナサナギタケ（*Isaria farinosa*）や赤きょう病（*Isaria fumosorosea*）白きょう病（*Beauveria bassiana*）が見つかった（口絵写真）。つまり、たとえ餌が十分にあったとしても、ほとんどの幼虫は寄生性の天敵によって死亡していたのである。

捕食寄生者の産卵方法と病気による死亡時期

見つかった三種の捕食寄生者は、産卵習性に興味深い違いがみられる。寄生バチのユーロフス・ラーバルム（*Europhus larvarum*）は、親がブナアオシャチホコ幼虫の体内に産卵管を差し込んで、卵を体内に産み込む。ブランコヤドリバエは卵をブナアオシャチホコの体表面に産み付ける。孵化したハエの幼虫が、ブナアオシャチホコ幼虫の皮膚を食い破り、自力でブナアオシャチホコの体内に侵入していく。産卵習性で、非常におもしろいのはカイコノクロウジバエだ。このハエは卵をブナの葉に産み付ける。しかし、孵化した寄生バエの幼虫がブナアオシャチホコの幼虫を探すのは非常に大変なことである。どのようにして寄生するのかというと、ブナアオシャチホコに卵を食べられることによって、寄主の体内に侵入するのだ。もちろん、ブナアオシャチホコの幼虫が、寄生バエの卵をわざわざ探し出して食べるわけはなく、葉と一緒に知らず知らずのうちにハエの卵を食べてしまうのだ。親による子の保護という観点から考えると、もっともコストをかけているのが寄生バチのユーロフス・ラーバルムであり、寄主を見つけることにさえ労力を費やさないのがカイコノクロウジバエということになる。カイコノクロウジバエの場合、卵を産んでも孵化した幼虫の寄生成功率は三種の捕食寄生者の中でもっとも低いものと考えられる。

ついでにもう一つ、閑話休題。幼虫期に感染がみられた三種類の昆虫病原性糸状菌では、感染した虫が死亡する時期に違いがみられた。白きょう病に感染した場合、すべて幼虫のステージに死亡した。白きょう病は非常に感染力が強く、宿主をすみやかに死亡させる昆虫病原菌だ。条件が良いと幼虫の体表面に胞子がくっついてから、八時間から一二時間で感染が起こることが報告されている。また、宿主域も非常に広く、ハエ目、バッタ目なども含め全部で八つの目にまたがっている。

一方、コナサナギタケでは、幼虫期に死亡するものと蛹になってから死亡するものの両方のタイプがみられた。それに対して、サナギタケはすべて蛹になってから死亡した。感染から発病までの潜伏期間が違うことが、病気の種類によってブナアオシャチホコの死亡時期が異なる原因なのだろう。しかし、別の見方をすれば、それぞれに菌の側の生き残り戦略が密接に関係しているようにみえる。宿主域が広い白きょう病は、ブナアオシャチホコ以外の宿主が豊富にあるため、すみやかに寄主を殺し、感染をできるだけたくさん繰り返すことによって、菌の密度を高める戦略をとっている。それに対して、ブナアオシャチホコが一年に一世代しか出現しないため、宿主範囲が狭いサナギタケはすぐに宿主を殺して子実体を作っても新しい宿主に出会える可能性は低い。それよりは、翌年にブナアオシャチホコが出現する時期まで待って、子実体を作る戦略をとっているものと考えられる。

ブナの誘導防御反応とブナアオシャチホコ個体群の質の変化

ブナアオシャチホコが増えたときにブナを守っているのは天敵だけではない。ブナ自身も必死で抵抗している。

幼虫時代に大発生を経験したブナアオシャチホコは、成虫になったときに体サイズが平均で二割ほど小さくなった。ブナアオシャチホコの場合、成虫は餌をまったく食べないので、産卵数は体サイズに強い影響を受ける。大発生後には、平均で三割もの蔵卵数の減少が引き起こされていた。産卵数の減少は大発生後に個体群を低密度に維持する要因の一つとして働いているだろう。

このような体サイズの小型化は、餌不足や過密による密度効果が主な原因である。しかし、もし小型化が餌不足だけによって引き起こされているのであれば、大発生の翌年には餌は十分にあるので、すぐに元のサイズに戻るはずである。ところが、体サイズはすぐには回復せず、数年かかってゆっくりと回復した。このことは餌の量的な不足とは別の要因も関係していることを示している。

強い食害の後に寄生植物に起こる時間遅れの誘導防御反応が、植食者の周期的な密度変動を引き起こす要因として働く場合があることが知られている。ヨーロッパアルプスのカラマツの林で周期的に大発生を繰り返すハイイロアミメハマキ（*Zeiraphera diniana*）が大発生したあとには、カラマツの葉の繊維質が増加して蛋白質が減少し、それを食べたハイイロアミメハマキの死亡率が高くなる。葉の質は数年間かけて徐々に回復するため、大発生後しばらくは密度の減少が続く。やがて葉の質が回復すると、個体群は増加に転じて再び大発生に至る。この繰り返しによってハイイロアミメハマキの周期的な大発生が引き起こされているという。また、北欧のカバノキで周期的に大発生するアキナミシャク（*Epiritta autumnata*）では、強い食害の翌年には葉のフェノール類の含有率が高くなり、これを食べたアキナミシャクは、体サイズが小型化して、蔵卵数が減少することが知られている。

ブナ－ブナアオシャチホコの系でも、強い食害のあと、ブナの葉の窒素含有率が低下しタンニン量

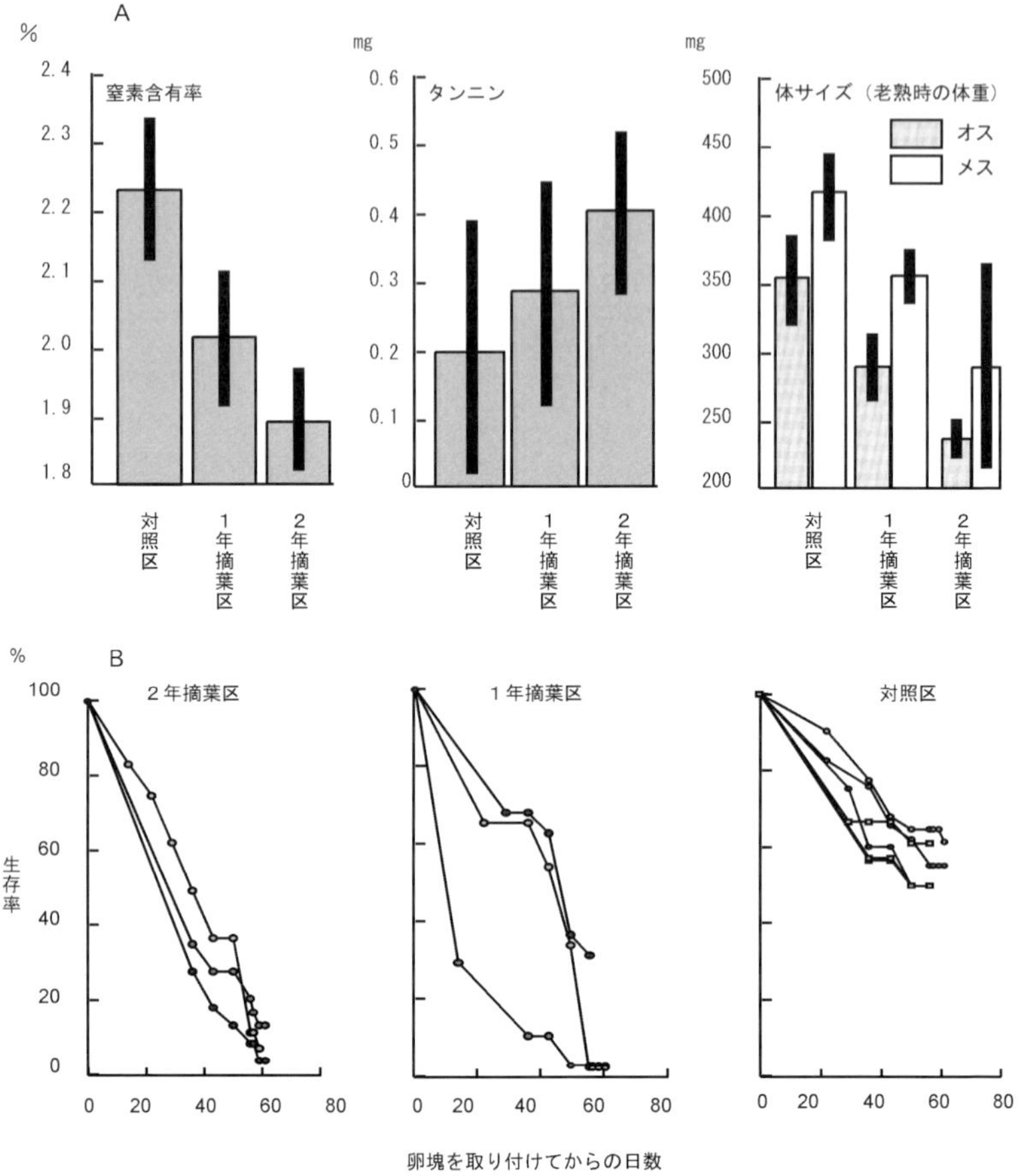
A
%
2.4
2.3
2.2
2.1
2.0
1.9
1.8
窒素含有率
mg
0.6
0.5
0.4
0.3
0.2
0.1
0
タンニン
mg
500
450
400
350
300
250
200
体サイズ（老熟時の体重）
オス
メス
対照区
1年摘葉区
2年摘葉区
B
%
100
80
60
40
20
0
生存率
2年摘葉区
1年摘葉区
対照区
0
20
40
60
80
卵塊を取り付けてからの日数

図 4-6　人工摘葉によるブナの誘導防御（Kamata *et al.*, 1996 より改変）
A：摘葉が翌年のブナの葉の質におよぼす影響（平均値±標準偏差）
B：卵塊単位で調べたブナアオシャチホコの生存率（折れ線はひとつの卵塊（約 50 卵）の生存曲線を示す）

が増加する時間遅れの誘導防御反応が起こることが、野外実験で確かめられている。ブナアオシャチホコの大発生をまねて、実験的にブナの葉を摘んでみた。すると、翌年には葉が小型化し、葉の厚さが薄くなり、葉の量は摘葉前の六〇パーセントに減少した。二年連続で摘葉すると、葉の量は最初の年の四〇パーセントに減少した。質的にも変化が認められた。葉の窒素量が低下してタンニン量が増加した（図４‐６Ａ）。二年連続で摘葉すると、一年だけ摘葉した場合よりもより強い誘導防御反応が起こった。このような葉を食べた個体群は、体サイズが小型化し生存率が低下した（図４‐６Ｂ）。野外の自然状態では、葉食性昆虫はこれらの人工的に摘葉を受けた木のまずい葉を避けていた。

　実際、大発生から三年たったブナでも、タンニン量は多く、若齢幼虫期の高い死亡率と体サイズの小型化を引き起こしていた。ブナもブナアオシャチホコに対して、必死に防御をしているのだ。

サナギタケ

　ブナアオシャチホコが大発生するとさまざまな天敵が活躍するようになるが、とりわけ重要な役割をしているのが昆虫寄生性の糸状菌であるサナギタケだ（口絵写真）。サナギタケ（*Cordyceps militaris*）は子嚢菌類バッカクキン目バッカクキン科に属する冬虫夏草の一種である。

　冬虫夏草の仲間は大量に発生することはめったにないが、サナギタケだけは別のようだ。ブナ林でブナアオシャチホコが大発生した翌年の夏には、サナギタケの子実体が地面から大量に出現する。そのため、ブナアオシャチホコの大発生を終息させる重要な天敵の一つと推測されていたが、最近まで菌の生態や昆虫との相互作用に関する詳しい研究は行われていなかった。

　ブナアオシャチホコの密度の年変動に伴い、サナギタケの感染率はどのように変化しているのだろ

冬虫夏草

冬虫夏草は、「冬に虫だったものが、夏に草（キノコ）になる」ことが名前の由来である。広義には、先述したハナサナギタケやコナサナギタケ（口絵写真）も含まれるが、菌学的にはこれらの「冬虫夏草」はキノコではなく、分生子柄束とよばれるものだ。キノコというのは、有性生殖する完全世代が作る子嚢胞子が入った子実体のことをいう。

　子嚢菌である冬虫夏草は、有性生殖の結果形成される子嚢胞子を作る子実体である。それに対して、無性生殖する不完全世代が作る胞子のことを分生子という。分生子がついた「キノコ状のもの」を分生子柄束とよぶが、これは多数の分生子柄が集まり束になった構造物である。広義の冬虫夏草に対して、狭義の冬虫夏草は完全世代の子実体のことを指すので、狭義には *Cordyceps* 属の子実体のことを指す。ちなみに中国では「冬虫夏草」ないし「冬虫草」という場合には、コウモリガ科の蛾の一種である *Hepialus armoricanus*（中国語では「蝙蝠蛾」と記載される）の蛹から出てくるコルディセプス・シネンシス *Cordyceps sinensis* のみを指す。日本の「冬虫夏草」と同義で使われるのは「虫草」である。サナギタケは「蛹虫草」という。

　コルディセプス・シネンシスも、その宿主である蝙蝠蛾 *Hepialus armoricanus* も日本には分布していない。*Hepialus* 属さえも日本には分布していないのだ。ときどきコルディセプス・シネンシスの寄主をコウモリガと記載した日本の文献を見かけるが、和名でコウモリガという場合 *Endoclyta excrescens* を指す。こちらは日本にいる。混乱の原因は、冬虫夏草の第一人者でいらっしゃった清水大典氏が、著書『冬虫夏草』（清水、一九七九）の中で、「このもとになった中国の冬虫夏草はコウモリガの幼虫（いもむし）に生じ、」とカタカナ書きで表記されたことに起因していると推測する。つまり、中国語表記の蝙蝠蛾 *Hepialus armoricanus* を日本に紹介する際に、あたかも和名のようにコウモリガと書かれたことが混乱の始まりだったといえよう。

うか？　土の中における寄生率の年次変動を、二つの方法で調べてみた。

八幡平のブナアオシャチホコは、一九九三年をピークにして、大発生することなく密度が減少に転じた（図4－1Bを参照）。八幡平の調査地から土を採集してプラスチックカップに入れ、実験室で飼育した蛹を埋め込むことによって昆虫病原菌の働きを調べてみた。このような方法で、土の中で働く病気を調べたところ、たくさんの種類の糸状菌がブナアオシャチホコに死亡を引き起こしていることが明らかになった。見つかった昆虫病原性糸状菌は、サナギタケ、コナサナギタケ、白きょう病のほかにも、黒きょう病（*Metarhizium anisopliae*）や赤きょう病（*I. fumosorosea*）がある。黒きょう病や赤きょう病は、死体が乾燥してミイラ状になり、濃緑色や暗赤灰色のカビが節々から出てくる。赤きょう病の種小名 *fumosorosea*（fumosus＝暗灰色、rosea＝バラ色の）はその名の通り分生子柄束の色にちなんだものだ（口絵写真）。虫にとってみれば、「バラ色」どころか、人生真っ暗なお話しなのだろうが。ブナアオシャチホコの密度がピークに達する前はサナギタケもほかの昆虫病原菌の寄生率も低いが、密度のピーク年には、全体の死亡率もサナギタケによる死亡率も非常に高くなった（図4－7）。場所的にみても、ブナアオシャチホコの密度が高いところほど、サナギタケの寄生率が高くなった。土に直接蛹を埋め込むと、死亡率はさらに高くなった。ブナアオシャチホコの密度がピー

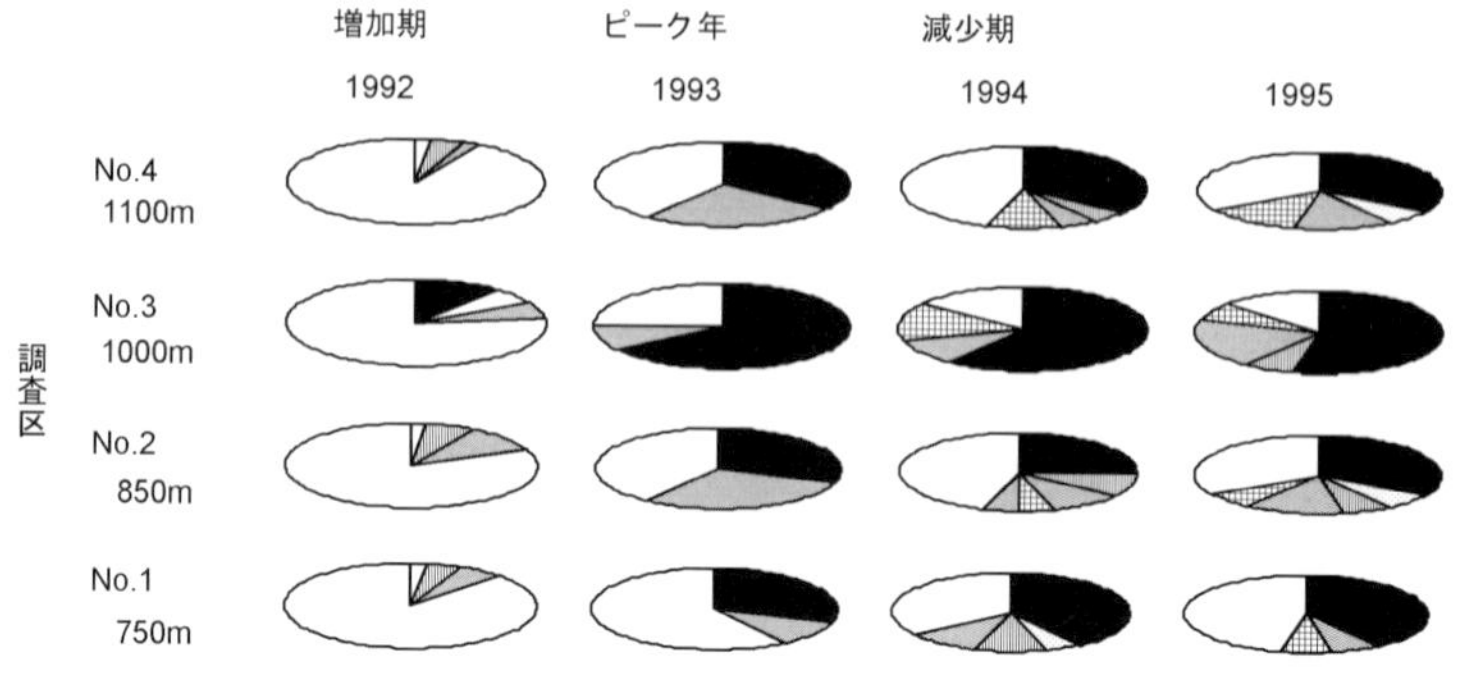
増加期
ピーク年
減少期
1992
1993
1994
1995
No.4
1100m
No.3
1000m
No.2
850m
No.1
750m
調査区

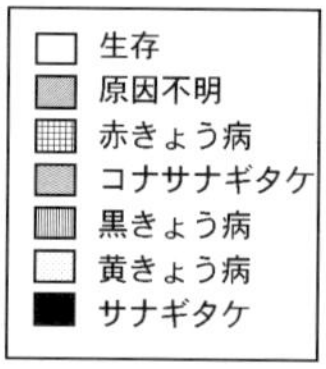
生存
原因不明
赤きょう病
コナサナギタケ
黒きょう病
黄きょう病
サナギタケ

図4-7　ブナ林の土壌サンプルにブナアオシャチホコの蛹を埋め込んだときの生死と死亡原因（鎌田・佐藤、1998：金子繁・佐橋憲生編『ブナ林をはぐくむ菌類』文一総合出版より改変）

クに達した一九九三年には、約九五パーセントの蛹がサナギタケで死亡した。また、ブナアオシャチホコの密度が減少したあとの九四年でも約九〇パーセント、ピークから二年後の九五年でも約七五パーセントの蛹がサナギタケで死亡した。

どうしてサナギタケは負のフィードバック効果が長持ちするのだろうか？　サナギタケの子実体から飛散する子嚢胞子は、土の中の菌密度を広い範囲にわたって高める（図4-8）。ところが、子実体は感染が起こった翌年の夏に発生するために、ブナアオシャチホコのピークの翌年に、子実体の密度はもっとも高くなり、土中の菌密度も最大になる。その結果、ブナアオシャチホコからみたサナギタケの感染率は、大発生の翌年にピークになる。ここで一年の時間遅れができる。その後はブナアオシャチホコの密度が低くなるため、サナギタケの密度は少なくなり、その結果、土壌中の菌密度は徐々に低下していく。そのため、時間遅れが「長持ちする」のだ。

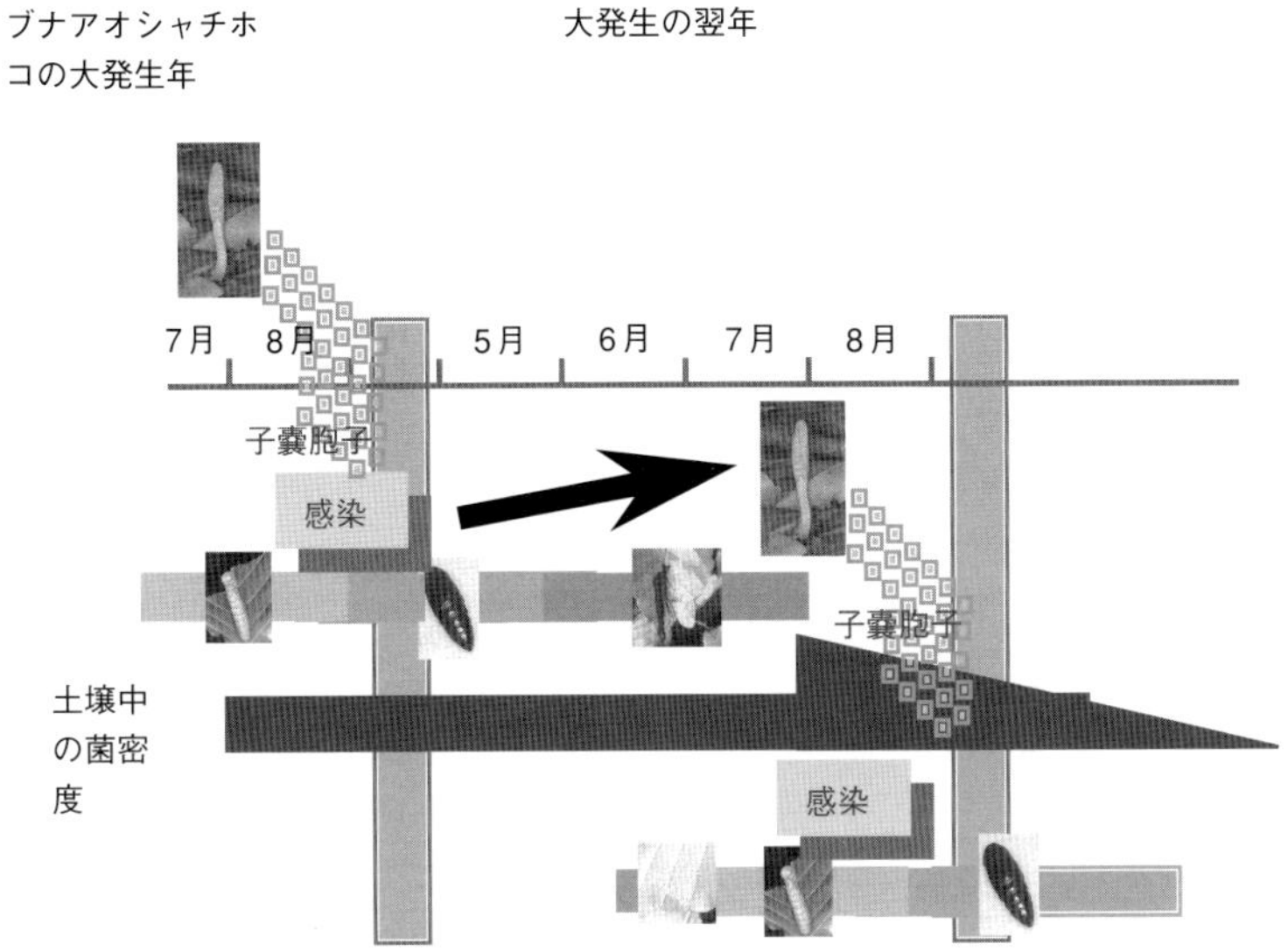
ブナアオシャチホコの大発生年
大発生の翌年
7月
8月
5月
6月
7月
8月
子嚢胞子
感染
土壌中の菌密度
子嚢胞子
感染

図 4-8　サナギタケの死亡率に時間遅れができるメカニズム（鎌田・佐藤、1998：金子繁・佐橋憲生編『ブナ林をはぐくむ菌類』文一総合出版）
大発生の翌年に子実体の密度がもっとも高くなり、散布される子嚢胞子によって土壌中の菌密度はもっとも高くなる。その後は、土壌微生物として生活するため、徐々に土壌中の菌密度は減少する。

一つ注目するべきことは、この実験がブナアオシャチホコが大発生していない八幡平で行われたことである。これまでは、ブナアオシャチホコが大発生したあとに、子実体が大量に発生することから、大発生を終息させる要因として注目されていた。しかし、ブナアオシャチホコの大発生はブナ林のどこでもみられるわけではない。また、大発生が起こったことのある場所でも、八〜一一年周期の毎回必ず大発生が起こるわけではない。しかし、このような場所でもブナアオシャチホコの密度は大発生する場所と同調的に変動し、大発生に至る前に減少に転じてしまうのだ。このように、大発生しないでブナアオシャチホコが減少する場合にも、サナギタケが天敵として重要な役割を果たしていた。

ブナアオシャチホコが大発生しないで密度が減少に転じる際にも、サナギタケが「時間遅れの密度依存的要因」として働いていたことから、サナギタケは、ブナアオシャチホコの周期的な密度変動を作り出すもっとも重要な要因と考えられている。

虫の病気は一石二鳥

中国では、コルディセプス・シネンシス（*Cordyceps sinensis*）の子実体を、漢方薬として珍重する。最近では、薬膳や健康ドリンクとしても人気があるようだ。コルディセプス・シネンシスを一躍有名にしたのは、陸上の世界記録をつぎつぎと塗り替えた中国の馬軍団だった。彼らが愛飲するスペシャルドリンクの中に冬虫夏草が入っていることが報道されるや、またたくまに冬虫夏草ブームが起こった。なかには、ちょっといかがわしい雑誌の通販広告で、「一本飲めば夜の銀座の帝王」といった類のちょっとあやしげなものもあったが、もともとコルディセプス・シネンシスは日本薬局方にも漢方薬として認可登録されており、その成分であるコルディセピンは肝機能を高める作用があることが明らかにされている。

ところで、シネンシスは中国でも漢方として珍重されるが、サナギタケは薬としてはいかがなのだろうか？　金沢大学に移ってから薬学部薬草園の御影雅幸さんとお付合いするようになり、そのおかげで本場中国の中葯（ちゅうやく）（中国では漢方薬のことを中薬という。ちなみに中国の「葯」＝日本の「薬」である）の研究者とも交流することができた。彼らに尋ねたところ、サナギタケも薬効はあるが、昔は副作用もあるためあまり使われなかったのだという。しかし、現在では、サナギタケも中薬として非常に注目を集めているようだ。実際、「蛹虫草の栽培」に関する書籍も多数出版されている。そのうちの一冊をひもとくと、サナギタケとシネンシスを比較しながら、薬効成分の分析結果なども載っている。これによるとサナギタケは、人体に必須のアミノ酸を含む一八種類のアミノ酸を含み、そのほとんどの種類においてシネンシスよりも大量に含んでいる。ビタミン類もシネンシスより含有率が高い。また、セレン、亜鉛、リン、マンガン、マグネシウム等の二〇種類のミネラルを含有し、とくにセレンは、シネンシスの約三倍含まれている。さらに、虫草素、虫草酸、虫草多糖、SODなどの特殊成分がシネンシスと比較して多量に含まれている。

また、最近金沢大学薬学部の太田富久さんのグループが、広義の冬虫夏草の一種であるハナサナギタケを二、三年培養して乾燥した試料を使い、免疫力を高めるメカニズムを、ネズミを使って明らかにした。体内には細菌やガンなどの異物を攻撃するリンパ球が数多く存在し、血液と一緒に全身をくまなく流れている。とくに小腸はリンパ球が多く集まる「パイエル板」とよばれるいぼ状の組織をもつ。冬虫夏草のエキスがパイエル板を通過する際、パイエル板内のリンパ球が「免疫力を高めろ」との指令となる蛋白質を放出、全身のリンパ球が活性化するのだという。

このように、冬虫夏草の仲間は、節足動物に対しては病気として、人間には薬として働く、われわれ人間にとっては何ともありがたい一石二鳥の生物である。

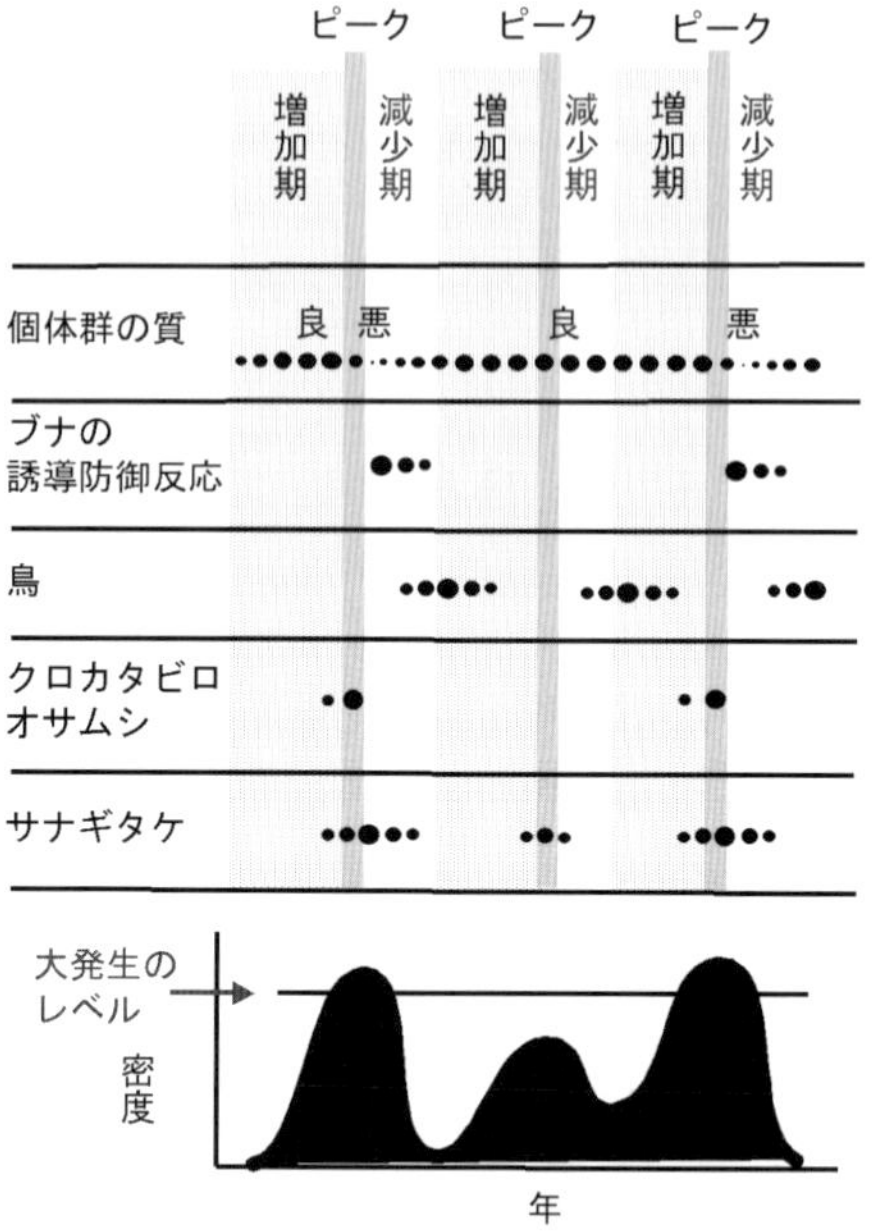

ピーク
ピーク
ピーク
増加期
減少期
増加期
減少期
増加期
減少期
個体群の質
良
悪
良
悪
ブナの
誘導防御反応
鳥
クロカタビロ
オサムシ
サナギタケ
大発生の
レベル
密度
年

図 4-9　ブナアオシャチホコの密度変動に関係した密度変動要因の働き方（Kamata, 2000 を改変）

2・5　密度変動要因の複合体

近年、生態学の中で密度変動要因の複合体（natural bioregulation complex）という概念が注目されている。これは、これまでの研究が、動物や昆虫の密度変動をできるだけ数少ない要因で説明しようとしてきたことに対する反省から生まれた。つまり、一つひとつの要因が、密度変動のさまざまな局面でどのように働くのかを明らかにし、また、密度変動要因間の相互作用も明らかにしたうえで、複合体全体としてどのように作用しているのかを理解しようとする考え方である。

そのような観点から、ブナアオシャチホコの密度変動要因をまとめたのが図4-9である。ブナアオシャチホコが大発生すると、サナギタケばかりではなくクロカタビロオサムシ、寄生バエなどが働いて、大発生世代の密度を引き下げようとする。その結果、翌年に羽化する成虫数は少なくなり、次世代の初期個体数（＝卵の数）を減らす。サナギタケやブナの誘導防御反応は、大発生が終わった後もしばらく有効に働き続けるために、数年間にわたりブナアオシャチホコの密度を低く抑える。これらの効果が切れると、ブナアオシャチホコの密度は増加に向かう。一方、大発生しない場合に有効に働くのは、サナギタケだけである。したがって、減少期の減り方は、大発生した場合よりも緩やかなものになる。サナギタケの効果は、大発生した場合と同じように、ピーク後も数年間持続し、その効果が切れると増加が始まる。このような繰り返しによって、長い周期変動が作り出される。

2・6　なぜ大発生は同調的に起こるのか？――気候の影響――

ブナアオシャチホコの個体群動態は、おおまかには八～一一年の周期的な変動を繰り返す。しかし、図4－1Bを見ても、八甲田山と八幡平でピークは三年ずれている。八甲田山では大発生が、一九九〇年に起こったが、岩木山は九四年であった。その差四年は、周期の半分に近い。このようなことが重なれば、各地で起こる大発生はバラバラになってしまう。それにもかかわらず、過去一〇〇年近くにわたって大発生が同調的に起きているのは、何か別の要因が働いて密度変動を揃えているのではないかと考えられる。

大発生の同調性を引き起こす要因については、すでに3章5・3で述べた。これらの要因のうち、気候要因とブナアオシャチホコの大発生の関係を、気候解除仮説の観点から解析した。その結果、大

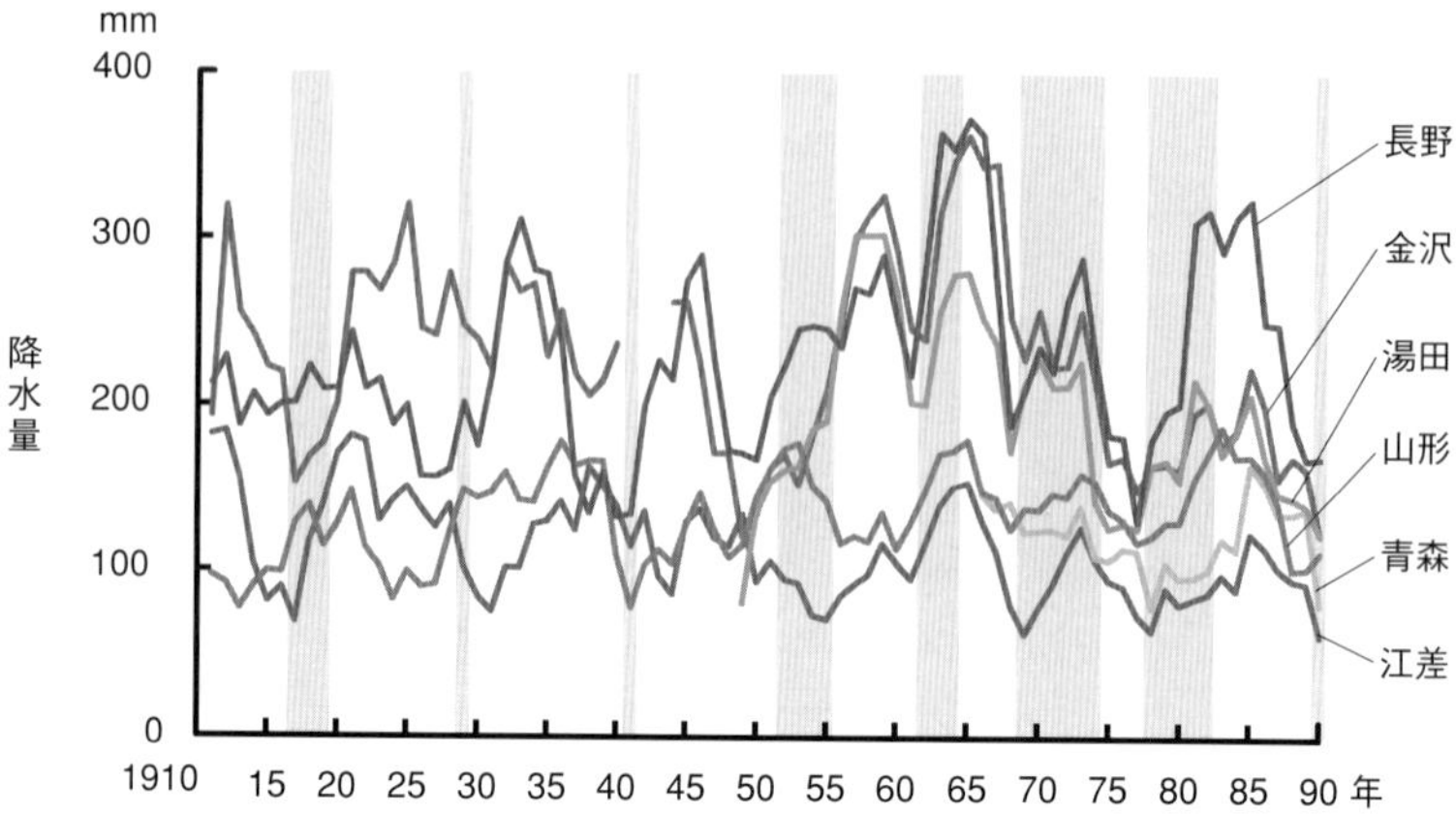
mm
400
300
200
100
0
降水量
長野
金沢
湯田
山形
青森
江差
1910
15
20
25
30
35
40
45
50
55
60
65
70
75
80
85
90 年
図 4-10　7 月の降水量の年次変動（5 点移動平均）（鎌田・高木、1991 を改変）

発生の前の数年間は、幼虫発育期の降水量が少ない傾向が認められた（図 4－10）。降雨がどのようにブナアオシャチホコの個体群に影響を与えているのかについては、三つの経路が考えられている。

①　**幼虫に対する直接的な影響**

降雨は幼虫の摂食行動を阻害する。若齢幼虫に対しては直接的な死亡を、終齢幼虫に対しては摂食量の減少による体サイズの小型化を引き起こす。

②　**ブナを通しての間接的な影響**

軽度の水分ストレスを受けたブナは、窒素含有率が高くなり、それを食べたブナアオシャチホコは体サイズが大きく生存率も高くなる。

③　**サナギタケを通しての間接的な影響**

糸状菌であるサナギタケは土壌微生物として生活しているが、少雨・乾燥条件下では菌叢の発育が悪く、感染率も低くなる。

降水量の年次変動には、広域的な同調性が認められるため、大発生の広域的な同調性も、気候変動の同調性によって作り出されているものと推測されている。

2・7　場所依存的な大発生

異なる三つのスケールの場所依存性

ブナアオシャチホコの大発生には、スケールの異なるいくつかの場所依存性が認められる。一つは大きなスケールでの場所依存性である。大発生は、東北地方北部から北海道の北日本で頻度が多く、西南暖地では少ない。北海道黒松内低地帯から鹿児島県高隈山までブナは分布しているが、ブナアオシャチホコの大発生の記録は、和歌山県護摩団山以西にはみられない。スケールダウンして北東北のブナ林に注目すると、八甲田山や八幡平では頻繁に大発生するが、大発生の記録がないブナ林の方が多いくらいである。さらにスケールダウンして一つの地域に注目すると、ブナが垂直分布する中で、ブナアオシャチホコの大発生は特定の標高帯で標高差約二〇〇メートルの帯状に発生する。厳密な場所は大発生のたびに違うが、地域ごとに標高はほぼ一定している。たとえば八幡平ではブナは六〇〇〜一二六〇メートルに分布しているが、大発生がみられるのは標高九〇〇〜一一〇〇メートルのところである。八甲田山では四〇〇〜一一〇〇メートルにブナが分布するうち、六〇〇〜八〇〇メートルで大発生がみられる。緯度が高くなると大発生の標高は低くなる。

なぜ南の地方では大発生が少ないのか？

「なぜ南の地方では大発生が少ないのか？」という疑問に対する解答は、実はまだよくわかっていない。現時点で、次の二つの可能性が考えられている。

一つめは、梅雨期の降水量である。ブナアオシャチホコは、幼虫の若齢期を梅雨期にすごすうえ、幼虫の発育と死亡率は降雨の影響を強く受ける。雨の絶対量が多い西南日本では、雨によって個体数の増加に制限がかかっているため、大発生することが稀なのではないかという仮説である。この仮説を支持する結果が二つある。石川県白山において調べた終齢幼虫の密度変動は、東北地方に比べると年による上下動が激しく、傾向線からの偏差はその年の梅雨期の降水量と負の相関が認められた。すなわち、降雨によって個体数の増加に強い制限がかかっていることを示唆している。また、一章2・1で述べたように、一九八〇年ごろには中部日本にまで未曾有の大発生がみられたが、図4-10を見ると、中部日本の各観測地点（長野・金沢）で一九七〇年代後半の降水量がきわめて少なかったことがわかる。すなわち、通常は降雨によって増加が制限されていた個体群が、極端に少ない降水量が数年続いたことによって、漸進的に大発生レベルまで増加したのではないかと推測される。

二つめは、ブナの垂直分布である。低緯度地方ではブナの垂直分布帯の標高が高くなる。そのため、中部以西では、山頂付近のブナ林でブナアオシャチホコの大発生がみられる場合がある。佐渡島や護摩団山などがその例である。また、四国地方や九州地方では、山頂付近にブナ林が島状に分布している場合が少なくない。このような場所では、そもそもブナアオシャチホコの大発生に適した標高帯のブナが存在しないのではないだろうか。

気候変動に関する政府間パネル（ＩＰＣＣ）の報告書によると、一九八〇年代後半以降温暖化傾向が続いており、一九九〇年代は過去千年間でもっとも暑い一〇年であったという。周期から予測された二〇〇〇年前後の大発生は、結局日本全国いずこでも起こらなかった（8章6・6参照）。温暖化が進行するとブナアオシャチホコの大発生は、北日本でも起こらなくなる可能性もある。また、夏の気温は、猛暑と冷夏が極端になっている。今後、注意して観察する必要があろう。

標高依存的な大発生のメカニズム

次に、標高依存的な大発生の原因を探ってみた。大発生する場所では密度増加期の増加率が高かった（図4-11A）。GIS（地理情報システム）を使って、標高と植生と大発生の関係を調べると、他樹種（下はミズナラ、上はアオモリトドマツ）との混交度が低い場所で大発生する傾向が認められた（図4-11B）。このことは、生物群集の組成が単純なほど大発生が起こりやすいという「多様性=安定性仮説」、あるいは、資源の集中している場所では餌探索のコストが少ないので高密度になりやすいという「資源集中仮説」を支持している。ブナアオシャチホコの幼虫は、しばしば樹冠から地面に落下する。これは天敵から攻撃された際に落下したり、風雨によってたたき落とされたりすることもあるが、幼虫自身が摂食中に葉を食いちぎってしまい結構頻繁に落下する。再び樹幹を登って葉にたどり着くのだが、幼虫は樹種に関係なく最初にぶつかった木の幹を登っていくため、ブナの純林度が高い場所ほど餌にありつける確率が高くなる。

いくつかの植物では、高標高・高緯度ほど葉の窒素濃度が高くなる傾向が報告されている。これは、高標高・高緯度では気温の低下によって生育好適期間が短くなるため、植物は光合成に関係したルビスコという酵素に使われる葉内窒素の濃度を高くして光合成効率を上げていることがその原因と考えられている。標高に沿って、ブナの葉の窒素含有率を調べたところ、大発生の記録のある標高帯で、ブナの葉の窒素含有率が高い傾向が認められている。窒素含有率の高い葉は、栄養的に優れた餌

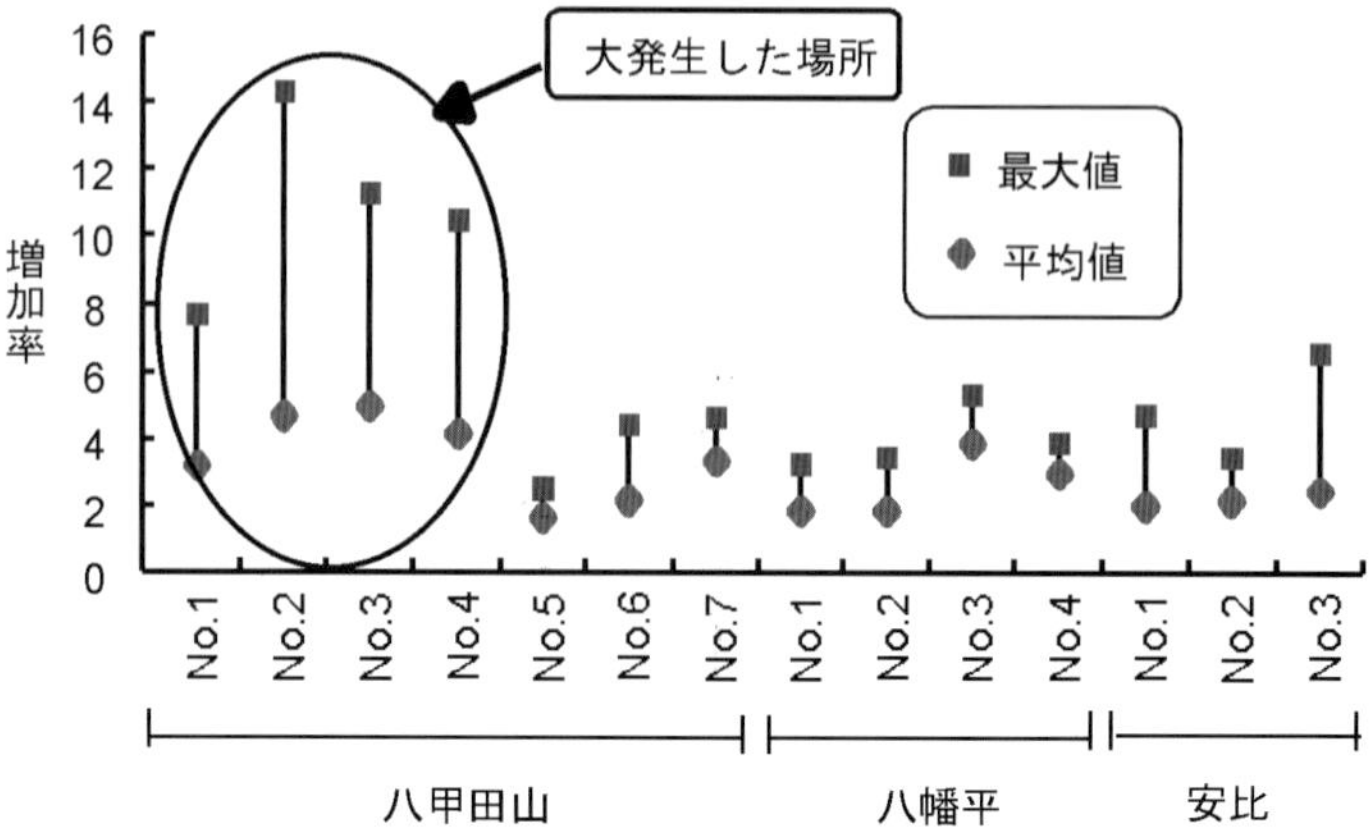
大発生した場所
最大値
平均値
増加率
16
14
12
10
8
6
4
2
0
No.1
No.2
No.3
No.4
No.5
No.6
No.7
No.1
No.2
No.3
No.4
No.1
No.2
No.3
八甲田山
八幡平
安比

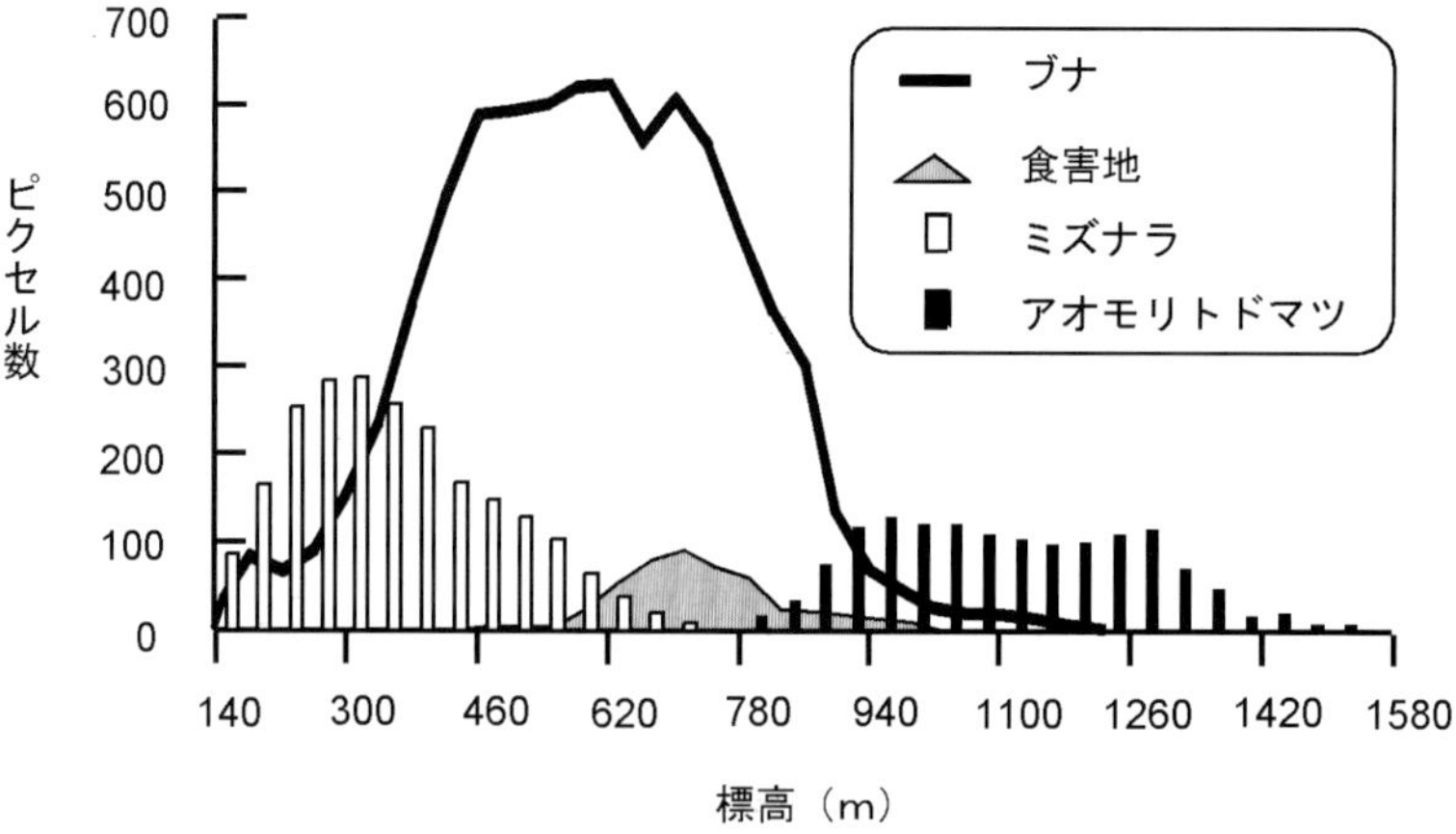
ブナ
食害地
ミズナラ
アオモリトドマツ
ピクセル数
700
600
500
400
300
200
100
0
140
300
460
620
780
940
1100
1260
1420
1580
標高（m）

図 4-11　ブナアオシャチホコの場所依存的な大発生に関連した要因
A：ブナアオシャチホコの増加期における終齢幼虫密度の年間増加率。大発生がみられた場所で増加率が高かった。
B：標高と植生およびブナアオシャチホコの大発生の関係（八甲田山）。大発生は、ブナがミズナラやアオモリトドマツとの混交の少ない場所で起こりやすい。

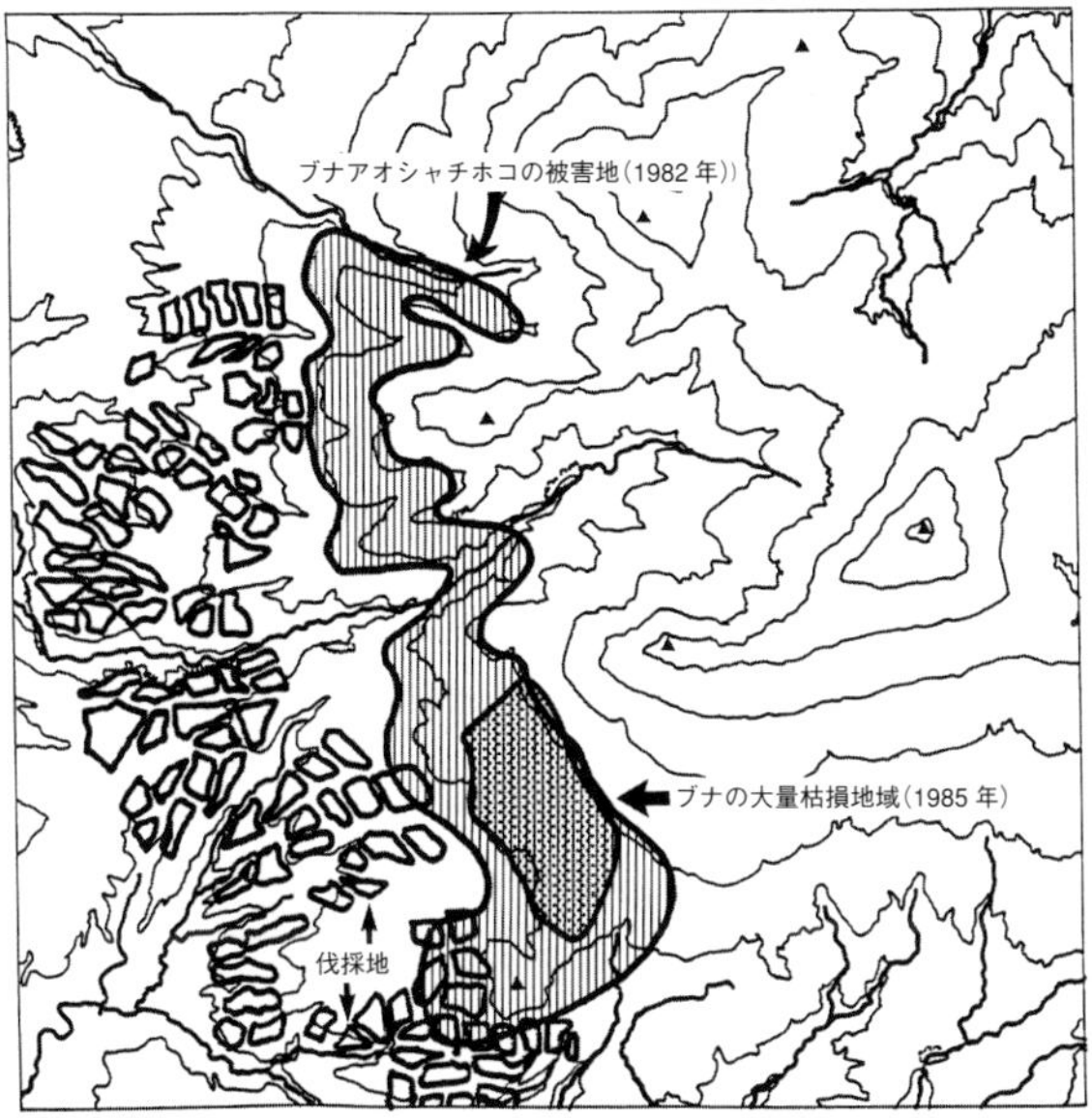
ブナアオシャチホコの被害地(1982年))
ブナの大量枯損地域(1985年)
伐採地

図4-12　ブナアオシャチホコの大発生後にブナの集団枯死が発生した青森県八甲田山櫛ヶ峰周辺の地図（鎌田、1991：村井宏・山谷孝一・片岡寛純・由井正敏編『ブナ林の自然環境と保全』ソフトサイエンス社）

であるため、ブナアオシャチホコの密度増加を促進するものと推測される。

2・8　ブナアオシャチホコの大発生後に起こったブナの大量枯死

葉食性昆虫の食害によって広葉樹が枯死することは稀であり、本種の場合も大面積にわたって被害が発生するにもかかわらず、ブナが枯死したという例はほとんどなかった。ところが、一九八五年に八甲田山下岳西麓で、ブナアオシャチホコの食害が原因とみられる大量枯死が起こった（口絵写真、図4-12）。被害は標高約九〇〇〜一〇五〇メートルにほぼ等高線に沿って帯状に発生し、被害面積は約一〇〇ヘクタール、本数被害率は被害地平均で四七パーセント、被害材積は約一万立方メートルにおよんだ。被害地付近では一九八二年夏にブナアオシャチホコが大発生したあと、八三年五月下旬に季節はずれの降雪があり、新葉全面が損傷を受けた。その後も、一九八三年冬から八四年春には異常な寒波にみまわれ、八五年にも季節はずれの降雪があった。また、八四年と八五の夏は降水量が異常に少なく、乾燥にみまわれた。被害樹種がブナに限られていること、被害地域が八二年のブナアオシャチホコの被害区域内にあることからも、ブナアオシャチホコに食害され樹勢が衰えたところを、春先の遅い降雪や寒風害、夏の乾燥などの異常気象に連年みまわれたことが、枯死の原因ではないかと推測されている。

同様の集団枯損は静岡県天城山と岐阜県能郷白山でも起きている。面積はそれぞれ約一ヘクタールである。両地域とも、一九八〇年前後にブナアオシャチホコが大発生していること、凸状または尾根沿いの地形で風が強く土壌が乾燥気味であることが八甲田山の例と共通している。

ブナ林では、植物、動物、菌類などさまざまな生物が、互いに影響を与えながら複雑に絡み合って、一つの系として成立している。それは逆にいえば、ブナアオシャチホコの個体群もブナ林の生物に影響をおよぼしていることにほかならない。ブナアオシャチホコが大発生するとつねに枯損が発生するわけではないが、ブナ林の動態という長い時間軸でみた場合、このような集団枯死はそれほど異常なことではなく、むしろ自然の摂理なのかもしれない。

3　葉食性昆虫と森林のダイナミックス

3・1　大発生と樹木の枯死

森林の樹木は恒常的に毎年葉の一〇パーセント程度を葉食性昆虫によって食べられている。また、たとえ丸裸にされても、葉食性昆虫の食害で樹木が枯死することはそれほど多くない。たとえば、ケヤマハンノキはハンノキハムシなどの食害によってしばしば丸裸にされてしまうが、めったに枯死しない。ブナアオシャチホコの大発生のあと、約一〇〇ヘクタールにわたって集団で枯死した例が報告されているが、通常は大発生の後もほとんどブナは枯死しない。アメリカ合衆国ではマイマイガの大発生による失葉のあと大量の枯死木が発生するため、もっとも重要な森林害虫のひとつとして扱われているが、日本ではマイマイガが大発生してもカラマツや広葉樹はほとんど枯れない。これは、わが国では降水量が多いため、水分ストレスがかかりにくいことが原因であると推測されている。このように、日本では、諸外国に比べて葉食性昆虫の大発生によって樹木が枯死しにくいため、葉食性昆虫の大発生は深刻な森林被害とは認識されていない場合が多い。その一方で、キオビエダシャクによって丸裸に食害されたイヌマキは大部分が枯死するという。スギドクガの大発生でも、スギやヒノキで高い死亡率が報告されている。たとえば、ヒノキでは一二・五〜五八・二パーセント、スギでは六・五〜二八・六パーセントが枯死したことがある。

葉食性昆虫の大発生と樹木の枯死の関係について規則性を探ってみると、次のような傾向があるこ

図4-13　スギドクガの幼虫（左）と成虫（中）。大発生年にスギの年輪幅が狭くなっているのがわかる（右：矢印）（柴田叡弌氏 撮影）

とに気がつく。

葉食性昆虫の食害を受けたときの枯れやすさの違いは、光合成産物を貯蔵にどの程度分配しているのかに関係しているようで、枯死率は常緑性針葉樹で高い。落葉樹と常緑樹とで比較すると、常緑樹が枯れやすい傾向がある。

また、一つの樹種でも大発生する昆虫の種によって失葉後の死亡率が異なるが、これは食害を受ける時期が関係している。開葉後の早い時期に昆虫の食害によって失葉すると、二次開葉する場合が多い。しかし、同じ樹種でも遅い時期に失葉すると二次開葉はせずにすでに作られた冬芽を後生大事に翌年の春まで温存する。新しく葉を展開するためには貯蔵していた炭水化物を使わなければならない。貯蔵していた炭水化物を使って新しい葉を二次開葉したときに得られた差益が、そのまま新しい葉を展開しない場合よりも大きい場合には、植物は昆虫による失葉後も二次開葉を行うものと予想される。実際には、植物は日長や温度などの条件から、植物がもつ固有のプログラムを使って予測を行い、予測結果に基づいて二次開葉するかどうかを決定している。したがって、二次開葉するかしないかという境目にあたる時期に強い食害を受けると、樹木はもっともダメージが大きいため、枯死す

図 4-14　ブナ実生の初生葉の食害の様子（左）。方形区を作って実生の食害と生存率の調査をする（右）

る割合が高くなる。また、開葉直後に食害を受けると、新しい葉を作るのに十分な炭水化物が確保できないために、やはりダメージが大きい。

3・2　更新への影響

人間でもそうであるように、樹木でも未成熟期にはストレスに対する感受性が高い。したがって、葉食性昆虫の食害も、未成熟期には発育により強い影響をおよぼす。ブナが豊作になると、一平方メートル数百個の種子が落下する。翌年の春には、絨毯を敷きつめたようにブナの芽生えが発生する。しかし、発芽した種子の中で一年間生き延びるものは一割にも満たない。光不足が死亡の主たる原因であると考えられていたが、森林総合研究所東北支所の佐橋憲生さん（現、九州支所）の研究によって、*Colletotrichum dematium*（コレトトリカム・デマチウム）という糸状菌が主因となって実生が枯れていることが明らかにされた（本シリーズ第2巻『菌類の森』を参照）。光不足は、コレトトリカム・デマチウムに対する抵抗力を低

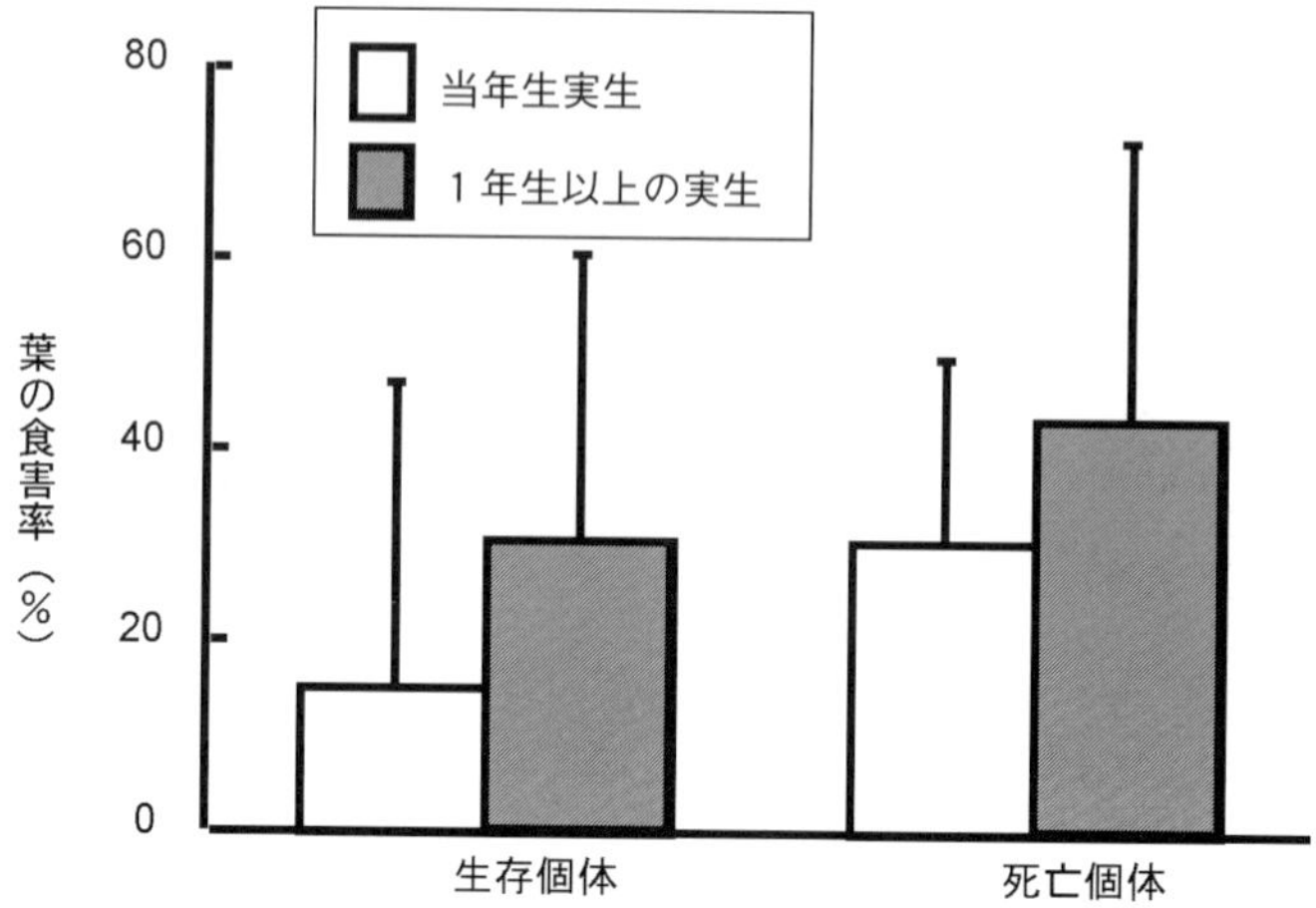
80
60
40
20
0
葉の食害率（%）
当年生実生
1年生以上の実生
生存個体
死亡個体
図 4-15 アベマキの実生の食害率を実生の年齢と生死で比較した結果
(Kamata *et al.*, 2001 を改変)

下させる誘因と考えられる。東北大学理学部の学生だった長池智久さんは、地表に生育する当年生実生の初生葉（最初にでてくる本葉のこと）について、葉食性昆虫の食害程度を調べ、その後の実生の生存率を比較した。その結果、昆虫の食害度が高いほど実生は死亡しやすいことがわかった。当年生実生と一年生以上の実生で比較すると、当年生実生では葉の窒素含有率が高く、防御物質であるフェノール類が少なく、昆虫による食害をより強く受けていた。しかも、同じくらいの食害を受けた場合、一年生以上の実生よりも当年生実生は死亡率が高かった。ところが、ミズナラで同じ調査を行うと、ブナとは違った結果が得られた。食害が実生の死亡を促進するという点ではブナと同じだったが、当年生実生と一年生実生を比較すると、ミズナラでは当年生実生のほうが食われにくかったのだ。詳しく調べると、ミズナラでは一年生以上の実生に比べ当年生実生の葉の窒素含有率が低く、防御物質であるフェノール類

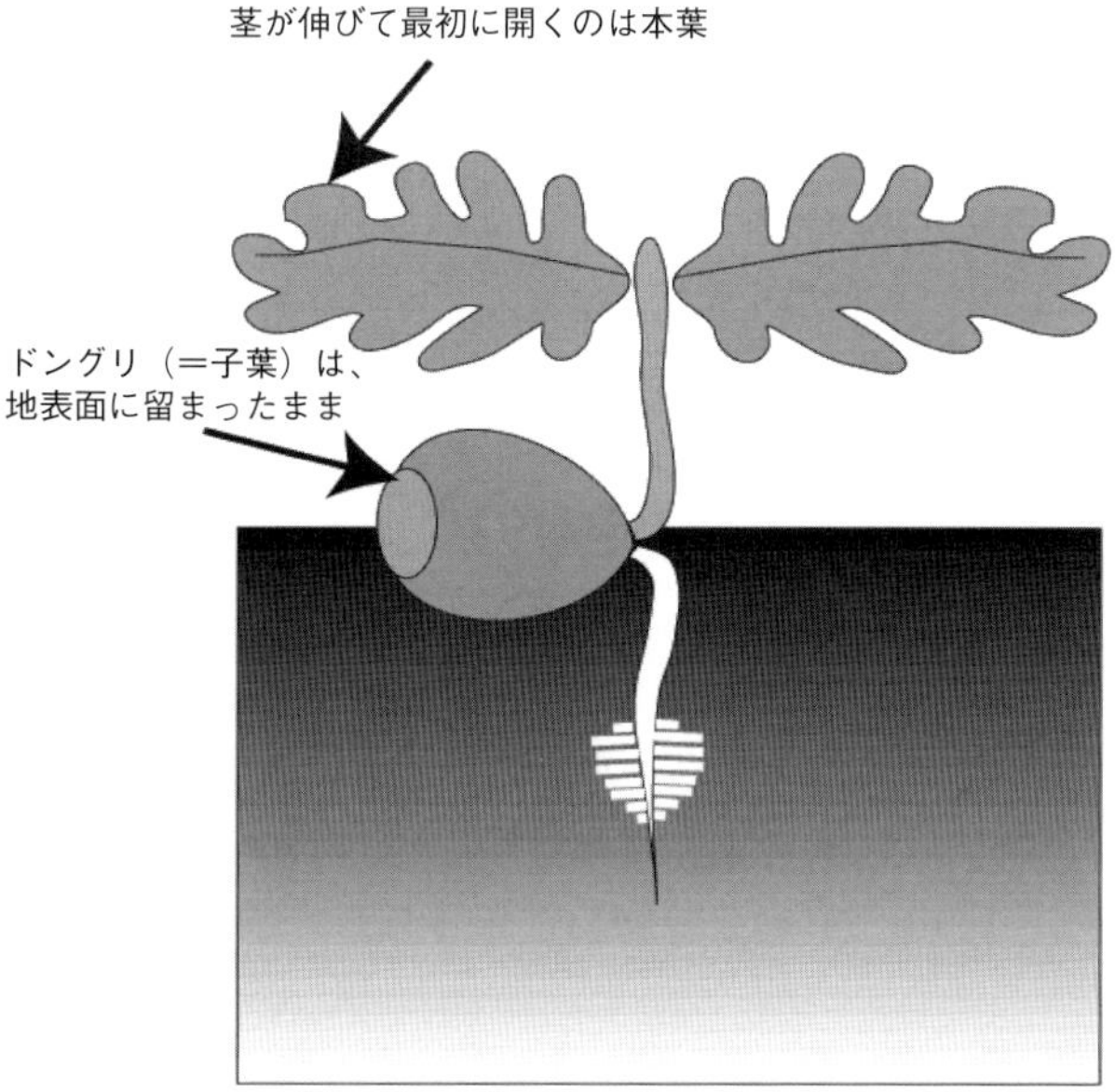
茎が伸びて最初に開くのは本葉
ドングリ（＝子葉）は、
地表面に留まったまま

図 4-16　地下子葉

が多いことがわかった。また、食害を受けたときの死亡率も一年生以上の実生のほうが高かった。金沢大学理学部の学生だった海田潤さんと児島美樹さんが、同じようにコナラとアベマキで調査したところ、両方ともミズナラと同じ傾向を示した（図4－15）。同じブナ科でも、ブナと、いわゆるドングリ**（acorn）**を作る仲間とでは、炭素資源に由来した防御戦略が異なっている。ドングリは地下子葉性といって、子葉が地上部で開くことなく、長い間実生にくっついたままである（図4－16）。どのくらいの期間にわたりドングリから炭水化物が供給されるかは不明であるが、いずれにせよ当年生実生のときにはドングリから炭水化物がふんだんに供給される。そのため、葉の防御物質が多く食害を受けにくいうえ、たとえ同程度の食害を受けたとしても炭水化物資源が豊富なために死亡率が低い。環境条件の悪いところでも一年目の死亡率が低いことと、二年目以降はドングリからの炭水化物の供給がとだえることとが相乗的に働き、二年目以降は一年目よりも死亡率が高くなる。逆に、ブナの場合、当年生実生の初生葉では、窒素含有率が高いため食害を受けやすいことと、子葉が早い時期に落下するためドングリのような炭水化物源がなく、環境条件の良いところで発芽した実生しか一年目に生き残ることができない。そのため、二年目以降の死亡率は相対的に低くなるのだ。

4 樹冠内の食害の分布

4・1 高さと食害度の関係

話の順序が逆になってしまったが、実は実生の食害を調べるのにはあるきっかけがあった。私が農林水産省森林総合研究所（就職当時は、林業試験場）にいた一九八五年から九七年までの一三年間、五月の開葉期から一〇月末の落葉期まで、ほとんど毎週ブナ林に通っていた。その間、ずっと気にかかっていることがあった。樹冠のブナの葉は、ブナアオシャチホコが高い密度にならないと食害が目立たないのに、林床にあるブナの実生の葉は食害が非常に目立つのだ。いつかきちんと調べなければいけないなと思いながら、ずっと手つかずのままになっていた。一九九六年に、卒業論文研究を行うために森林総合研究所東北支所の昆虫研究室にやってきた長池君にこの疑問を話したところ、興味をもってくれて、長池君が調査をすることになったのだ。その時に立てた仮説は二つある。一つは、重力によって落下する昆虫が多いので低い部位の葉ほどたくさん食害されるのではないかということ。

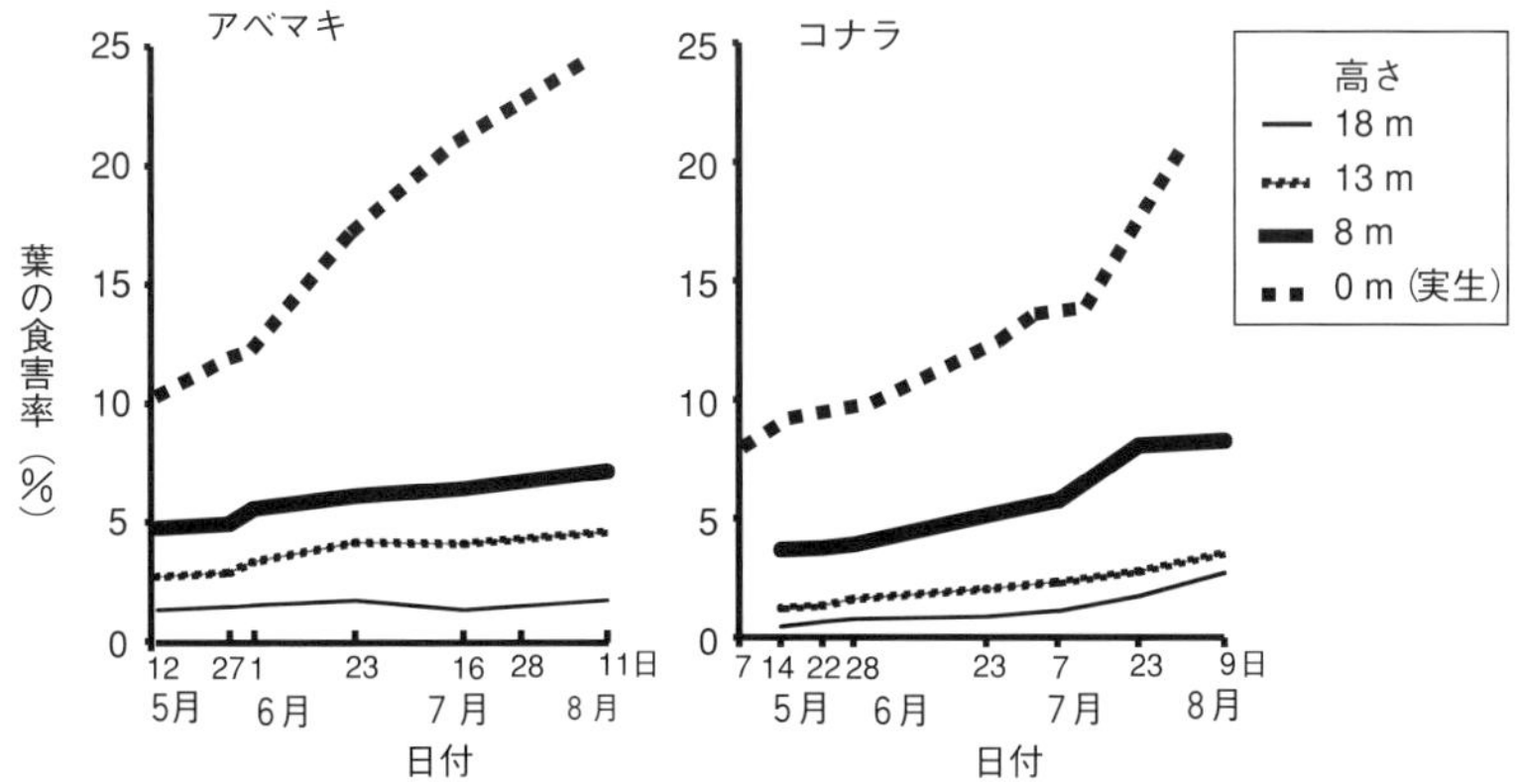
アベマキ
コナラ
葉の食害率（%）
0
5
10
15
20
25
12
27
1
23
16
28
11日
5月
6月
7月
8月
7
14
22
28
23
7
23
9日
日付
高さ
18 m
13 m
8 m
0 m（実生）

図 4-17　アベマキとコナラの葉の高さ別の食害率（Kamata *et al.*, 2001 を改変）

もう一つは、実生の葉が餌として優れているのではないかということであった。とりあえず、当年生実生と一年生以上の実生、樹冠層からも異なる二つの高さから葉のサンプリングを行い、被食度を調査した。前項で書いた内容と重複する部分もあるが、結果は次のようになった。高い位置ほど食害度が低く、地面に生える実生は樹冠層の葉よりも食害度が高かった。同じ高さにあっても、当年生実生のほうが一年生以上の実生よりも食害度が高くなった。その後、コナラ・アベマキ・ミズナラで同様の調査を行ったが、高い位置ほど食害が少ない点は共通していた。ブナの結果と違っていたのは、前項で述べた当年生実生と一年生以上の実生の関係だけである。つまり、ブナ・ミズナラ・コナラ・アベマキというブナ科四種では、樹冠の高い位置にある葉ほど食害を受けにくいことが明らかになった（図4－17）。

そこでいよいよ、葉の質なのか、重力なのかが知りたくなる。結論からいうと、どちらの要因も関係しているようである。京都大学の山崎理正さんの研究グループは、樹冠層のブナの葉に光量子センサーを取り付け、個葉ごとの日射量を測定するとともに、被食量と窒素含有率・総フェノール量を測定した。その結果、受光量が少ない葉ほど、窒素含有率が高く、総フェノール量が少なくなり、このような葉ほど、食害量が多かった。おおまかには葉の位置が低いものほど受光量が少ないため、葉の位置が低いものほど窒素含有率が高く総フェノール量も少なくなった。ブナでは、低い位置の葉ほど受光量が少なくて質が良いことと、重力によって幼虫が低い位置に多くなることの両方の要因によって、低い位置にある葉ほど食害を受けやすくなっていた。

4・2　ブナアオシャチホコの大発生とブナの葉の空間的異質性による防御の相互作用

実はブナにみられる葉の空間的異質性は、大発生種であるブナアオシャチホコの個体群動態にも密接に関係している。ブナアオシャチホコは、低密度時には餌としての質の良い陰葉を選択的に摂食しており、そのことが密度増加を促進する原因ともなっている（図4－18A）。しかし、密度が高くなるにつれだんだん高い位置にある防御的な葉を食べざるをえなくなる。大発生の前年に密度が相当高くなると、中低木は丸坊主になるが、高木の上部にある陽葉は食い残される現象もみられる。いよいよ大発生の年には、下の葉から食べつくされていき最終的には樹冠上部の陽葉も食べられてしまう（図4－18B）。ブナは陽葉と陰葉の性質の差が大きい。実際、ブナの陽葉は、誘導防御が起こった陰葉よりもはるかに質の悪い餌である。このように、樹冠下部には防御の弱い陰葉が、上部には防御の強い陽葉が分布するブナの葉の空間的な異質性が、ブナアオシャチホコの密度変動に対して「密度依存的な要因」として働いている。しかし、大発生の翌年には天敵の働きによってブナアオシャチホコ

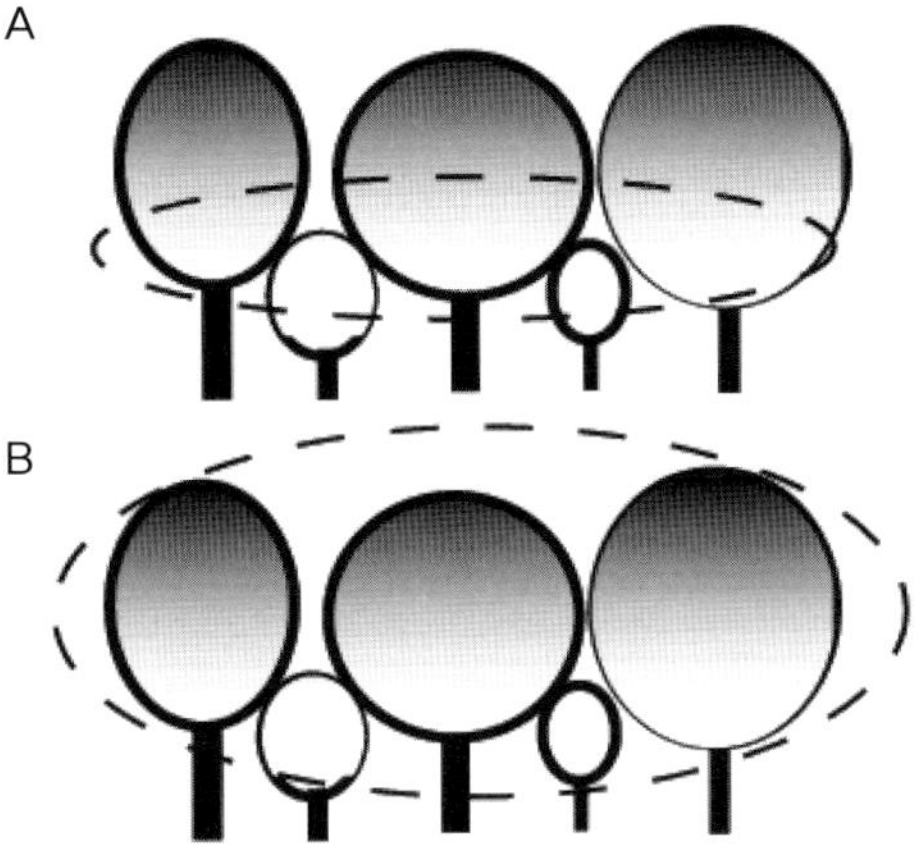
A
B

図 4-18　ブナアオシャチホコの大発生とブナの葉のブナの空間的異質性による防御の相互作用
Ａ：低密度時には質の良い低い位置の葉を食べることが密度増加を促進する
Ｂ：高密度になると質の悪い高い位置の葉も食べなければならなくなり、時間遅れのない密度効果として働く

の密度は大きく低下しており、樹冠上部の葉を食べなくてもすむ。したがって、時間遅れの誘導防御反応が強く現れる樹冠表面の陽葉は、天敵が働かない場合の保険の役割にすぎないのかもしれない。

4・3　樹冠の下層ほど食害が多いのは普遍的な現象か？

二〇〇四年に、北海道立林業試験場に客員研究員として滞在する機会があった。たまたま二〇〇三年から、ほぼ一〇年周期といわれるナミスジフユナミシャクが道内の各地で大発生していた。道立林試の大野泰之さん、ポスドクの松木佐和子さん（3章参照）から、「鎌田さん、ブナと違いますよ。」といわれて、被害地を見に行った。確かに、被害を受けているカバノキ科の樹木は、先端部や道路脇など、樹冠の表層部ほど強く食害を受けて

図 4-19　ナミスジフユナミシャクの幼虫(左)と先端部がひどく食害されるカンバ類(右)

いるのだ（図4－19）。ブナアオシャチホコの大発生のときにみられるのとは正反対の現象である。

遷移前期種のカバノキ類は、あまり強い陰を作らないため、陽葉と陰葉の差が小さいのかもしれない。また、ナミスジフユナミシャクの生態に関係しているのかもしれない。今後の興味深い課題である。

5章
種子食昆虫

図 5-1　ツキノワグマ

1　クマの異常出没と森の木の実

二〇〇四年の晩夏から秋にかけて、北陸地方ではツキノワグマが頻繁に人里へ出没して話題となった。私自身マスコミの取材を何回か受けたし、娘の幼稚園で見つかったクマの糞の鑑定もした。

クマが異常に出没した直接の原因は、ブナの実やドングリといった、クマの秋の餌が不足していたことにある。この点では、識者の認識は一致しているようである。林野庁の発表によると、二〇〇四年はブナ・ミズナラともに不作であり、その原因は、新記録を樹立するほど頻繁に上陸した台風ではないかと推測されている。これは、林野庁が各地の森林組合の組合員に「アンケート調査」を行ってとりまとめた結果に基づいて発表したものである。台風によって、成熟期を前に木の実が早期落下してしまったというのだ。本当にそうなのだろうか？

2　木の実の防御

植物の種子は、栄養に富んだ、植食者にとっては利用価値の高い資源である。しかし、植物にとっては子孫を残すための重要な器官であるため、他の器官と同じように、食害から守るためにさまざまな形の防御を行っている。よく知られているのが、アルカロイドなどの毒や、タンニンを主としたフェノール類などの摂食・消化阻害物質を使った化学的な防御である。また、刺や厚い種皮を発達させることによって、物理的に防御しているものもある。これらの物理的・化学的な防御にくわえ、梅や栗などの果樹でよく知られる豊凶現象も、種子食者から逃れるのに有利な戦略と考えられている。

3　マスティング

多年生植物の中には種子生産量に年次変動が大きい種があることはよく知られており、マスティング（masting）とか、mast seeding などとよばれている。もっとも典型的でよく知られているものに、タケ・ササ類があり、これらは、一生のうちに一度、一斉に開花して、結実すると枯死してしまう。

マスティングの原因（至近要因）としては、花芽形成期の気象条件が、開花数に直接影響をおよぼしているという仮説がある。しかし、この仮説に対しては、「環境の年次変動だけでは樹木の種子生産量の緩やかな変動は説明できても大きな年次変動を説明できない」、「環境の変動がマスティングの

図5-2　ササの結実

主要因であるならば、きわめて広い範囲で種子生産の年次変動は同調しなければならないのに、実際はあまり広い範囲では同調していない」とか「環境の変動がマスティングの主要因であるならば、異なる樹種間でも種子生産の年次変動は同調しなければならないのに、実際はそれほど同調していない」といった批判がある。もう一つ別の仮説は物質収支仮説とよばれるものである。これは、大量の種子生産によって枯渇した資源を樹木が回復するためには一定以上の期間が必要であり、そのために必要とされる資源量が種ごとに内在的に決まっているという仮説である。この仮説は、一つめの仮説の問題点をうまく説明することができる。

一方、捕食者飽食仮説は、究極要因の一つとして、いくつかの植物についてマスティングの進化的有利性を説明するもっとも有力な仮説になっている。この仮説は、「種子が非常に少ない年を作ることによって捕食者の密度を下げておき、翌年たくさんの種子を生産すると、捕食者の増加率が追いつかないために、捕食から逃れて健全な種子をたくさん残すことができる」というものである。

ブナやミズナラは、日本の冷温帯落葉広葉樹林の構成樹種の中

図 5-3　ブナの結実

でも、豊作と凶作の変動が激しい樹種である。ブナのマスティングに関するもっとも有力な究極要因は捕食者飽食仮説と考えられている。

4　ブナ

4・1　ブナの種子の豊凶と昆虫

一九八〇年代まで、「ブナの種子の豊凶は春に咲く花の数の変動による結果であり、樹上における散布前の昆虫の食害はほとんどない」と考えられていた。

ブナ種子の研究にブレークスルーをもたらしたのは、森林総合研究所東北支所の昆虫研究室で、私の上司であった五十嵐豊さんである。五十嵐さんは、シードトラップという布製のロートを、ブナ林の林床に開葉から落葉後まで設置して、落下した雌花や殻斗、種子などの雌花に由来する器官の落下原因を調べた。この方法では、種子の中絶（abortion）原因を定量的に調べることができるうえ、健全な充実種子の数を合計

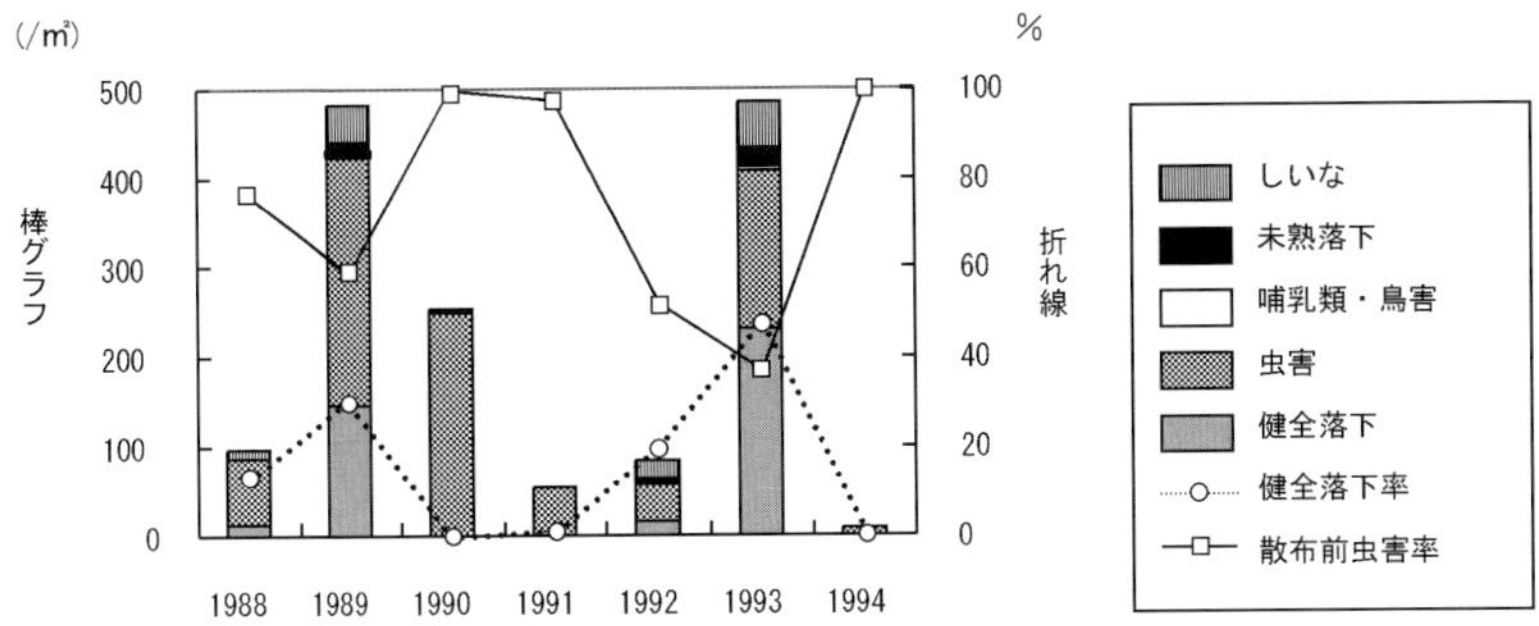
(/m²)
%
棒グラフ
折れ線
500
400
300
200
100
0
100
80
60
40
20
0
1988
1989
1990
1991
1992
1993
1994
しいな
未熟落下
哺乳類・鳥害
虫害
健全落下
健全落下率
散布前虫害率

図 5-4　ブナの開花数と原因別落下数の年次変動（鎌田、2001：佐藤宏明・山本智子・安田弘法編『群集生態学の現在』京都大学学術出版会より）
開花数が前年よりも急激に増加したときに、虫害から逃れて健全な種子が残っている（たとえば 1989、93 年）。逆に開花数が多くても、前年よりも開花数が減少年には、ほとんどが昆虫に食べられてしまい、健全な種子は残らない（たとえば 1990 年）。

して二で割り算することによって、春の開花数を推定することもできる。二で割るのは、通常は一つの雌花から二つの種子ができるためである。五十嵐さんは、一九八八年から、青森県の八甲田山と秋田・岩手両県にまたがる八幡平において、それぞれ七カ所の試験地で調査を始めた。この調査は、五十嵐さんが一九九六年三月に退職されたあと私が引き継ぎ、金沢に移る一九九七年まで一〇年間のデータを蓄積した。これとほぼ同時期に、北海道立林業試験場道南支場の八坂通泰さんの研究グループも、ほぼ同様の研究手法で、道南地方五カ所のブナ林で一九九〇年から調査を始め、こちらのほうは現在でも継続されている。

ブナの場合、もっとも重要な中絶原因は虫害であり、しいなや未熟落下が続く（図5－4）。開花数が前の年よりも減少した場合には、ほとんどが昆虫に食害されてしまい、健全な種子を残すことができない。しかし、前の年に比べて開花数が増えると、虫害率が下がって健全な種子が残ることがわかる。この結果は捕食者飽食仮説を支持するものである。このように、絶対的な開花数ではなく、前の年に比べて開花数が増えたのか減ったのかという相対値が、秋に落下する健全な種子の数を決めるうえで重要であった。もっともわかりやすい例は、図5－4の一九九〇年と九二年の結果である。九〇年には、開花数は九二年よりも二倍以上多かったのにもかかわらず、ほとんどすべてが虫害で落下した。これは前年に比べ開花数が減少したからである。逆に九二年には、開花数そのものは少なかったが、前年よりも開花数が増加したため、わずかながら健全な充実種子が落下した。

もし、ブナが毎年同じ量の種子を生産したならば、きっと昆虫によってほとんどの種子が食害されてしまい、健全な種子を残すことはできないだろう。このように、開花数が少ない年に昆虫の密度を減らしておき、翌年に開花数を突然増やすことによって、ブナは虫害から逃れて健全な充実種子を残している。

4・2　ブナの種子食性昆虫群集

次には、種子のように有限で変動が激しく予測困難な資源を、複数の昆虫がどのように利用しながら共存しているのかという疑問がわいてくる。開花数の少ない年には虫害率がほぼ一〇〇パーセントに達するので、資源をめぐる激しい競争が生じていることは容易に想像がつく。ブナの種子食性昆虫群集の共存機構について、生活史の違いとニッチ分割、これらに働くトレードオフの観点から調べてみた。

樹上の種子をサンプリングして種子食昆虫を飼育することによって、加害種と加害特性が明らかに

表 5-1　ブナの種子を食害する昆虫（Igarashi and Kamata, 1996 を改変）

鱗翅目	
ハマキガ科	
	オオギンスジアカハマキ、アカネハマキ、ホノホハマキ、ニセウスギンスギハマキ、ギンスジカバハマキ、クロモンミズアオヒメハマキ、ツヤスジハマキ、ブナヒメシンクイ、未同定種１種
シャクガ科	
	ナナスジナミシャク、クロテンフユシャク、ナミスジフユナミシャク、ヒメクロオビフユナミシャク、クロスジフユエダシャク、チャバネフユエダシャク、カバエダシャク
ヤガ科	
	ヤマノモンキリガ、ノコメトガリキリバ、アオバハガタヨトウ、フタスジキリガ、ヒメギンガ、ウラギンガ、チャイロキリガ
クチブサガ科	
	コナラクチブサガ、ウスイロクチブサガ
メムシガ科	
	ブナメムシガ（仮称＊）
キバガ科	
	ミツコブキバガ、ブナキバガ（仮称＊）
ハエ目	
タマバエ科	
	未同定種　１種

下線は、ブナの種子のスペシャリストを示す

なりつつあり、現在までにブナの種子を食べる昆虫が二七種記録されている（口絵写真、表５－１）。加害量からみると、ブナヒメシンクイ（*Pseudopammene fagivora*）、メムシガ科の一種（*Argyresthia* sp.）（仮称「ブナメムシガ」（五十嵐、一九九六））、ナナスジナミシャク（*Venusia phasma*）の三種で虫害の九割以上を占める。なかでもブナヒメシンクイは一番多く、年や場所によっても差があるが、虫害の五～八割を占める。どうしてブナヒメシンクイが優占することができるのだろうか？　また、なぜ、他の種子食者はブナヒメシンクイによって完全に排除されないのだろうか？

　種子は秋に落下するため、種子食性昆虫群集は毎年秋に必ずリセットがかかる。そのため、毎年春になってブナが開花すると、構成種によって「椅子取り競争」が繰り広げられ

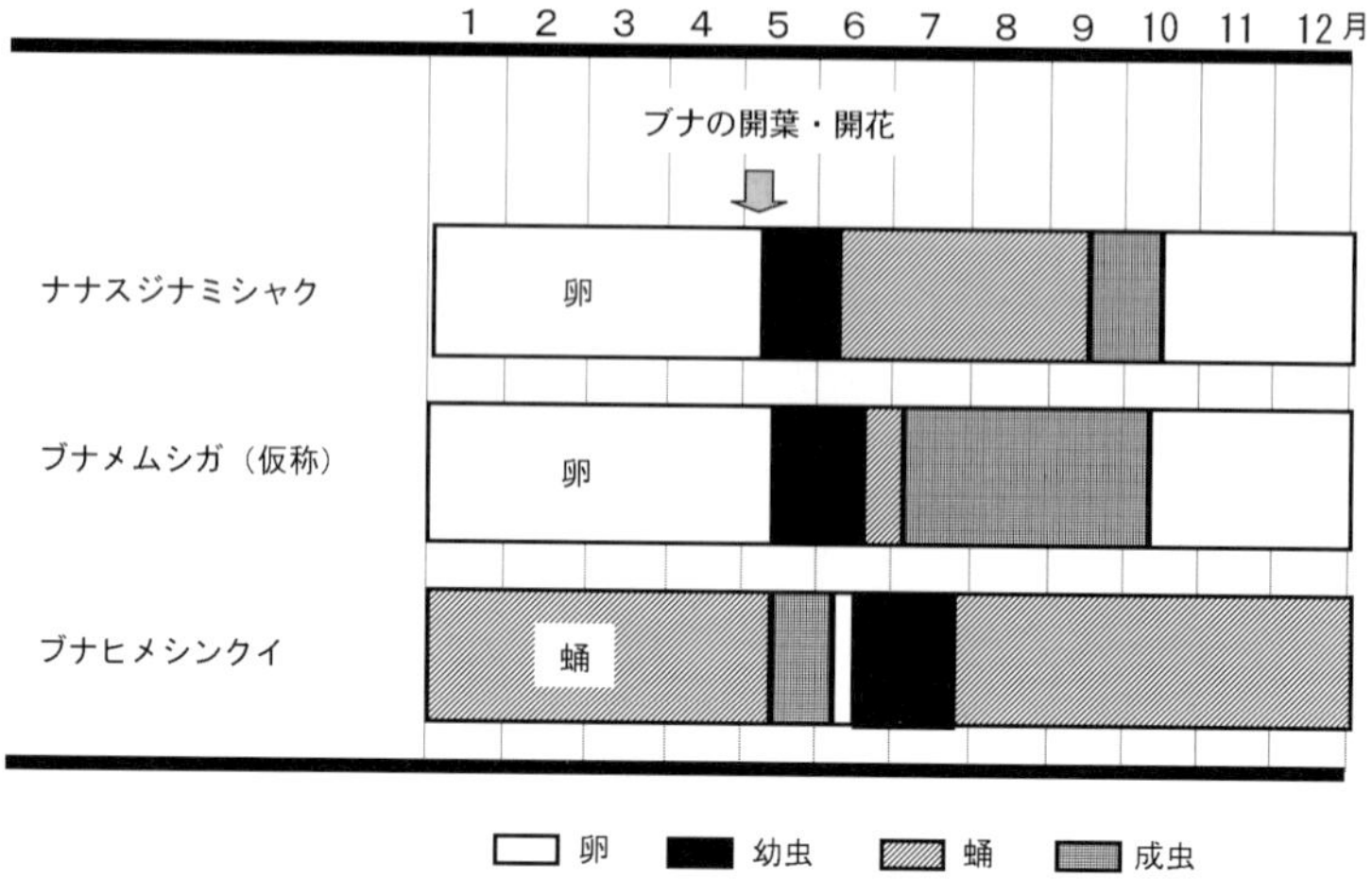
1 2 3 4 5 6 7 8 9 10 11 12月
ブナの開葉・開花
ナナスジナミシャク
卵
ブナメムシガ（仮称）
卵
ブナヒメシンクイ
蛹
卵
幼虫
蛹
成虫

図 5-5　ブナを加害する主要昆虫 3 種の生活史パターン
ナナスジナミシャクとブナメムシガは卵越冬のため、幼虫が雌花や殻斗を探さなければならない。ブナヒメシンクイは蛹越冬であるため、幼虫の食害時期は遅いが、成虫が殻斗を探して殻斗の表皮に産卵する。

る。ブナ同様、種子食性昆虫群集の詳細な研究が進んでいるコナラ・アベマキでは、もっとも早い時期に堅果を利用する種（アベマキではネスジキノカワガ、コナラではタマバチ科の一種）がそれぞれの群集の優占種となっている。しかし、ブナでは、もっとも早い時期に利用する種が群集の優占種にならない。ブナの種子食性昆虫の生活史を図5‐5に示した。主要昆虫三種の中ではナナスジナミシャクがもっとも早い時期に加害する。次はブナメムシガである。ブナヒメシンクイよりも早い時期に加害できるこれらの種は、なぜ優占種にならないのだろうか？

ナナスジナミシャクもブナメムシガも、卵で越冬して、春に卵から孵化した幼虫が食害を開始する。これら二種の成虫は夏から秋に出現して産卵するが、産卵時期には翌年の花芽を判別することができないために、花芽への産卵はランダムに行われているにすぎない。しかも、ナナスジナミシャクは、もともとは葉食性昆虫でもあり、ブナの葉だけを食べても発育できる。したがって、ナナスジナミシャクの個体数は、ブナの開花数にあまり影響されない。それに対して、種子食スペシャリストであるブナメムシガはブナの種子を摂食しなければ発育できないため、開花数が少ない年には個体数が大きく減少する。また、幼虫が自力でブナの雌花（あるいは殻斗）を探して食入しなければならないために、孵化から食入までの間の死亡率も高いものと推測される。

ナナスジナミシャク型の昆虫、すなわち、卵越冬の葉食性昆虫のうち機会的に雌花や種子を加害するものには、シャクガ科六種、ヤガ科七種、ハマキガ科八種、クチブサガ科二種がいる。滋賀県農業試験場の寺本憲之さんは、文献資料からブナの葉食性昆虫として一〇五種を、私と五十嵐さんは採集と飼育によって六九種を記録している。両者で多くが重複しているので、現時点で報告されているブナの葉食性昆虫は一四三種である。葉食性昆虫に多くの種類がいるのに、種子への食害が春先の短い時期に限られているのは、ほとんどの葉食性昆虫は、成長して堅くなった殻斗を摂食して殻斗内に穿入することができないためではないかと推測される。ブナメムシガ型、すなわち、ブナ種子のスペシャリストと考えられている卵越冬型の昆虫は、ブナメムシガのほかにミツコブキバガ（キバガ科）とクロモンミズアオヒメハマキ（ハマキガ科）の二種がいる。

ブナヒメシンクイは、蛹が土の中で越冬する。雪が解けて地表が露出してから、成虫が羽化して産卵する。そのため、ブナヒメシンクイ幼虫の食害時期は遅く、雪の多い東北北部では六月中旬から七月下旬である。摂食開始時期が遅いことはブナヒメシンクイにとって不利に働くが、芽が開いたあとに成虫が羽化するために、高い移動能力をもつ成虫が雌花や殻斗を探索して産卵することが可能で、卵の「むだ撃ち」が少ない。そのため、雌花の生産数が少ない年には、数少ない種子をほとんどあますことなく利用することができるし、種子生産の多い年には、重複産卵を避けることによって可能な限りたくさんの殻斗に加害することができる。これらの結果、ブナヒメシンクイは、ブナの開花数の変動に追随することができる。ブナヒメシンクイの蔵卵数は少なく見積もって一六〇と推定されている。蛹で越冬し、移動能力の高い成虫が雌花や殻斗を探索して産卵する生活史特性をもつブナ種子食スペシャリストの中で、もっとも早い時期に幼虫が摂食すること、成虫の産卵数が多いためにブナの開花数の変動に追随できることが、ブナヒメシンクイがブナ種子食性昆虫群集の中で優占できる理由である。

ブナの種子を食べる昆虫の中で、蛹で越冬する種はブナヒメシンクイ以外にも四種いる。そのうち、チャイロキリガはブナヒメシンクイの幼虫よりも早い時期に摂食するが、もともとが葉食性昆虫であるため、種子食性昆虫群集の中で主要種にはなっていない。

蛹越冬する昆虫の残り三種は、すべてブナ種子のスペシャリストと推測されるが、ブナヒメシンクイよりも遅い時期に摂食を開始するため、ブナヒメシンクイの食べ残ししか利用することができない。したがって、とくに凶作年にはこれらの種が利用できる資源はほとんど残っていないため、凶作年に個体群が絶滅してしまう危険にさらされている。そこで、これらの昆虫は、長期休眠する性質を獲得し、二股かけ戦略（bed-hedging）によってこの問題に対処している。すなわち、蛹のステージで一年以上の長期間休眠するのである。同じ条件で育てたコホートの中に、翌年羽化するものと、二年後、三年後に羽化する個体が混在し、羽化年を個体によってばらつかせることによって個体群が絶滅することを回避している。

これまでの情報を整理すると、ブナの種子を食害する昆虫は、時間ニッチを分割して共存している。早い時期に加害することのメリットは、

① 資源を優先的に利用できること。

② 堅い殻斗や種皮に穿入する必要がないこと。

であり、遅い時期に加害することのメリットは、

① 移動性の高い成虫が雌花や殻斗を探して産卵することができること。

② 栄養的に優れた餌を摂食することができること。

である。これらの間には複雑なトレードオフの関係が認められる。また、一部のスペシャリスト種を除くと、葉を食べることによって絶滅のリスクから回避している。いや、機会的に雌花由来器官を利用しているといったほうが適切かもしれない。二七種の昆虫はそれぞれにメリットの違う「空いたニッチ」を利用して共存している。

4・3　空間的な同調性と豊凶

図5-6は北海道立林業試験場の八坂通泰さんの研究グループが、北海道道南地方五カ所における総種子数と落下原因を調べた結果である。開花数（総種子数の二分の一）に注目すると、道南地方という限られた範囲の中でも、地域間でそれほど同調していないことがわかる。また、乙部

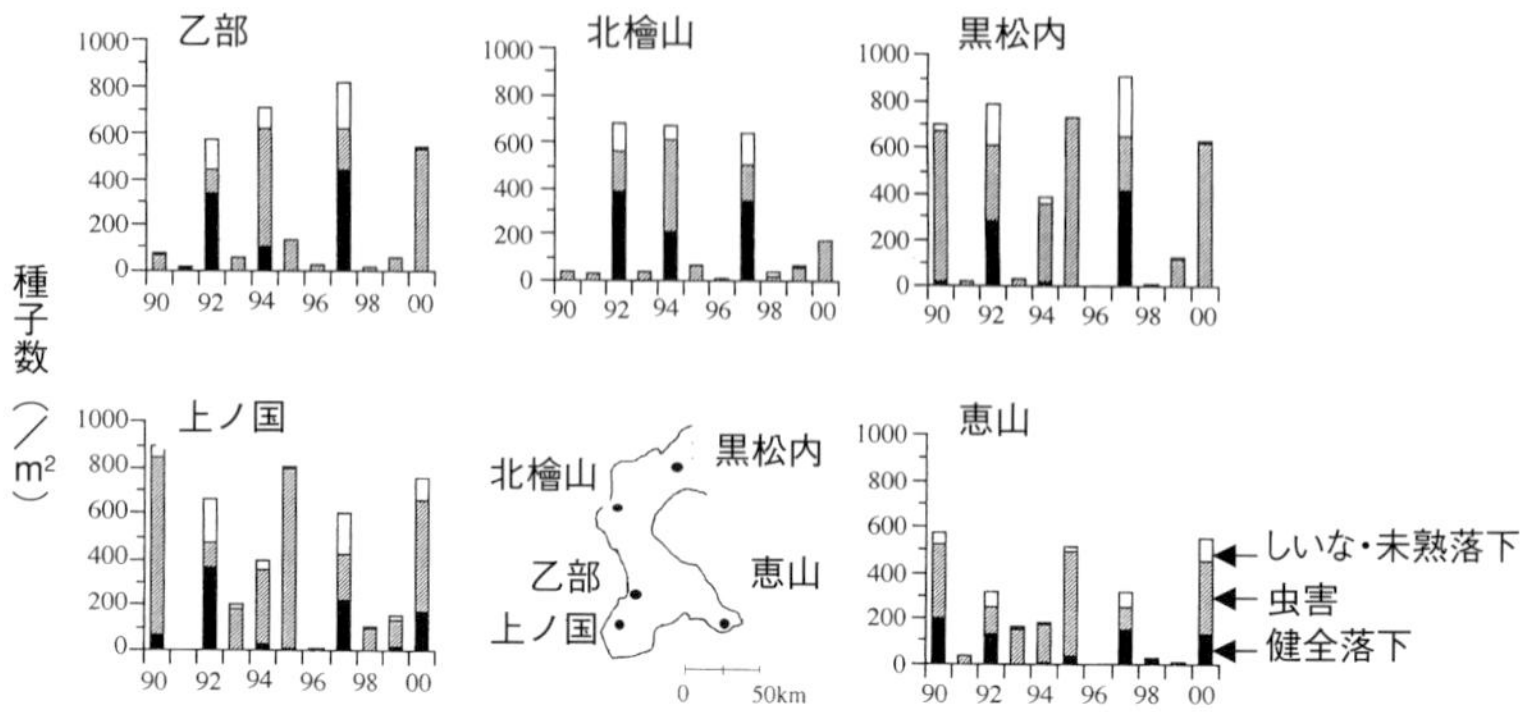

乙部
北檜山
黒松内
上ノ国
恵山
種子数（／m²）
しいな・未熟落下
虫害
健全落下
0
50km

図 5-6　北海道道南地方のブナ林 5 カ所におけるブナの開花数と結実数の年変動（Yasaka *et al.*, 2003 を改変）
1992、94、97 年が豊作であること、1991、93、96 年が不作であることを除くと、それ以外の年では、地域間であまり同調していない。

と北檜山では開花数が少ない年と多い年に二極化しているのに対し、その他の地域では中間的な開花数の年がたくさん現れている。一方、健全な充実種子数について調べると、一九九二年と九七年が豊作だったことと、一九九一、九三、九六、九八、九九年が凶作だったことが全域で共通していて、開花数に比べると同調性が高い。また、中間的な開花数がみられた地域でも、健全な充実種子数は豊作年と凶作年に二極化している。このように、昆虫の食害は、秋に落下する充実種子の地域間の同調性を高め、豊作と凶作に二極化する役割を果たしている。まったく同じ現象が、八甲田山と八幡平でも確認されている。

　ブナの種子は、ネズミやクマなどの哺乳類にとって重要な餌となっている。新潟大学の箕口秀夫さんは、ブナの種子が豊作の翌年には、森林棲息性のアカネズミやヒメネズミの個体数が大きく増加することを明らかにした。しかし、豊作年が続くことは稀であるため（図5-4と6を参照）、次の豊作年がくるころにはネズミの個体数は減少している。したがって、豊作年には、ネズミが種子を運搬して貯食するが、数年続いた凶作の結果、ネズミの密度は低く抑えられているために、食い残しが生じ、ブナの種子は無事発芽に成功することになる。

散布前の昆虫の食害は種子の生存に密接に関係する死亡要因であり、ブナの作り出す開花数の年次変動は、捕食者飽食仮説の観点から散布前の昆虫の食害に対して有効に作用している。同時に、昆虫の食害によって作り出された健全な充実種子の二極化した豊凶パターンやより広い範囲での同調性は、捕食者飽食仮説の観点からみると、ネズミなど散布後の捕食者からエスケープするのにより有利に働くものと考えられる。「昨日の敵は、今日の友」という諺がある。散布前の昆虫の食害は、それのみに注目すると「敵」に違いない。でも、そのおかげで散布後の捕食者から逃れることができてより多くの子孫を残しているとすれば、「ブナの開花－散布前の昆虫の食害－健全種子の散布－散布後の食害－発芽」に関係している植食者とブナの一連の相互作用は、進化生態学的にきわめて適応的かつ安定的にみえる。

5　コナラ属三種の種子生産と昆虫の相互作用

5・1　コナラ・アベマキ

コナラ（*Quercus serrata*）とアベマキ（*Quercus valiabilis*）は、ともにブナ科コナラ属の落葉性高木で、同所的に生育することが多い。日本では二次林的な環境に生育することが多いが、朝鮮半島では両者が極相を形成する。系統分類学的に両種はそれぞれが異なる節（section）に属しているが、二つの節の大きな違いは、開花から受精までの期間にある。すなわち、アベマキが属するクヌギ節では、受粉後まもなく堅果の発育が停止し、受精は二年目の春に行われ二年目の年の秋に堅果が成熟するのに対し、コナラが属するコナラ節では、受粉後すぐに受精が行われ、その年の秋に堅果が成熟する。

名古屋大学の大学院生だった福本浩士さん（現、三重県科学技術振興センター）が行ったコナラとアベマキの種子食性昆虫群集の研究を紹介しよう。

コナラとアベマキで、ギルド構成種の共通性と異質性を整理すると次のようになる。両種ともに加害するのは、鞘翅目のクリシギゾウムシ（*Curculio sikkimensis*）、鱗翅目のサンカクモンヒメハマキ（*Cydia glandicolana*）の二種である（表5－2）。アベマキのみに加害するのが、クヌギシギゾウムシ、シギゾウムシの未同定種（以上、鞘翅目）、ネモロウサヒメハマキ、ネスジキノカワガ（以上、鱗翅目）、コナラのみに加害するのが、タマバチの一種（膜翅目）、ハイイロチョッキリ（鞘翅目）、ヨツメヒメハマキ（鱗翅目）、キバガ科の未同定種（鱗翅目）である。

福本さんはこれらの昆虫を三つのギルドに分けた。雌花食ギルド（Pistillate flower-feeding guild：以下ＰＦＦ）、未熟堅果食ギルド（Immature acorn-feeding guild：以下ＩＡＦ）、成熟堅果食ギルド（Mature acorn-feeding guild：以下ＭＡＦ）である。コナラではこれら三つのギルドがみられるが、アベマキではＰＦＦはみられなかった。アベマキでＰＦＦが欠落している原因は、結実に二年を要するという繁殖特性に関係があるものと福本さんは推測している。アベマキでは、ＩＡＦに

表5-2　アベマキとコナラの種子食性昆虫群集を加害ステージで分けたギルドの構成種（福本、2000より作成）

<table>
<tr><th></th><th>アベマキ</th><th>コナラ</th></tr>
<tr><td>雌花食ギルド（PFFギルド）</td><td>不明</td><td>タマバチの一種</td></tr>
<tr><td>未熟堅果食ギルド（IAFギルド）</td><td>ネモロウサヒメハマキ
ネスジキノカワガ
クリノミキクイムシ
ゾウムシ科の未同定種</td><td>ハイイロチョッキリ</td></tr>
<tr><td>成熟堅果食ギルド（MAFギルド）</td><td colspan="2">クリシギゾウムシ
サンカクモンヒメハマキ</td></tr>
<tr><td></td><td>クヌギシギゾウムシ
クリノミキクイムシ*</td><td>ハイイロチョッキリ
クリノミキクイムシ*
ヨツメヒメハマキ
キバガ科の未同定種</td></tr>
</table>

注：ゴシック体は、アベマキとコナラに共通の加害種であることを示す
＊：福本浩士氏の私信による

分類されたのが四種、ＭＡＦも四種である。コナラでは、ＩＡＦが一種、ＭＡＦが六種である。

コナラ・アベマキともに、もっとも早い時期に加害する種が、群集を規定するうえで重要な役割を果たしている。つまり、コナラでは、ＰＦＦに属するタマバチの多少によって、その後に加害するＩＡＦやＭＡＦが強く影響される。アベマキではＰＦＦが欠如しているため、ＩＡＦギルドの中でもっとも早い時期に摂食するネスギキノカワガが優占種となる。

アベマキでは、ブナと同じく、昆虫による食害がもっとも重要な種子の中絶原因となっていた。とくに、ＭＡＦの昆虫による食害は、種子発育の最終段階に加害するため、絶対数こそ少ないものの、健全種子数に強く影響する。しかしコナラでは、雌花の発育不全が雌繁殖器官数を大きく減少させ、かつ健全種子の変動主要因として作用していた。このように、アベマキでは種子食昆虫による摂食が散布前の

表5-3　ミズナラの種子食性昆虫群集を加害ステージで分けたギルドの構成種（福本、2000の区分にしたがい、前藤、1993より筆者が作成）

	ミズナラ
雌花食ギルド（PFFギルド）	不明
未熟堅果食ギルド（IAFギルド）	不明*
成熟堅果食ギルド（MAFギルド）	クリシギゾウムシ
	クロシギゾウムシ
	コナラシギゾウムシ
	ヨツメヒメハマキ
	ネモロウサヒメハマキ*
	サンカクモンヒメハマキ
散布後堅果食	クロサンカクモンヒメハマキ

*：ネモロウサヒメハマキは、芽も含めて比較的未熟な堅果をわたり歩いて加害するのではないかと推測されている。シードトラップではほとんどとらえられないのに、樹冠で採取すると食害率が高い。実態がまだよくわかっていないためMAFギルドに含めたが、IAFギルドである可能性が高い。（前藤 薫私信による）

繁殖器官の生存や樹木個体間変異に強い負の影響を与えるに対して、コナラでは種子食性昆虫の影響はそれほど強くは作用していないものと考えられている。

5・2　ミズナラ

ミズナラの種子食性昆虫について、森林総合研究所北海道支所の前藤薫さん（現、神戸大学）のグループが行った研究は非常に興味深い。

ミズナラの種子食性昆虫としては、七種の昆虫が記録されている。前藤（一九九三）の記載に基づいて、前述の福本のギルド区分にしたがって、筆者が分類したのが表5－3である。クリシギゾウムシとサンカクモンヒメハマキ（図5－7）は、コナラ、アベマキ、ミズナラという三種のコナラ属に共通なMAFの構成種となっている。

ミズナラの場合、散布前の虫害率は三二〜八四パーセントを占めており、樹上での堅果の生存を決める重要な要因として働いていた。

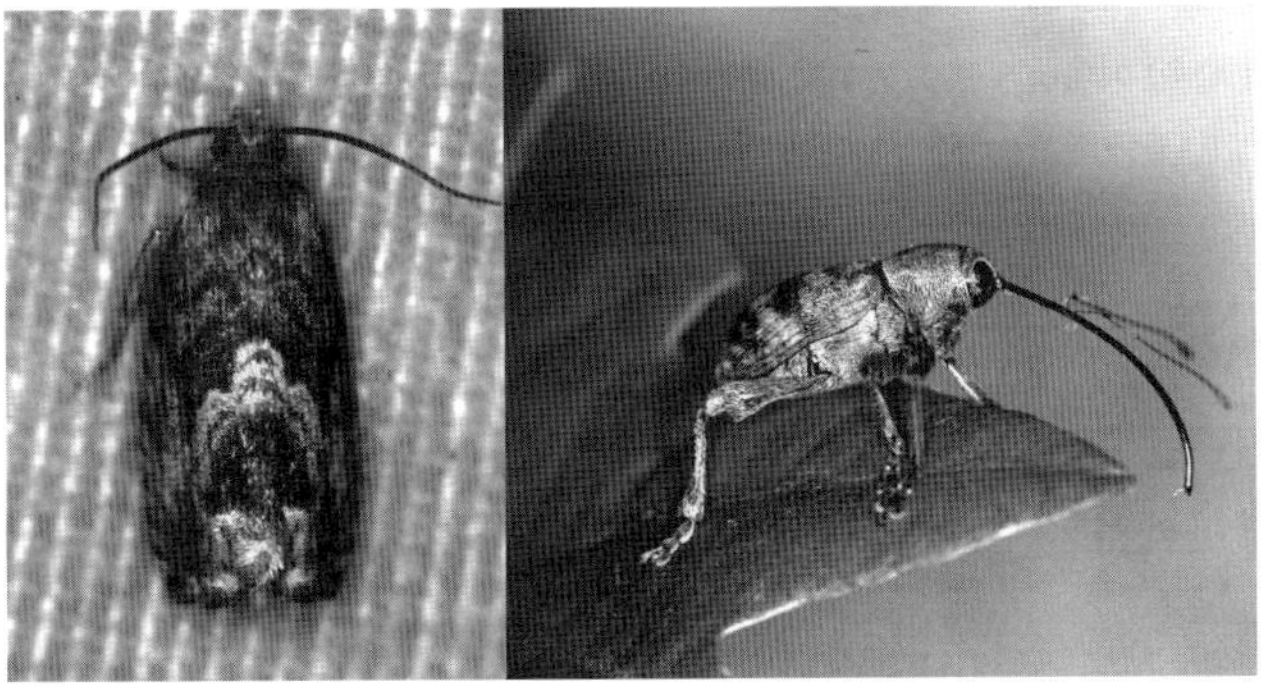
図 5-7　サンカクモンヒメハマキ（左）とクリシギゾウムシ（右）（前藤 薫氏 撮影）

ところが、一九九〇年から二〇〇〇年までの一一年間のデータを解析した結果、ブナとは異なるパターンが認められた。まず、開花数の変動は、一九九〇から九四年までは一年ごとに開花数が増減を繰り返すパターンを示したのに対し、一九九四年以降は緩やかに変動するパターンに変わった（図５‐８）。ブナの場合は、年によって大きく開花数を増減させたほうが、虫害から逃れて健全な種子が残りやすいことが示唆されている。したがって、ミズナラにもブナと同じメカニズムが働いているとすると、九五年以降よりも九四年までのほうが健全種子がたくさん残ることが予想される。しかし、おもしろいことに、ミズナラでは九四年までの隔年大量開花よりも、それ以降のように緩やかに開花数を変化させたほうが虫害から逃れることができたのである。これは、主要な種子食者であるゾウムシ類が、一年休眠して二年後に羽化する生活史パターンをもっていることが原因であることを、前藤さんたちは発見した。すなわち、これらの昆虫は、幼虫が摂食した翌年に羽化する個体はまったくみられず、大部分の個体が二年後に羽化した。一部の個体は三年後もしくは四年後にも羽化した。寄主植物の開花数が一年ごとに増減を繰り返したほうが、こ

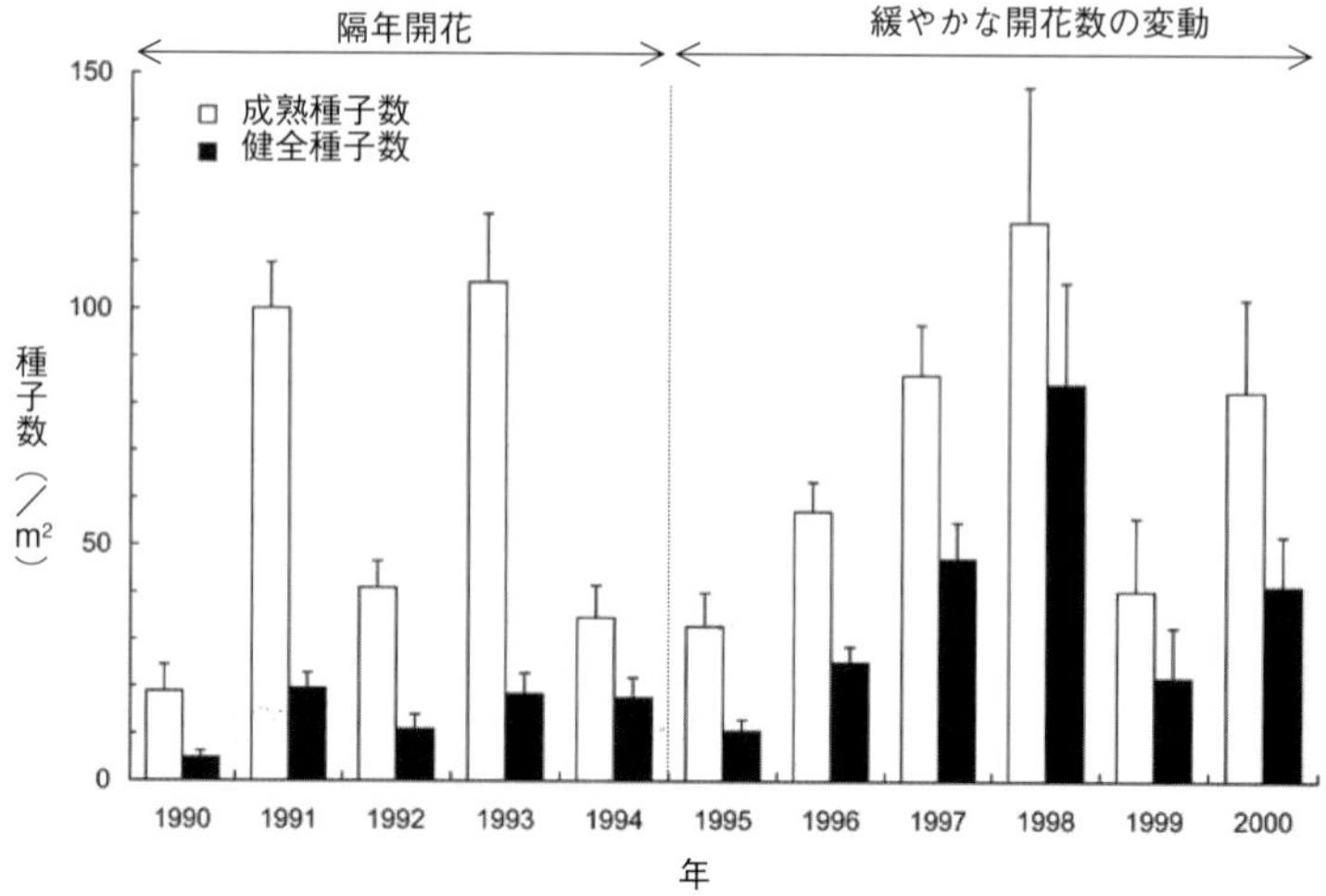
隔年開花
緩やかな開花数の変動
150
100
50
0
成熟種子数
健全種子数
種子数（／m²）
1990
1991
1992
1993
1994
1995
1996
1997
1998
1999
2000
年

図 5-8　ミズナラの成熟種子数と健全種子数の年次変動（Maeto and Ozaki, 2003 を改変）1994 年までは 1 年間隔で開花数が多い年がくる隔年開花のパターン。1995 年以降は漸進的に開花数が増加した。秋に残った健全種子数は、1995 年以降のほうが多い。

れらの昆虫にとって都合が良いことは一目瞭然である。実際、隔年ごとに大量開花していた奇数年には、ゾウムシの個体群密度が非常に高くなっていた。

ゾウムシにとってみれば、長期休眠は変動性の大きい資源を利用する際に、個体群の絶滅リスクを分散するうえできわめて有効な手段である。実際に種子食性昆虫の中には、長期休眠によって同じコホートの個体間で羽化年をばらつかせることがしばしば認められている。

5・3　ドングリの防御と虫害種子の発芽能力

ブナの種子は植食者に対する化学的防御をほとんど行っていないが、コナラ属の作るドングリには多量のタンニンが含まれている。コナラ、ミズナラなどの堅果では、その量は乾重比にして三〜九パーセントにもなり、哺乳類では消化管への損傷や消化阻害作用を引き起こすこともあるという。そのため、野ネズミなどの哺乳類では、タンニン結合性唾液蛋白質を唾液中に分泌して、口腔でタンニンに結合させ、タンニンの活動を阻害することによって無害化する機能をもっている。同じように、種子食昆虫と植物の間でも、知恵比べが繰り広げられている。

コナラ属の堅果は地下子葉性であり、堅果の先端部にある胚軸と幼根さえ無事であれば、堅果のほかの部分が食害を受けても発芽することができる（図5-9）。そこで、コナラ属の植物では堅果の先端部にタンニンをたくさん含ませることによって、昆虫には堅果の基部（蔕のあるほう）から食害してもらうようにしている。堅果内のタンニン濃度の勾配に適応して、シギゾウムシの成虫は、堅果の基部に産卵する性質をもっている。ミズナラでは、シギゾウムシ類が食害した堅果の三〜四割程度が、サンカクモンヒメハマキが食害した堅果の一〜二割程度が、健全な上胚軸をもっていたという。これは、シギゾウムシ類の産卵が堅果の基部に偏っているため、孵化した幼虫が基部のほうから食害を始めることに関係していている。このように、ミズナラは堅果の中で量的な防御物質の濃度勾配をつけることによって、昆虫に適当に食わせておきながら、できるだけ肝心な部分は守るように上手に防御しており、対する昆虫も濃度の高い部分を避けるように適応している。

6　再びクマの問題へ

ここで再び、この章の最初にふれたクマの餌の問題に戻ろう。ブナもミズナラも、種子の発達過程

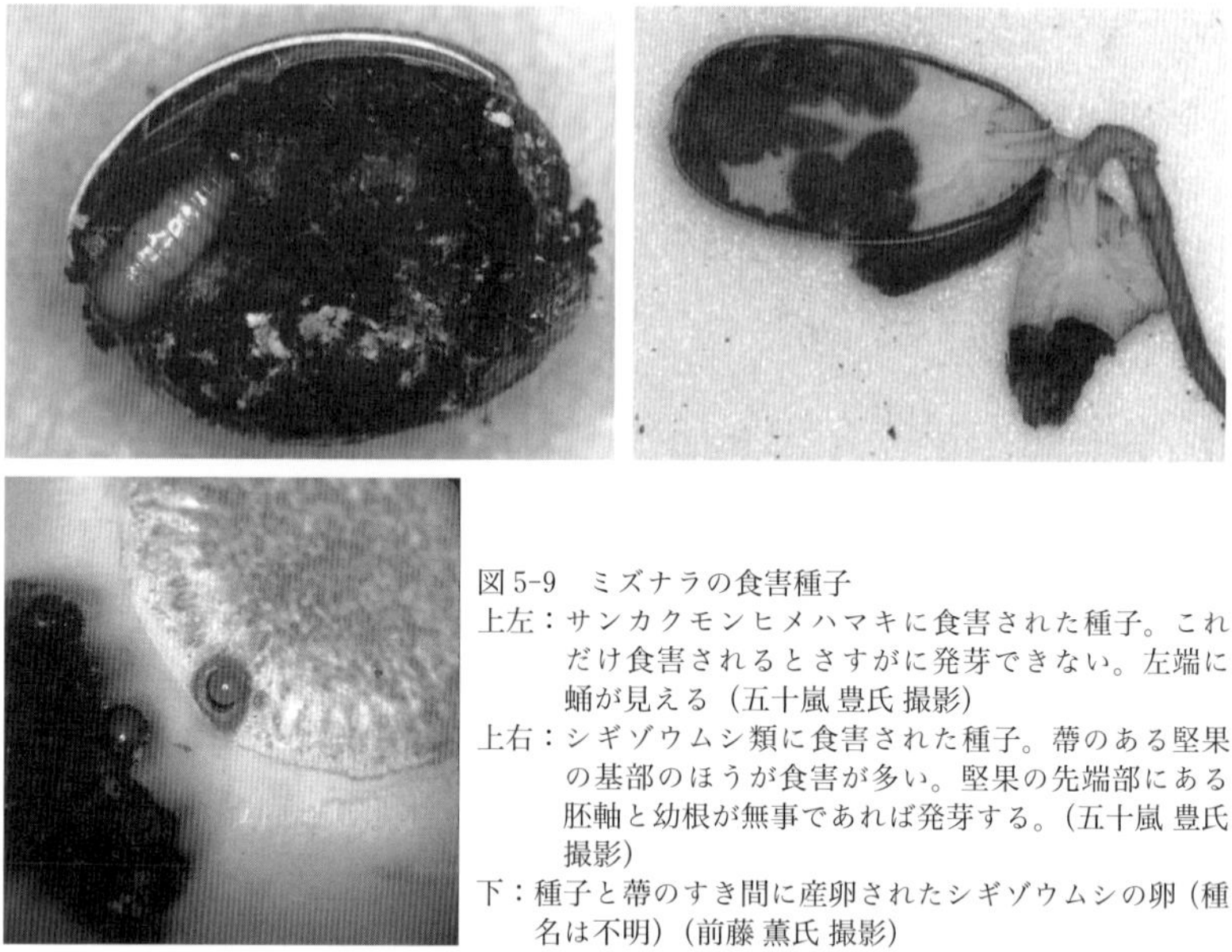

図5-9　ミズナラの食害種子
上左：サンカクモンヒメハマキに食害された種子。これだけ食害されるとさすがに発芽できない。左端に蛹が見える（五十嵐 豊氏 撮影）
上右：シギゾウムシ類に食害された種子。帯のある堅果の基部のほうが食害が多い。堅果の先端部にある胚軸と幼根が無事であれば発芽する。（五十嵐 豊氏 撮影）
下：種子と帯のすき間に産卵されたシギゾウムシの卵（種名は不明）（前藤 薫氏 撮影）

で昆虫の強い食害にさらされていることはおわかりいただけただろう。とくに開花数が少ない年には、ほとんどの種子が昆虫によって食害されてしまい早い時期に落ちてしまう。台風などによって強風が吹くと、虫害種子が多量に落ちる。これは、昆虫に食害され発芽の見込みのない種子に養分をまわしてもしょうがないため、植物が離層を作って殻斗ごと中絶するためである。それに対して、健全に発達している種子は離層が発達しないため、風が吹いても簡単には落下しない。落ちる場合には、当年枝やもっと太い枝ごと落ちる場合が多い。林野庁のアンケート調査の対象は森林組合員であったが、ブナやミズナラ種子が早期に落下する原因のほとんどが虫害による中絶であることを知っている森林組合員がどのくらいいたのかは知るよしもない。種子が少ない原因を台風のせいにするためには、台風によって落下した種子が昆虫に食害されていなかったこと、すなわち、台風がなければ健全な充実種子に育つはずのものだったのかどうかを確認する必要がある。

私は、石川県にきてから、石川県林業試験場の小谷二郎さんと一緒に、石川県の九カ所でブナ種子の調査を始めた。八甲田山や八幡平で行ってきた調査と同じ方法で、開花期から落葉後までシードトラップを設置しているため、開花数や落下原因を比較することができる。ところが、能登半島の孤立化したブナ林はむろんのこと、白山周辺のブナ林でさえも一度も豊作がない。小谷さんによれば、前回の豊作が一九九五年だったというから、丸々九年の間まったく豊作がなかったことになる。「ブナの豊作は三〜七年に一度」といわれてきた経験則と比較しても異常にみえる。開花数を詳しく調べるとその異常さに気がついた。開花数が少ないわけではない。それなのに健全な充実種子が秋まで残らないのだ。私たちが出した結論は単純なものだ。開花数の変動が緩やかなため、昆虫の食害から逃れることができないのだ。

なぜ、開花数の変動が緩やかなのか？　この問題については、これから明らかにしていきたいと考えているが、現時点での仮説を紹介しよう。

森林総合研究所関西支所の井鷺裕司さん（現、京都大学）は、樹木の豊凶に関して物質収支仮説の優れたモデルを考えた。このモデルからの予測によると、開花コスト（分母：F）と結実コスト（分子：S）の比（以後、SF比）が大きいほど、開花数の年次変動が大きくなるという。能登半島のブナ林ではシイナの割合が高い。シイナは結実コストがあまりかからないので、SF比が小さくなり、その結果開花数の変動が小さいという仮説である。シイナが多い原因は、ブナ林の孤立化が進行して遺伝的多様性が低下したことに起因する、自家不和合性と近交弱勢の結果と考えらえる。しかし、白山系のブナ林ではブナの大きな集団が存在しているため、それほどシイナは多くない。それにもかかわらず変動が緩やかであるのは、別の理由があると考えたほうがよい。もう一つの仮説は、一九八〇年代後半以降顕著になった温暖化によって、光合成の余剰生産物量が増えたために、繁殖にまわす余剰生産物の増加に伴い開花量が増えたのではないかという仮説である。

日本海側の地方で問題になっているナラ枯れ（7章5参照）も、長期的にはクマの餌資源を減らす原因として重要だろう。なぜなら、林分にナラ枯れが発生するようになると、五・六年で半分以上のミズナラが枯れてしまうからである。被害がひどい林分ではミズナラの枯死率は七・八割におよぶ。仮に半分のミズナラが枯れるとすれば、たとえ一本一本の木が豊作でも地域全体の種子生産量は半分になってしまう。

近年、人里に現れるクマが増えたため、単純にクマの個体数が増えていると考えて、人里に出没したクマは射殺するべきだと主張する人たちがいる。しかし、ブナの種子が一〇年も不作が続くと、クマ自体が夏の終わりから秋の餌をブナ林に頼らなくなり、周辺のナラ林や里山に求めて移動するドーナツ化現象が起こっているのかもしれない。もし、そうだとすれば、むやみやたらに射殺するのは考えものかもしれない。

今後は、早急に、クマの研究者、種子の研究者、ナラ枯れの研究者、さらには森林のマネージメントの研究者や現場担当者が協力して、情報交換をしながら必要なデータを蓄積していく必要があろう。

6章
ゴールを作る昆虫

1　ゴールとは

植物の葉や茎にできた果実や松毬のような「こぶ」を見て不思議に思ったことのある読者も多いと思う。植物にできる「こぶ」は、専門的には「癭（えい）」とよばれる。ウイルス、細菌、菌類、植物、動物などの影響によって植物組織が異常成長をし、それを誘導した生物に棲み場所と餌を与える。それぞれに虫癭、線虫癭、菌癭、細菌癭などとよばれるが、「ゴール（gall）」という英語がそのまま使われる場合が多いので、本書でもとくに必要のない限りゴールとよぶことにする。

ゴールができるメカニズムについては、まだよくわかっていない点が多いが、植物と形成者の相互作用によって作られるので、同じ植物でも形成者によってゴールの形は異なる。たとえば、ブナの葉には二六種のタマバエがゴールを作るが、種によってゴールの形は異なっている。

2　ゴールとタンニン

ウルシ科のヌルデの葉には、秋になると長さ三センチメートルほどの袋状のゴールが形成されることがある。これを五倍子（ごばいし）とよぶ（図6－1）。ヌルデに五倍子を形成する昆虫はヌルデオオミミフシアブラムシなど数種のアブラムシである。この五倍子はタンニンを豊富に含む。五倍子を粉にし、鉄分を含む水と混ぜると、ゴールが含むタンニンが第二鉄イオンと不溶性であることから、黒い沈殿が

図 6-1　ヌルデにできた五倍子

生じる。かつてはこれで歯を染めて「お歯黒」としていた。

ヨーロッパにおいてはナラ類の芽にできるゴールのタンニンを利用して、髪の毛や衣類を黒く染め、またインクの製造にも使っていた。このゴールはわが国においても同様の目的で利用されたことがあり、没食子（もっしょくし）とよばれている。ちなみにタンニンとはさまざまな化合物の総称だが、タンニンの化合物の一つであるガロ酸（gallic acid）のことを没食子酸ともいう。英語名の gallic acid はゴール（gall）に由来する。

タンニンは不溶性の黒い第二鉄塩を作るだけでなく、蛋白質やアルカロイドを沈殿させる働きがある。そのためタンニンは植食性昆虫の消化吸収を阻害する。とくにゴールにはタンニンの蓄積量が多いため、かつては、ゴール形成者に対する防御としてタンニンがゴールに蓄積されるものと考えられていた。しかし、いったんゴールの形成に成功すると、タンニンが蓄積しているゴールは、葉食性昆虫などからゴール形成者を守ることにもなる。ゴールを詳細に調べると、タンニンはゴールの表層部に集中して分布しており、ゴールの内部は通常の葉の組織よりも餌として適していることを示すデータが蓄積されてきている。近年では、ゴール形成者の操作によってゴールの防御レベルが調節されていると考えられるようになってきている。

金沢大学の大学院生でブナのゴールを研究していた徳永憲治さんは、同じ植物でもゴール形成者の種類によってタンニンの蓄積量の多少にさまざまなパターンがみられることを発見した。タンニンが多いゴールばかりでなく、葉よりもタンニンが少ないゴールの種類もみられた。このように、タンニン含有率はゴールの種類によってばらつきがみられたが、葉に着いている期間の長いゴール種でタンニン含有率が高い傾向が認められた。また、ゴールがついていない葉に比べると、ゴールができた葉はおしなべて堅く、葉に着いている期間の長いゴール種ほどこの傾向が顕著であった。徳永君は、ゴール自体が食べられなくても、ゴールができた葉が葉食者に食べられてゴールが途中で落下するとゴール形成者は死亡してしまうため、ゴール形成者はゴールができた葉の防御レベルをも上げるような操作を行っているものと考察している。

3　ゴールをめぐる共進化

ゴールは、外部環境から隔離された、比較的安全で安定した棲み場所である。しかし必ずしも安全であるとはいえない。ゴール形成者は特殊化した寄生バチの攻撃を受けるし、鳥などの捕食も受ける。

植物とゴール形成者は、お互いに対抗しつつ、さまざまな進化をとげてきた。タマバチが形成するゴールの中には蜜を分泌するものがあるが、この蜜を舐めにくるアリによって、このタマバチは寄生バチの攻撃から守られている（5・5参照）。逆に、植物が第三者を利用していると思われるケースもある。ナラリンゴタマフシでは、ゴールが赤く色づくことによって、鳥によって食われやすくなるという。赤く色づくゴールは多い。

ゴールの形態は、植物とゴール形成者双方の組み合わせによって決まっているが、そこには二者以外の要因、たとえば捕食者や寄生者との関係も影響している。

名古屋大学の大学院生だった伊藤正仁さんは、コナラの葉にゴールを形成するナラハウラマルタマバチ（*Aphelonyx glanduliferae*）のゴールサイズとタマバチの適応度の関係を研究した。小さいゴールほど寄生バチの寄生率が高くなること、小さいゴールではタマバチの体サイズが小型化して蔵卵数が減少することを示し、大きいゴール内で生育したタマバチほど相乗的に適応度が高くなることを見出した。ところが、実際は、寄生バチが寄生できるサイズのゴールがかなりみられ、植物－ゴール形成者－寄生バチの三者のバランスがうまく保たれて共存していることを示唆している。

ゴール形成者は栄養段階からみると植物寄生者であるが、その起源はさまざまである。もともとが、植物組織を吸汁する生活からゴール形成を誘導するようになったものに、アブラムシ科、アザミウマ科などがある。アブラムシは口吻を篩管に突き刺して篩管液を吸汁する半翅目の昆虫である。吸汁刺激を受けた植物組織は異常成長し、アブラムシを取り囲むようにゴールを形成していく。イスノキ、ケヤキ、サクラ、ニレ、ハンノキなどにアブラムシのゴールがよくみられる。また、葉食性から進化したものに、ハバチ科やゾウムシ科などがある。植物の組織内に食入する潜葉性昆虫や穿孔性昆虫から進化したものに、ハモグリバエ科、ミバエ科、キモグリバエ科などがある。腐生食からゴールの中の植物寄生に移行したものにタマバエ科とフシダニ科がある。昆虫寄生から植物寄生に転換してゴール形成者になったものがタマバチ科である。

4　ゴールと社会性

生物集団で親子の世代がともに暮らしていて、それらの間に繁殖個体と非繁殖（労働）個体の分化が生じている状態を真社会性という。古くはハチ目とシロアリ目のみから知られていた真社会性が半翅目からも発見されたのは比較的最近のことで、一九七六年に北海道大学の大学院生だった青木重幸さん（現、立正大学）が、繁殖力をもたない不妊階級をもつアブラムシを報告したのが最初である。日本昆虫学会の学会誌 Kontyu に発表されたその論文は、国内ばかりか国際的にも大きな注目を集めたものである。その発見の経緯については青木さん自身の著書『兵隊を持ったアブラムシ』に詳しい。兵隊個体は、通常、一齢期あるいは二齢期までしか生きることができず、外敵への攻撃に専門化しており、繁殖せずに死んでしまう。

ハクウンボクという木に珊瑚のような大きなゴールを形成するハクウンボクハナフシアブラムシ（*Hamiltonaphis styraci*）も、兵隊階級をもつ真社会性種である。ゴールの中のすべての個体は、たっ

図 6-2　天敵のヒメカゲロウ幼虫を攻撃するハクウンボクハナフシアブラムシ兵隊（柴尾晴信氏 撮影）

た一個体の創設雌から単為生殖で生まれた子孫で、遺伝的にまったく均一なクローン集団である。ところが本種の二齢幼虫には兵隊個体と普通個体の二型があって、兵隊はそれ以上成長も繁殖もせず、外敵からコロニーを防衛するばかりか、排泄物をゴール外に捨てる掃除も行う。本種の兵隊は捕食者の体に口針を突き立てて毒液を注入するが、攻撃された敵はのたうちまわり、麻痺して動かなくなり死に至る。つい最近、産業技術総合研究所の深津武馬さんの研究グループは、この毒液の主成分がカテプシンBという蛋白質分解酵素であることを明らかにした。

アザミウマ目（総翅目）のアザミウマでは、性決定様式は半倍数性（倍数体が雌、半数体が雄になる）であり、この点ではハチ目に似ている。オーストラリア産のゴール形成性アザミウマでも真社会性が発見されている。アカシアタマクダアザミウマでは、一個体の雌成虫によってアカシアの一種に形成されるゴール内に、長翅型と短翅型の二型の子孫がいる。短翅型は長翅型より早く羽化し、大きく頑丈な前脚をもち、ゴール略奪性アザミウマなどの外敵からゴールを防御する。短翅型のほとんどは雌で、産卵はできるが交尾できないので半数体の雄しか産めない。したがって、短翅型は兵隊階級（非繁殖階級）とみなすことができる。あとから羽化する長翅型は雌雄が揃っており、繁殖階級に相当する。

このように、ゴール形成性のアブラムシやアザミウマから真社会性がつぎつぎと発見されたことから、ゴールという閉鎖空間における血縁個体の集団生活という生態的要因が、真社会性の進化に関係しているようにみえる。しかし一方で、ハチ目やアザミウマ目における単数倍数性や、アブラムシ類における単為生殖など、コロニー内の血縁度を高めるような遺伝様式や繁殖様式が、真社会性の進化を導いたのかもしれない。おそらくはこれらを含む複数の要因が真社会性の進化に関わっているのであろう。

特筆すべきことに、ゴールを形成しないアブラムシでも兵隊階級や真社会性がみられるものがいくつかある。産業技術総合研究所（現、筑波大学）の柴尾晴信さんが、そのような真社会性種であるタケツノアブラムシについて調べたところ、コロニー間に敵対性がまったくみられず、非血縁個体でもコロニーから排除されることはなく、それどころか近縁の異種にすら顕著な敵対行動を示さなかった。そのように非血縁個体と共存している場合にすら、兵隊はちゃんと自己犠牲的な防衛行動を行った。すなわち、タケツノアブラムシは血縁識別能力をほとんどもたないと考えられる。このような真社会性アブラムシでは、血縁度以外にも、さまざまな要因が兵隊階級の進化や維持に重要な役割を果たしてきたのかもしれない。

5　ゴールをめぐる生物群集

ゴールの中で発見される昆虫が、すべてゴール形成者であるとは限らない。ゴールは外敵から守られた空間であるとともに、栄養に富み多汁であることなどから、さまざまな生物にとって格好の棲息場所となっている。Mani (1964) は、これらの生物を三二のカテゴリーに細分した。その中の主なカテゴリーとしては、捕食寄生者や捕食者、寄居者や共生者、ゴール食者、採蜜者、再利用者などがある。樹木のように他の生物の生活の環境条件を提供する生物を、生態系エンジニアとよぶが、他の生物に生活の環境を提供するという点で、ゴール形成者も生態系エンジニアにほかならない。

5・1　捕食寄生者

いくらゴールが外敵から守られた空間であるとはいっても、完璧な要塞ではない。ゴールの中に入り込んでゴール形成者を食べる捕食者もいれば、ゴールの外から産卵管を差し込んで寄生する捕食寄生者もいる。

ゴール形成者に寄生する寄生者はほとんどが膜翅目に属するいわゆる寄生バチである。これらは、ゴール形成者に寄生する一次寄生者、一次寄生者に寄生する二次・三次などの高次寄生者、一次寄生者であるとともに高次寄生者にもなりうる随意的高次寄生者に分けられる。また、一般にゴールの発育段階の早い時期に寄生する種は、単食性で内部寄生のものが多く、発育段階の遅い時期に寄生する種は多食性で外部寄生性のものが多い。

森林総合研究所の上田明良さんのグループは、シカとササとタマバエと寄生バチの四者の関係についてたいへん興味深い研究結果を示した。大台ヶ原では、ニホンジカが増えてトウヒなど自然植生におよぼす影響が深刻な事態になっている。そのため、柵を作ってシカを排除し、植生を回復させる実験が試みられている。シカはトウヒだけではなく、下層植生のミヤコザサも短く刈り込んでしまう。このササの桿に大豆型のゴールを形成するタマバエ（Oligotrophini 族：未同定）がいる。このタマバエには二種の寄生バチ（ヒメコバチ科の *Pediobius* 属の一種とオナガコバチ科の *Torymus* 属の一種）が寄生する。シカがササを刈り込むとゴールが小型化しヒメコバチが優占するが、シカを排除した区ではヒメコバチは小さいゴールに集中した。これは、シカを排除すると大きいゴールが増えるが、産卵管の短いヒメコバチは大きなゴールの中にいるタマバエに産卵できないためである。産卵管の長いオナガコバチは、シカを排除した区で多く、ゴールサイズに関係なくみられた。このように、シカの摂食圧は、ササのサイズやゴールのサイズを小型化することによって、間接的に寄生バチギルドに影響を与えている。

5・2　捕食者

スズメなどの鳥はハルニレやケヤキの葉に形成されたゴールのアブラムシを捕食する。屋久島では、ニホンザルがイスノキに形成されたアブラムシのゴールを割って中にいるアブラムシを食べる。このような外部から食べる捕食者だけではなく、ゴールの中に入ってきてゴール形成者を捕食するものも知られている。ヒメアリは、シロダモの葉に形成されたシロダモタマバエのゴールの裏側に比較的大きな穴をあけ、中の幼虫を運び出す。開放型のゴールの中には、捕食性のタマバエやヒラタアブ、ヒメカゲロウ、テントウムシやハナカメムシなどいろいろな捕食者が侵入する。

5・3　寄居者

ゴールは風雨から遮断され、天敵からも守られる、ゴール形成者にとってはまことに居心地のよい棲みかである。世の中にはちゃっかりした輩がいるもので、居心地のよい棲みかに居候するものや、乗っ取ってしまうものもいる。これを寄居者（同居者）という。寄居者となるのは、クダアザミウマやフシダニ、タマバチ、マメトビコバチ、タマバエなどで、これらはゴール形成者であるそれぞれの仲間と系統的に近縁の関係にあり、寄居者もかつてはゴール形成者だったことがうかがわれる。ヤドカリタマバチ族の一種 *Synergus* sp. の雌成虫は、卵をゴールの柔組織に産む。幼虫の発育が非常に早いため、自分の幼虫室を拡大してゴール形成者の幼虫室を押しつぶしてしまう。

5・4　瘿食者

ゴールの中に入ってゴールの内部からゴールを食べるものや、あるいは、ゴールを外部から摂食するものもみられる。このようにゴールを摂食する性質を瘿食性とよんでいるが、食物源の一部として偶然にゴールを食べる瘿食者ではなく、食物源をゴールだけに依存している専門の瘿食者は、実はあまり多くない。

図6-3　左：クロフマエモンコブガの成虫。右：イスノタマフシアブラムシ のゴール内に入ったばかりのクロフマエモンコブガ幼虫。アブラムシも見られる。黒い点のように見えるのは、幼虫の糞。（伊藤嘉昭氏 撮影）

名古屋大学名誉教授の伊藤嘉昭さんは、クロフマエモンコブガ（*Nola innocua*）という鱗翅目コブガ科の蛾が、イスノキにつくゴールに居候して、しかも、時期によってさまざまな種類のゴールを利用していることを明らかにした（図6－3）。この蛾は、春にヤノイスアブラムシがイスノキの葉に作るゴールの外壁に産卵する。孵化した幼虫はゴールの中に穿入し、ゴールの内壁を食べる。ゴールが小さいと一個ではたりないので、そこから出て別のゴールに侵入する。老熟すると直径三ミリメートルくらいの穴をゴールにあけて脱出し、木の幹に繭を作って蛹になる。蛹は、休眠せずに羽化して世代を繰り返す。春にヤノイスアブラムシが作るゴールに寄居するのが、第一世代である。第二・第三世代はイスノフシアブラムシとモンゼンイスアブラムシの大きなゴールに、第三・第四世代はイスノタマフシアブラムシと*Metanipponaphis*属の一種が作るゴールに寄居する。第四世代が、枝上で蛹、あるいは、枯れたゴール内において幼虫で越冬し、春に羽化する。このように、この蛾は、イスノキにつく複数のアブラムシのゴール生産物だけに依存するというきわめて変わった生活史をもっている。幼虫にイスノキの葉を与えてもほとんど摂食しないので、アブラムシによって葉の質が変えら

図6-4　甘露がしたたるナラエダムレタマフシのゴール（左）と採蜜に訪れるクロヤマアリ（右）。（阿部芳久氏 撮影）

れたゴールに特化しているのだろう。伊藤さんは、この蛾を、アブラムシが作ったゴールを餌および隠れ家として使う「労働寄生者」とよんだが、食物源をゴールだけに依存している「スペシャリスト癭食者」の数少ない例である。

5・5　採蜜者

ゴールの種類によっては、甘露のような物質を分泌するものがあり、これを求めてアリやアシナガバチ、ハエなどが集まる。ハコネナラタマバチ（*Andricus symbioticus*）が、コナラやミズナラ、カシワに作るナラエダムレタマフシというゴールには、トビイロケアリやクロヤマアリが採蜜に訪れる。これらのアリは単に採蜜するだけではなく、寄生バチの攻撃からゴール形成者を守る働きもしている（図6-4）。京都府立大学の阿部芳久さんが、実験的にアリを取り除いたところ、寄生バチによる寄生率が高くなりタマバチの生存率が低下したという。また、ナラエダムレタマフシの寄居者であるヤドカリタマバチの一種の産卵を、アリが妨害するのも観察されている。

5・6　共生者

寄居者はしばしばゴール形成者にマイナスの影響を与えるが、共生者の場合、その存在がゴール形成者にもプラスになる。日本の西南暖地で、ダイズの重要害虫になっているダイズサヤタマバエ（*Asphondylia yushimai*）は、菌と密接な共生関係をもっている。*Macrosporium* 属ないし *Altenaria* 属に属すると推測されている菌は、ダイズサヤタマバエの幼虫がいる限り順調に生育を続けるが、幼虫が死亡すると発育が悪くなる。このように共生菌のみられるゴールはアンブロシアゴールとよばれ、同じような例が他の *Asphondylia* 属の他のタマバエでも数多く知られている。菌との共生によって、この属のタマバエが広い寄主範囲をもつことができるのではないかと考えられている。

5・7　再利用者

空になったゴールを、巣や避難場所として利用するものがいる。再利用者とよばれるグループである。再利用者は、アリやハチ、クモ、ダニ類など多岐にわたる。再利用者の中には、そこにある空のゴールを偶然に利用するものもあるが、特定のゴール形成者の作ったゴールを選択的に利用するものも多い。ヤドカリタマバエはシロダモタマバエなどのゴールを利用し、菌と共生する。

図 6-5　シロダモタマバエのゴール（湯川淳一氏 撮影）

5・8　ゴールをめぐる生物群集の例

九州大学名誉教授の湯川淳一さんが、鹿児島で調べたシロダモタマバエのゴール（図6－5）をめぐる昆虫群集では、少なくとも一七種の昆虫と、一一種のクモ、一～二種のダニなどが群集の中に含まれていた（図6－6）。寄生者としては二種の寄生バチ、捕食者としては、ゴールに穴をあけて幼虫や蛹を運び出すヒメアリと成虫を捕食する一一のクモ類がいた。クモ類は、ゴールが形成された葉の裏に巣を作り成虫をとらえるものと、新芽に巣をはり産卵に訪れた雌をとらえるものとに分けられる。またヒメリンゴカミキリが、シュートに穿孔して枝が枯死すると、その枝の葉に形成されたゴールも枯死するため、タマバエの個体群は大きな打撃を受ける。寄居者はまだ見つかっていないが、再利用者としては、菌と共生するヤドカリタマバエ、トビムシの一種、ダニなどが観察されている。

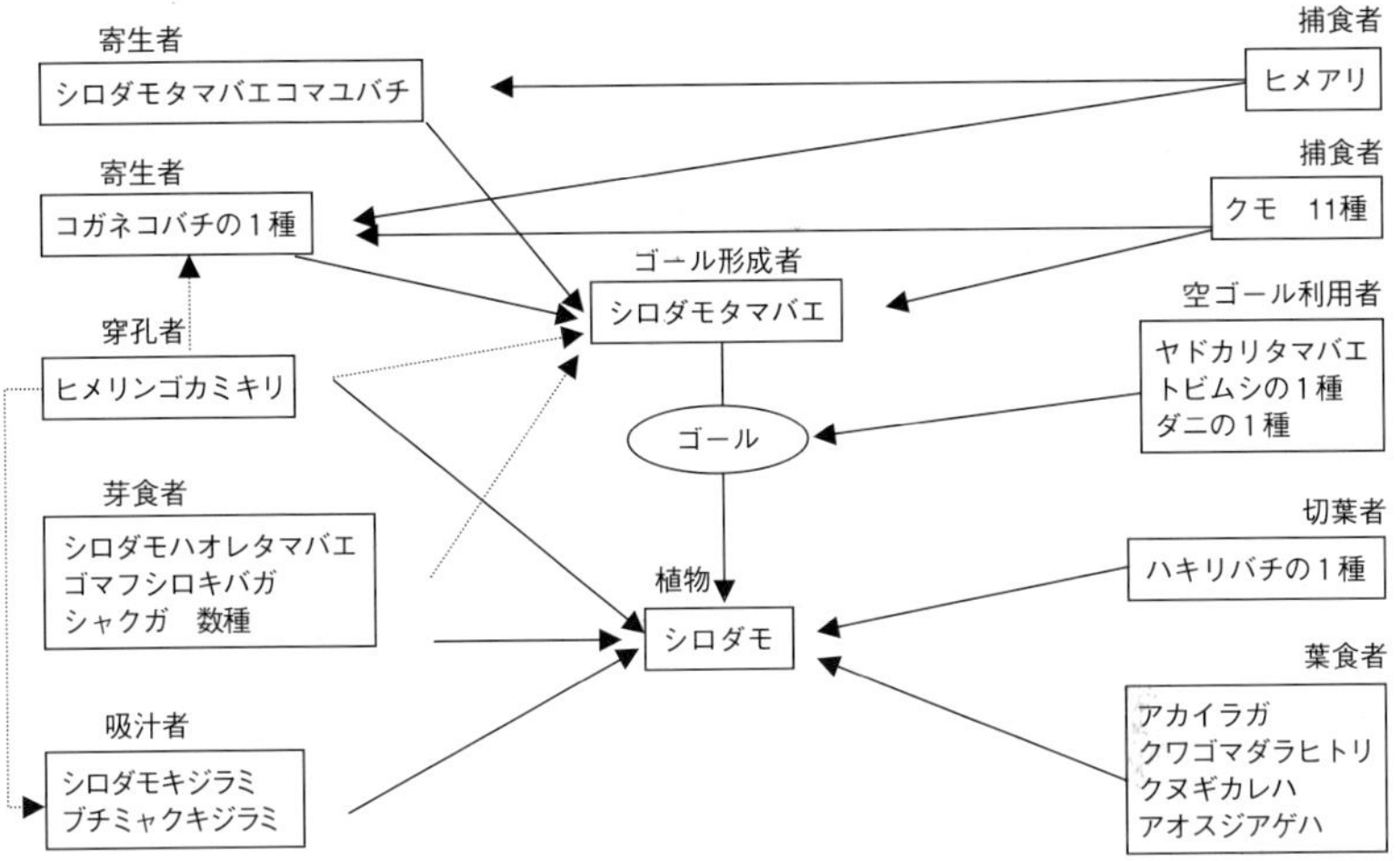

寄生者
シロダモタマバエコマユバチ
寄生者
コガネコバチの1種
穿孔者
ヒメリンゴカミキリ
芽食者
シロダモハオレタマバエ
ゴマフシロキバガ
シャクガ　数種
吸汁者
シロダモキジラミ
ブチミャクキジラミ
捕食者
ヒメアリ
捕食者
クモ　11種
ゴール形成者
シロダモタマバエ
ゴール
植物
シロダモ
空ゴール利用者
ヤドカリタマバエ
トビムシの1種
ダニの1種
切葉者
ハキリバチの1種
葉食者
アカイラガ
クワゴマダラヒトリ
クヌギカレハ
アオスジアゲハ

図 6-6　シロダモタマバエとゴールをめぐる節足昆虫群集（湯川・桝田、1996：湯川淳一・桝田長『日本原色虫えい図鑑』全国農村教育協会を改変）

5・9　ゴール形成昆虫をめぐる間接効果

ブナの葉にゴールが形成されると、ゴールだけではなく、ゴールが形成された葉の質まで変化することについてはすでに紹介した。これまであまり注目されなかったが、ゴールが形成されることにより、植物上の昆虫群集にプラスの間接効果をおよぼす場合もある。

京都大学生態学研究センターの大学院生だった中村誠宏さんは、河畔に生えるジャヤナギにゴールを形成するヤナギマルタマバエ（*Rabdophaga rigidae*）が、別の植食性昆虫におよぼす間接効果を調べた。本種はヤナギの当年枝の先端（頂芽）に球状のゴールを形成する。ゴールのある枝では、六月上旬から側枝の伸長が始まり、それに伴って二次展葉が生じる。ゴールが形成されなかったシュートの葉と比べると、ゴール枝に二次展葉した葉は、柔らかく、水分・窒素含有率が高い。そのため、吸汁性昆虫であるヤナギアブラムシ（*Aphis farinosa*）、

図 6-7　ヤナギのゴールから伸びたシュート（中村誠宏氏 撮影）

葉食性昆虫のヤナギルリハムシ（*Plagiodera versicolora*）とムナキルリハムシ（*Smaragdina semiaurantiaca*）も、ゴール枝で多くみられる。このように、タマバエによるゴール形成は、ジャヤナギに補償成長を生じさせアブラムシやハムシに質の高い餌資源を新たに供給する。

6　ゴール形成とフェノロジー

植食者は植物の感受性部位と同調して出現しなければ植物を利用できない場合が少なくない。ゴール形成者においてはとくにその傾向が強い。それは、ゴール形成者は多くの場合短命であり、かつ、幼果や展開中の若葉などの一時的な資源を利用しているからである。なかでも、雌成虫が針状の産卵管をもたず、しかも短命であるアブラムシやタマバエでとくに顕著である。

図6-8　アオキミタマバエのゴール（上地奈美氏 撮影）

6・1　アオキミタマバエ

ゴールを形成する大部分のタマバエでは、成虫の寿命は一～二日であり、雌成虫はその一～二日の間に交尾を行い、ゴール形成に好適な植物を探索して産卵しなければならない。

双翅目タマバエ科のアオキミタマバエ（*Asphondylia aucubae*）は、年一化性の昆虫で、アオキの幼果に寄生してゴールを形成する。種子になるべき胚嚢が発達せずに黒く萎縮してしまうため、ゴールには種子はみられない。卵は珠皮に接して産卵される（図6-9）。卵が孵化すると、幼虫の周囲の珠皮組織が変質して幼虫室へ変化する。カルス状の組織からできた幼虫室が、通常は一つの実に複数個形成される。産卵シーズンは六月中旬ごろの二週間程度の期間に限定される。一方、アオキの幼果は四月中旬から十月ごろにかけて見かけも大きさもあまり変わらずゆっくりと成長する。

京都大学の大学院生だった今井健介さん（現京都教育大）は、アオキの感受性期間の長さとその機構を調べ、ゴ

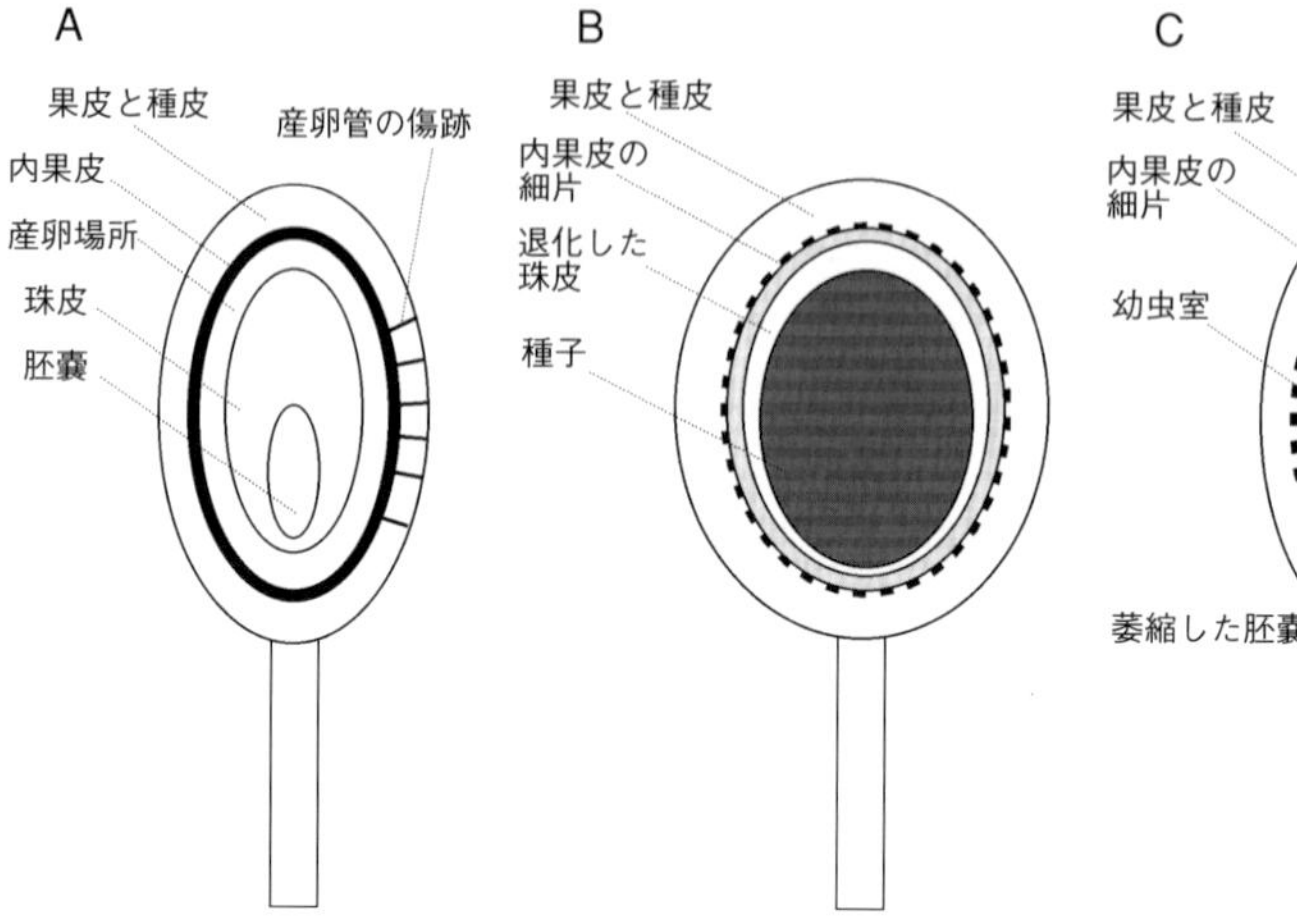
A
果皮と種皮
産卵管の傷跡
内果皮
産卵場所
珠皮
胚嚢
B
果皮と種皮
内果皮の細片
退化した珠皮
種子
C
果皮と種皮
内果皮の細片
幼虫室
萎縮した胚嚢

図6-9　アオキの幼果と成熟果およびアオキミタマバエのゴールの解剖学的特徴（Imai and Ohsaki, 2003；2004を改変）
A：幼果。内果皮と珠皮との間には空隙があり、アオキミタマバエの卵はその空隙に産み付けられる。
B：成熟果。内部のほとんどが胚嚢が成長した種子により占められている。種皮は退化して、種子を包む薄皮となる。
C：ゴール。種子はなく、胚嚢が黒く萎縮したものが存在する。内部には複数の幼虫室がみられるが、これは珠皮が変化したものである。

ール形成と植物のフェノロジーの関係を明らかにした（図6－9）。タマバエが羽化するころ、産卵対象となるアオキの幼果には、一番内側に小さな胚嚢がありそれが将来種子になる。胚嚢の外側にある肉厚の組織は珠皮で、タマバエの卵が産み込まれた場合、将来そこが幼虫室となる。珠皮の外側には果皮や種皮が層をなす。この層の一番内側、つまり珠皮のすぐ外には硬質な内果皮がある。産卵時期に幼果を解剖すると、この内果皮にひび割れが見つかることが多い。内果皮と珠皮の間にはすき間があり、タマバエはこのすき間に産卵管を差し込んで産卵するため、果皮と種皮には産卵管を差し込んだ傷跡が残る。産卵管が内果皮のひび割れた部位に差し込まれた場合には、約半分の確率で産卵に成功するが、内果皮そのものにぶつかると、産卵に成功する確率は一パーセントにも満たない。このように、タマバエの産卵管は内果皮を貫くことができず、内果皮はタマバエに対する防衛の役割を果たしている。実が成熟すると、幼果のときには小さかった胚嚢が巨大化して種子になるが、幼虫室の材料になるべき珠皮が種子を包む薄皮になってしまうため、タマバエがゴールを作ることは不可能である。したがって、タマバエが産卵できるのは、内果皮がひび割れてから、珠皮が薄皮に変化するまでの二週間たらずの間に限定される。タマバエの羽化はこのアオキの幼果の発育に同調していて、タマバエの羽化消長の初発期に羽化した個体は産卵できず、また、最終期に羽化した個体では、産卵しても孵化した幼虫がゴール形成に失敗する。

6・2 ハルニレのアブラムシ

同じ場所に生育している一種の植物でも、個体によってフェノロジーにはばらつきがある。北海道大学の秋元信一さんのグループは、ハルニレにゴールを作るアブラムシ類を対象に、植物個体間のフェノロジーのばらつきと、アブラムシの関係について研究している。アブラムシがゴールを作るにはアブラムシの孵化と芽吹きの時期がぴったりと一致しなければならない。芽吹き前に幼虫が孵化しても、芽吹きからかなり遅れて孵化しても、孵化した幼虫はゴールを作ることができない。アブラムシは、春先の温度、日長の変化を頼りに、寄主の芽吹きに合わせて孵化するように進化してきた。

そこで植物は、アブラムシに芽吹き時期をさとらせない方法を編み出した。同じ場所に生えていても、ハルニレの個体間には芽吹き時期に大きな違いがみられる。こうした違いは大部分が遺伝的なもので、微気象の違いだけでは説明できない。芽吹きが極端に早い木や、逆に遅い木では、アブラムシはゴール形成のタイミングを外され多くのものが死亡するだろう。このような、ハルニレ群集内部の多様性が、昆虫の大発生を防ぐメカニズムの一つとして働いている。

これに対して、アブラムシも新しい対策を進化させている。あまり分散を行わないで、同じ木に何世代も留まり、個々の木の開葉の遅速に対して個別に適応するのだ。ニレイガフシアブラムシ（*Kaltenbachiella japonica*）というアブラムシが、このような戦略をとっている。ハルニレから移動しないニレイガフシアブラムシは個々のハルニレの開葉時期に対して局所的に適応することができるが、ハルニレから二次寄主に移動する性質をもつヨスジワタムシ属のアブラムシ（*Tetraneura sp.*）は、個々のハルニレに局所的適応をとげられない。

6・3 タマバチ類の同調性

タマバチは、成虫の寿命が長いうえに、植物の組織中に挿入して産卵できる産卵管をもっている。世代交代が確認されている日本産タマバチ二八種のうち、常緑のカシ類に寄生する一種を除けば、すべての種の単性世代雌成虫は、寄主植物の伸長に先だって、秋から早春までの間に休眠芽の中に産卵する。そして芽吹きと同時に、花や葉などに両性世代のゴールが形成される。二七種すべてにおいて、両性世代の発育は同種の単性世代に比べて速く、ゴール形成開始から成虫の羽化まで約一カ月（速い種では十日、遅い種では一・五カ月）である。両性世代の成虫は、種ごとに寄主植物の特定の部位（若葉、芽など）に産卵し、その後単性世代のゴールが形成される。すなわち、寄主植物の芽吹き

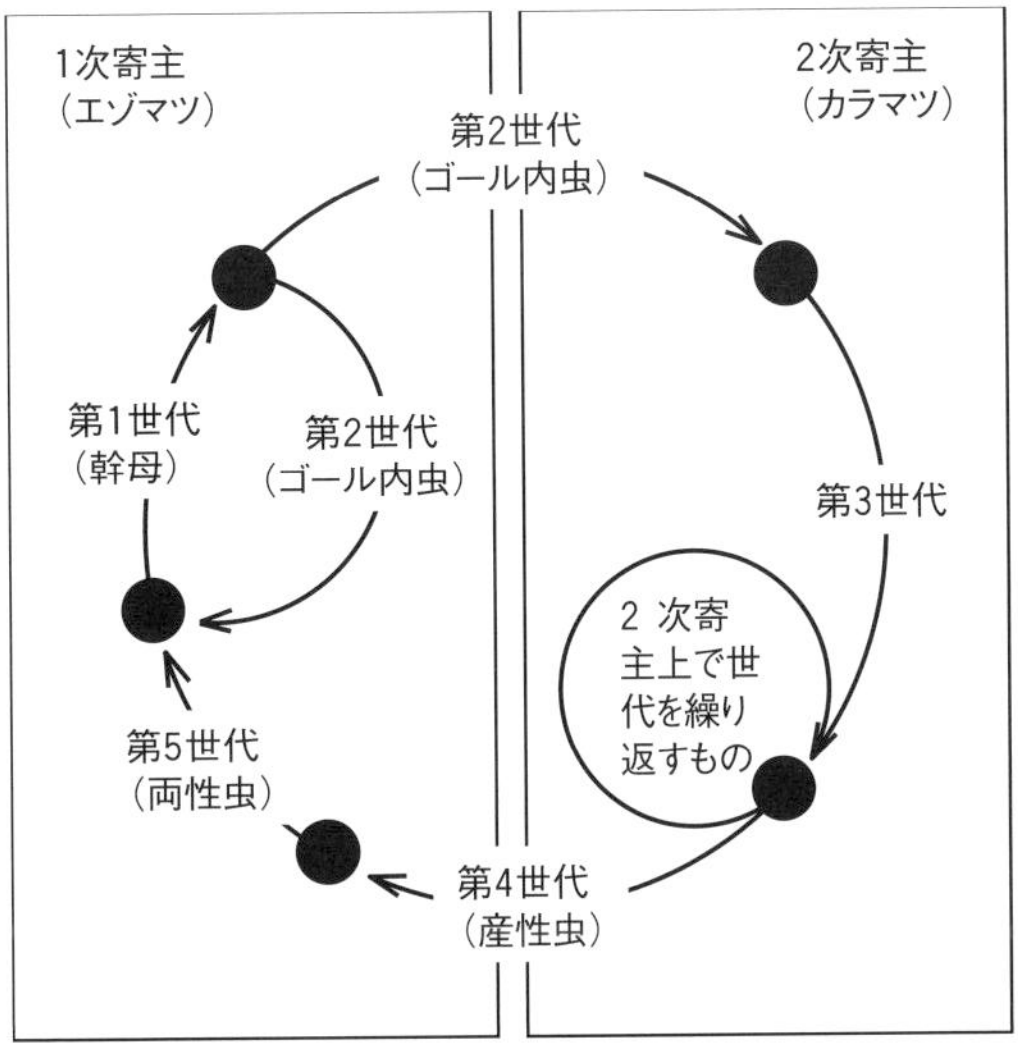

1次寄主
（エゾマツ）
2次寄主
（カラマツ）
第2世代
（ゴール内虫）
第1世代
（幹母）
第2世代
（ゴール内虫）
第3世代
2 次寄
主上で世
代を繰り
返すもの
第5世代
（両性虫）
第4世代
（産性虫）

図 6-10　エゾマツカサアブラムシの生活環（尾崎、1994：小林富士雄・竹谷昭彦編『森林昆虫―総論・各論―』養賢堂を改変）

時期の早晩がタマバチのゴール形成時期の早晩に影響し、羽化時期の早晩にも影響している。タマバチの両性世代は、芽の成長に同調する何らかのメカニズムをもっており、その結果、単性世代のゴール形成のための同調性も保たれている。

6・4　エゾマツカサアブラムシの同調性

アブラムシ類は一般に雌成虫が針状の産卵管をもたず、短命であるために、フェノロジカル・ウィンドウが狭いことを述べた。エゾマツカサアブラムシ（*Adelges japonicus*）は、アブラムシという名がついているが、カサアブラムシ科といってアブラムシとは別の科に属している。とはいっても、世代交代することなど、アブラムシと共通点も多い（図６－10）。

本種では、第二世代が新芽に形成されたゴール内で生活する（図６－11）。第一世代幹母（単為生殖する雌）はエゾマツの冬芽の基部で吸汁し

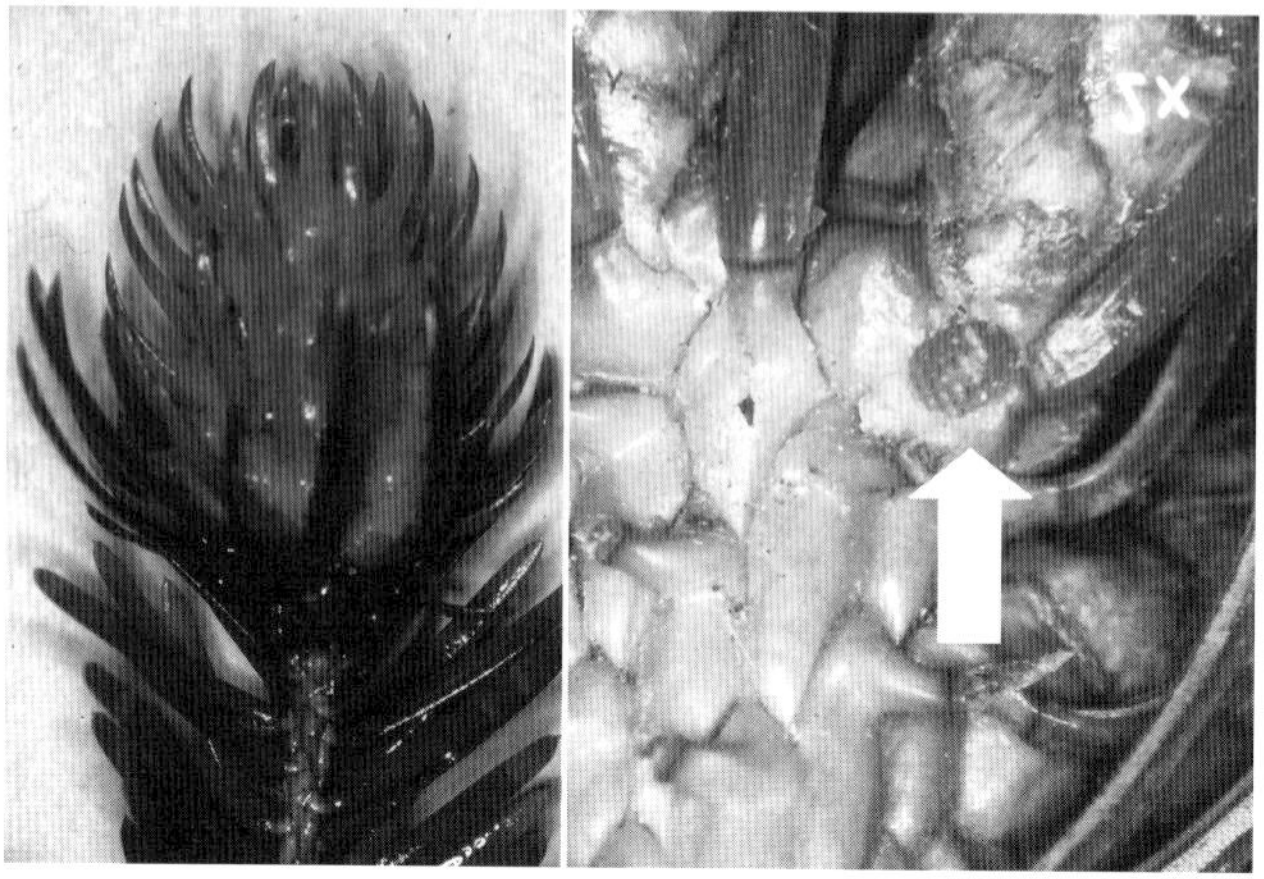
5x

図 6-11　エゾマツカサアブラムシのゴール（左）と第一世代幹母（右：矢印）

て、春に第二世代の卵を産卵する。第二世代のゴールは、実は第二世代だけでは作ることができない。幹母は口吻から芽に刺激を与えることによって、新芽の正常な伸長を妨げる。正常な伸長が妨げられた新芽の中に、第二世代の若虫が侵入してさらに刺激を与えることによって、ゴールの入り口が閉じて、ゴールはさらに成長する。タマバエと同じように、エゾマツカサアブラムシの場合も、親である幹母が芽の成長と同調することによって、幹母が産んだ第二世代虫の孵化と芽の開序時期が同調するのを助けている。

7　ゴールの大発生

森林においてゴールが大発生した例は、エゾマツカサアブラムシ（*Adelges japonicus*）、スギタマバエ（*Contarinia inouei*）、マツバノタマバエ（*Thecodiplosis japonensis*）といった林業害虫を除けば、それほど多くない。あとは一九九〇年ごろに中部地方のブナ林

A
B
C
D
E

図 6-12　A：チュウゴクオナガコバチ。B：クリマモリオナガコバチ。C：クリタマバチのゴール（夏）。D：同（冬）。E：３種の寄生バチの産卵管の長さ：チュウゴクオナガコバチ（左）、雑種（中）、クリマモリオナガコバチ（右）。（守屋成一氏 撮影）

で大発生したブナハカイガラタマバエ（*Hartigiola faggalli*）くらいのものである。一方、樹木にゴールを形成する昆虫の中で経済的にもっとも大きい被害を引き起こしたのはクリタマバチであろう。

7・1　クリタマバチ

森林害虫というよりは果樹害虫といったほうが適切だが、日本では、クリタマバチ（*Dryocosmus kuriphilus*）が経済的にもっとも深刻な被害をもたらしたゴール形成昆虫といっても過言ではない。本種はブナ科のクリの芽にゴールを形成する。ゴールが形成された芽はシュートが伸びないため、奇形となり花が着かない。そのため、クリの結実量低下に直結する深刻な害虫である。クリタマバチは、中国から持ち込んだクリの苗木、あるいは穂木について、一九四〇年ごろに岡山県に最初に侵入したとされている。一九四一年に岡山県において起こったクリタマバチの大発生はまたたく間に全国に波及し、各地のクリ園に大きな被害をもたらした。抵抗性品種の育成でいったんは発生が下火になったが、抵抗性品種を加害するクリタマバチの新系統が生まれてきて、再び大発生がみられるようになった。

クリタマバチが侵入する以前から日本に分布していたクリマモリオナガコバチは、クリタマバチにも寄生するが、産卵管が短いためにクリタマバチのゴールが大きい場合には産卵管が届かない。クリマモリオナガコバチは、もともと、コナラ属の植物に虫こぶを作るタマバチに寄生していたものが、中国から侵入してきたクリタマバチにも寄生するようになったと考えられている。そこで、農水省果樹試験場と九州大学生物的防除研究施設のグループを中心にして、クリタマバチの原産地である中国から寄生バチのチュウゴクオナガコバチを導入し、茨城県や熊本県を手始めに、日本全国のクリ栽培地域に放した。土着のクリマモリオナガコバチに比べ、チュウゴクオナガコバチは産卵管が長く、クリタマバチのゴールの中心近くにいる寄主幼虫にも寄生することができるという特徴がある。また、チュウゴクオナガコバチはクリタマバチとのフェノロジーの同調性が高く、ゴールがちょうど産卵に適した大きさになったときに、チュウゴクオナガコバチの雌成虫が羽化してくる。さらには、チュウゴクオナガコバチのほうがクリマモリオナガコバチよりも二倍以上の産卵能力をもっている。現在では、クリタマバチはチュウゴクオナガコバチにより低密度に保たれており、チュウゴクオナガコバチを用いたクリタマバチの生物的防除は大成功をおさめた。日本で導入天敵による生物防除が成功した数少ない例の一つになっている。

図 6-13　エゾマツカサアブラムシのゴール内第二世代若虫（左）とゴールから脱出した第二世代有翅成虫の産卵（中・右）

7・2　エゾマツカサアブラムシ

第二次世界大戦後、広葉樹林から有用針葉樹への転換を目標に進められた拡大造林は、本州では主にスギ・ヒノキ・アカマツ・カラマツが主要樹種であったのに対して、北海道ではカラマツ・トドマツ・エゾマツを中心に進められた。ところが、これら造林地では、カラマツは野兎・野鼠、トドマツはトドマツオオアブラムシ、エゾマツはエゾマツカサアブラムシの被害に悩まされてきた。一九八〇年代以降はエゾマツの造林はほとんど行われなくなり、代わりにアカエゾマツが植林されるようになったが、その原因の一つはエゾマツカサアブラムシによる被害があったといわれているほどである。

エゾマツカサアブラムシは、クリタマバチと同じく新芽にゴールを形成する。ゴールができるとシュートが伸びないため、ゴールがたくさん着生すると成長が低下するばかりか、頂芽（樹の幹となる先端の芽のこと）にゴールができると樹型が悪くなるため材価を下げる原因になるといわれてきた。

本種はエゾマツ上で年に二世代を、単為生殖で繰り返す。夏世代（第二世代）はエゾマツ上に形成されたゴール内で生活し、そこから有翅雌虫が出現する（図6－13）。有翅虫はエゾマツの針葉の裏側に産卵する。この卵から孵化した第一世代幹母（単為生殖する雌）はエゾマツの冬芽の基部で吸汁して、春に第二世代の卵を産卵する。しかし、一〇年ほど前に、森林総合研究所北海道支所の尾崎研一さんは、一部の第二世代有翅雌虫がカラマツに移住して産卵し、カラマツ上で世代を繰り返したあと、再びエゾマツに戻ることを発見した（図6-10）。この発見は生物学的に非常に興味深い。実は、カラマツ属は北海道には自生していない。明治維新後に、本州から持ち込まれたニホンカラマツや、樺太から持ち込まれたグイマツ、あるいはこれらの雑種が植林されたのである。したがって、長い間、北海道のエゾマツの近くにカラマツはなく、明治時代になって人間の手でカラマツが近くに植林されるまで、エゾマツカサアブラムシはエゾマツ上で単為生殖を繰り返していたものと考えられる。樺太や千島のグイマツ、あるいは本州のカラマツ（もっとも北のカラマツ自生地は山形県の蔵王といわれている）の個体群と遺伝子の交流があった可能性を否定することはできないが、確率的にはきわめて低かっただろう。エゾマツカサアブラムシのゴールから有翅雌虫が出現する時期を調べると、七月の中旬と、八月下旬にピークをもつ二山型、しかも完全に分離した二山型になる。最初のピークに出現する有翅雌虫がカラマツに移住するのが確認されているが、後ろのピークに出現するものはエゾマツ上に産卵を行う。尾崎さんの最近の研究で、二つのタイプでは発育速度も違うことがわかっている。どうも、後者では、ゴールの中で幼虫が休眠して、発育が一時期停止しているらしい。

火山の噴火跡地などにエゾマツ林が成立していることを除けば、エゾマツも第二次世界大戦前までは針広混交林の一構成樹種にすぎなかった。寄主転換することなくエゾマツ上で生活環を完結できるという本種の生活史特性が、大面積にわたるエゾマツの一斉造林地が作られたときに、本種が大害虫化した要因になったのだろう。

7・3　スギタマバエとマツバノタマバエ

両種ともに林業害虫として多くの研究がされてきた。私が本書の中であえてふれておきたいのは、エゾマツカサアブラムシと同じように、両種の大発生や分布の拡大に人間活動が密接に関係していたとみられる点である。

スギタマバエの場合、原産地は本州東北部の天然スギが分布した地方で、スギの造林の拡大に伴う苗木の移動によって伝搬が始まったと推測されている。しかし、西日本の中では、その生活史から苗木の移動によって伝播することはほとんどなく、虫自身の移動によって分布が拡大したものと考えられている。一九四八年には鹿児島県の大隅半島にのみ分布が確認されていたものが、一九七〇年には九州北部にまで広がり、分布の拡大速度は年一〇キロメートルにもなる。

マツバノタマバエは、二〇世紀初めに愛知県下で確認されたのが、日本における最初の記録である。戦前には、大分県や、長崎県の対馬、島根県の隠岐で本種の大発生が記録されている。その後も、本種の被害は、九州全域、本州、四国地方に急速に広がった。これまでの報告では、北海道江差町の海岸林が北限である。また、韓国では、マツ造林地のもっとも深刻な害虫になっている。

7・4　ブナのタマバエ

ブナ属は、多くのタマバエがゴールを形成する。ブナ一種に二六種類のタマバエのゴールが作ら

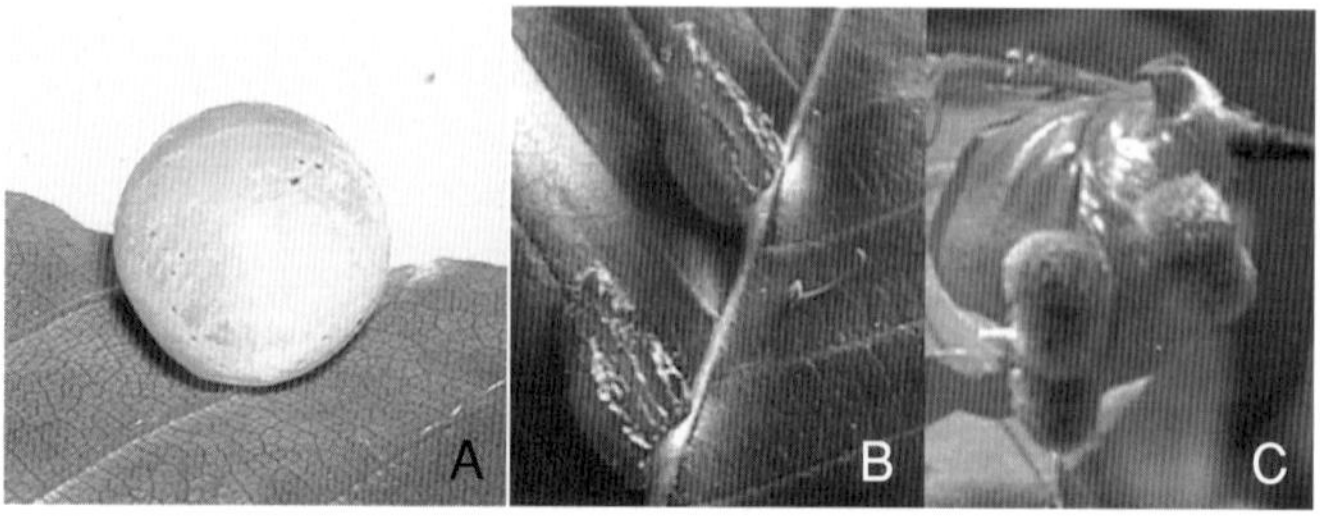
A
B
C

図6-14　A：ブナハベリタマフシ（徳永憲治氏 撮影）。B：ブナハスジトガリタマフシ。C：ブナハアカゲタマフシ

れる。そのゴールの形態は半球状、紡錘形、楕円体など多様である（図6‐14）。

基本的には、次のような生活史の種がもっとも多い。ブナの芽吹きのころ、展開中の柔らかい葉に成虫が産卵する。葉の展開とともにゴールは成長し、やや遅れてゴール内の幼虫も成長する。ゴールは葉から脱落するか、あるいは葉に付着したままの状態で落下するものが多い。卵が樹上で越冬する種もいるが、ほとんどの種は落葉層中で幼虫態あるいは蛹態で越冬する。

ブナ林の林床にリタートラップを開葉直後から落葉後まで設置して、定期的に落下物を回収することによって、その場所のゴール形成タマバエのギルドを推定することができる。

石川県のブナ林九カ所で調査したところ、いくつかの種はきわめて高密度になった。これらのゴールは、それぞれの種の密度が独立に、毎年約一〇倍のオーダーで変動していた。このように、ブナのタマバエギルドは非平衡的な色彩が強い。

また、標高が高くなるにつれ、タマバエの種数・密度ともに減少する傾向が認められた。標高の低い場所にあるブナ林では、三年間の調査で全二六種のうち二三種が記録されたところもある。逆に標高の高い場所にあるブナ林では、六種であった。このように標高が低い場所ほどゴールの密度や種数が多い原因は、標高に伴う消雪時期の違いが関係しているものと考えられている。標高の低い場所ではブナの開葉前に雪が消えるのに対し、標高が高い場所ではまだ開葉時に地表面が雪でおおわれている。葉にゴールを形成するタマバエはフェノロジカル・ウィンドウが狭いため、標高が高い場所では、地面で越冬するタマバエは産卵適期に羽化することができないものと推測されている。

ところで、ブナハカイガラタマバエが大発生して、夏に落葉を引き起こす被害が、一九九〇から九一年にかけて、新潟県・長野県・岐阜県で発生した。いずれも、豪雪地帯に位置しているが、大発生は低~中標高のブナ林に限定されており、標高の高い場所にはブナがあっても被害は発生しなかった。この場所依存的大発生には、消雪時期が関係しているのではないかと考えられている。大発生した場所では、通常は積雪によって低い密度に抑えられているが、大発生した年には雪解けが早く、タマバエとブナのフェノロジーがうまく一致したのだろう。ただ、失葉を引き起こすほどタマバエが高密度に達するのはきわめて稀な現象であり、また、密度は数年間かけて漸進的に増加するため、大発生当年の雪解けだけで大発生が起こったとは考えにくい。タマバエとブナのフェノロジーが一致する条件の良い年が、大発生の前に数年間続いたのではないかと推測されている。

7 章
穿孔性昆虫

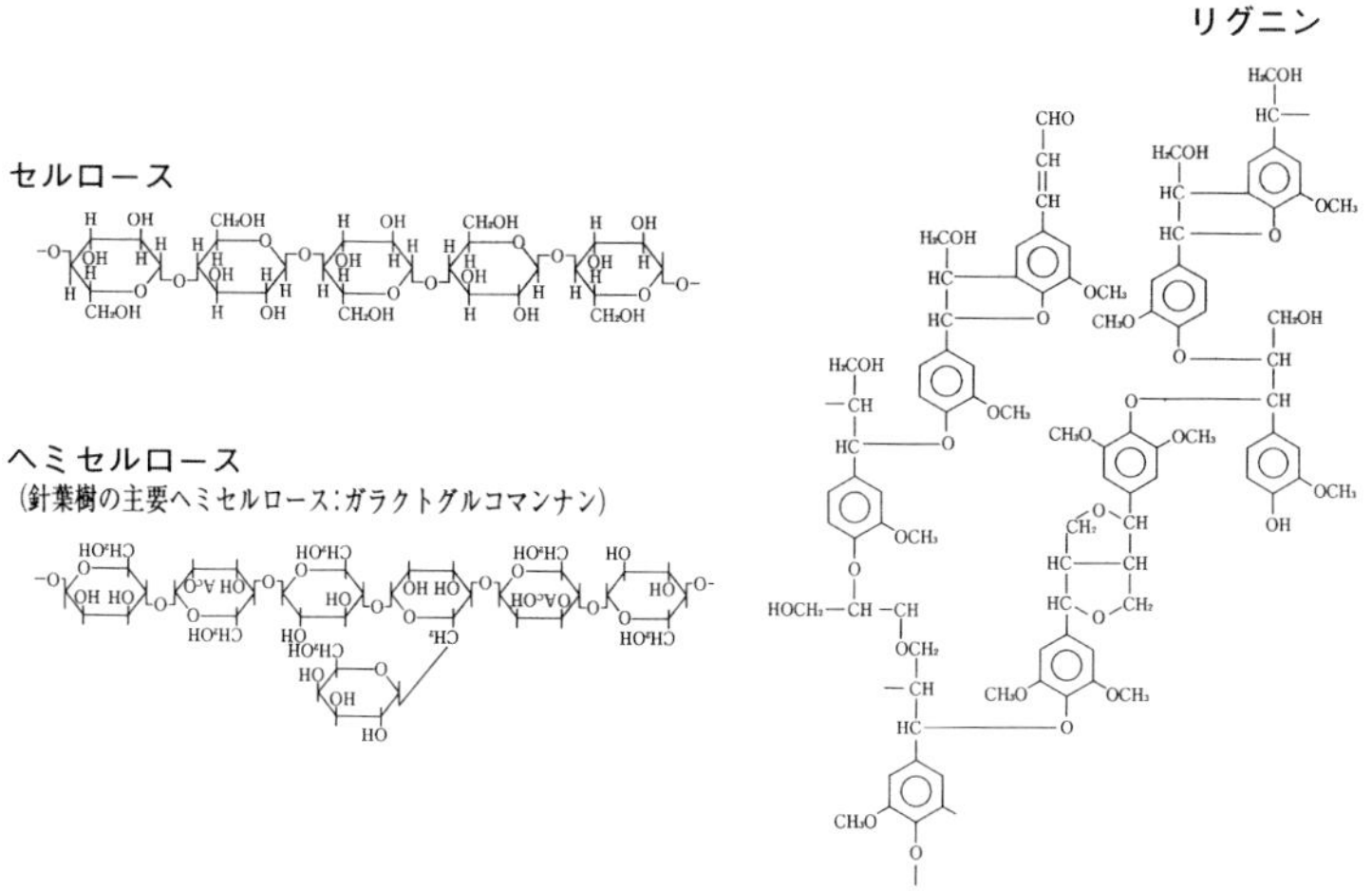

セルロース
ヘミセルロース
(針葉樹の主要ヘミセルロース:ガラクトグルコマンナン)
リグニン

図7-1　セルルース・ヘミセルロース・リグニンの化学構造式(樋口、1969:樋口隆昌著『樹木化学』共立出版より)

1　セルロースという資源

温暖化が地球規模の環境問題となっている。二酸化炭素やメタン、水蒸気といった温室効果ガスの排出増に伴って、これらの温室効果ガスの層が放射熱を閉じ込めてしまうのだ。二酸化炭素はこれら温室効果ガスの中でももっとも寄与率が高いといわれているが、この二酸化炭素の吸収源として森林が注目されている。樹木の材は、主にセルロースとヘミセルロース、リグニンという三つの高分子化合物から構成されており、この三つで全成分の約九五パーセントを占めている。これらの高分子化合物の骨格をなすのは炭素、酸素、水素原子である(図7-1)。草本と違って樹木は寿命が長いため、いったん炭素原子が材の中に取り込まれると長い間放出されない。伐採されて生物としての機能を失ったあとも、木造建築物に使われれば、その期間もずっと炭素を固定することになる。

材は森林に豊富に存在するため、これを食物として利用している生物はありあまる資源に恵まれているようにみえる。しかし、世の中そんなに甘いものではない。

2　樹木の抵抗

樹木も無抵抗のまま昆虫に食われているわけではなく、さまざまな形で防御している。材部への侵入に対しては、モノテルペン類などの精油成分や、タンニン類を主とするポリフェノール類を使って昆虫の攻撃に抵抗している。針葉樹の場合は樹脂、広葉樹では樹液が、穿孔性昆虫の攻撃に対する主な防御手段となっている。樹木のもっている防御をすべての昆虫がうち破ることができるわけではない。健全な樹木に寄生できるものを一次性昆虫、衰弱した樹木でなければ寄生できないものを二次性昆虫という。このように書くと、すべての穿孔性昆虫が二つのカテゴリーにきれいに分けられるような印象を受けるが、これらは二分的な概念ではない。一次性の強い種から、二次性の強い種まで、連続的に分布する数直線をイメージするとわかりやすいだろう。さらに、枯死した樹木を食べる腐食性昆虫を含めれば、一次性昆虫→二次性昆虫→腐食性昆虫という数直線上に、さまざまな昆虫が並んでいることになる。たとえば、アカマツの穿孔性昆虫では、衰弱してまもない木にはマツノマダラカミキリ（*Monochamus alternatus*）やキイロコキクイムシ（*Cryphalus fulvus*）が寄生する。もう少し古くなってくるとゴマダラモモブトカミキリ（*Leiopus stillatus*）、さらに古くなるとサビカミキリ（*Arhopalus coreanus*）などが寄生する。サビカミキリの成虫が脱出するころになると、材はかなりも

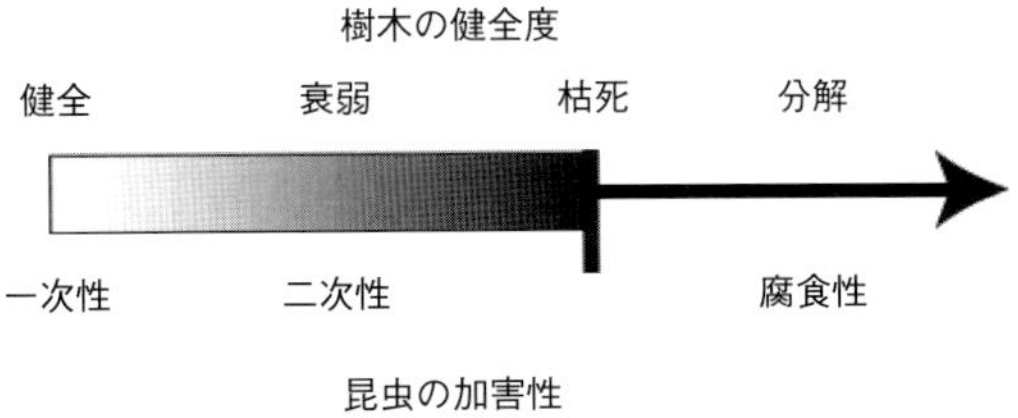

樹木の健全度
健全
衰弱
枯死
分解
一次性
二次性
腐食性
昆虫の加害性

図7-2　樹木の健全度と昆虫の加害性の関係を示す概念図

ろくなっている。このように、一次性昆虫↓二次性昆虫↓腐食性昆虫という数直線は、健全な樹木↓樹木の衰弱↓枯死↓分解という樹木の数直線に対応していて、それぞれの昆虫は、樹木の衰弱・枯死から分解に至る過程の中で異なるニッチを占めている（図7－2）。

3　貧栄養への適応

セルロースは、主に細胞の二次壁部分（細胞壁の主要部分）に存在し、樹木を支える役割を果たしている。リグニンは、とくに細胞間に高濃度で存在し、細胞壁と細胞壁をくっつける役割を果たしている。ヘミセルロースは、セルロースと同様に、主に二次壁部分に存在するが、その役割についてはよくわかっていない。これらはいずれも高分子化合物であるがゆえに、生物が消化・分解しにくいうえ、生命活動に不可欠な蛋白質の構成元素である窒素がほとんど含まれていない。炭素と窒素の比率はC／N比とよばれ、生態学では食物資源としての質の指標として用いられる。一般的には、窒素の割合が高く、C／N比の値が小さいものほど食物資源としての質が高いとみなされている。たとえば、生葉では一〇～四〇で、樹種によって変異が大きく、また同じ樹種でも季節による変動が大きい。落葉では四〇～一七〇で、

図7-3　アメリカアカヘリタマムシ
（国立科学博物館 所蔵）

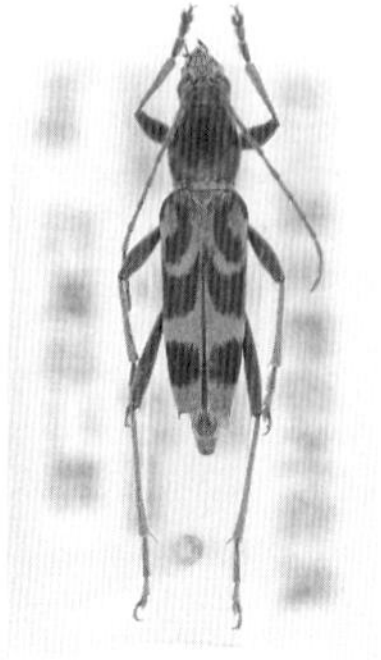

図7-4　クロトラカミキリ
（江崎功二郎氏 所蔵）

生葉と同様に樹種による変異が大きい。材ではさらに大きくなり、二五〇〜一二五〇となる。材の中には、炭素源は豊富に存在するのに対し、窒素はきわめて限られている。

このように、材はC／N比が高く貧栄養な資源であるために、利用する昆虫たちはさまざまな適応をしている。その一つが貧栄養にひたすら耐える戦略である。

アメリカアカヘリタマムシ（*Buprestis aurulenta*）（図7－3）という北アメリカ西部が原産の、金緑色の翅鞘にルビー色の縁取りをつけた美しい中型のタマムシがいる。成虫は米松の弱った立木に産卵し、白いウジ虫状の幼虫は材木を食べて成長する。この昆虫の被害を受けた材木を使い、加工した柱や家具から何十年か後に思いがけない美しいタマムシが現れることがあるという。この虫は加工した材木には産卵しないので、家を建ててから何年目に羽化したかはこの虫の寿命の記録となる。ドイツのフランクフルトでは一三年間も愛用していた茶ダンスからこの虫が羽化したという記録、グァム島では二七年前に貼った床板から姿を現したという報告がある。スミスという研究者が行ったアメリカアカヘリタマムシの屋内羽化記録では、最高記録は寿命五一年以上であったという。「以上」というのは、発見された時点でまだ幼虫だったからである。日本でもこれに匹敵する長寿の記録をもつ昆虫がいる。それは、クロトラカミキリ（*Chlorophorus diadema inhirsutus*）（図7－4）というカミキリムシの仲間である。このカミキリムシは木の条件が良いと二年くらいで成虫になるが、加害中の木が加工されるなどして乾燥すると幼虫の生育が遅れ、成虫になるのに長期間かかるようになる。「こけし」や建築物から出てくる成虫がしばしばみられる。もっとも長命の記録は、福井県の家の梁から出てきた、四五歳のクロトラカミキリである。カミキリムシの中でもトラカミキリ類は、加害している材が乾燥し、条件が悪くなると幼虫期間が長くなるようで、クロトラカミキリに似たエグリトラカミキリ（*Chlorophorus japonicus*）もよく「こけし」から出てくる。また、スギ、ヒノキの穿孔性害虫であるスギノアカネトラカミキリ（*Anaglyptus subfasciatus*）も、幹に侵入後に伐倒されて加害木が枯れ木になってしまうと、一世代に一〇年近くもかかるものもいる。

これらは、長寿の記録としてももちろん価値のあるものである。しかし、別の見方をすると、木材という栄養的に価値の低い餌を食べるために、時間をかけてゆっくりと生長するように、幼虫期間に可塑性をもたせている、貧栄養の餌への見事な適応なのである。

4　菌との共生

貧栄養の餌資源をもう少し賢く克服する方法がある。それは、共生微生物を利用する方法だ。

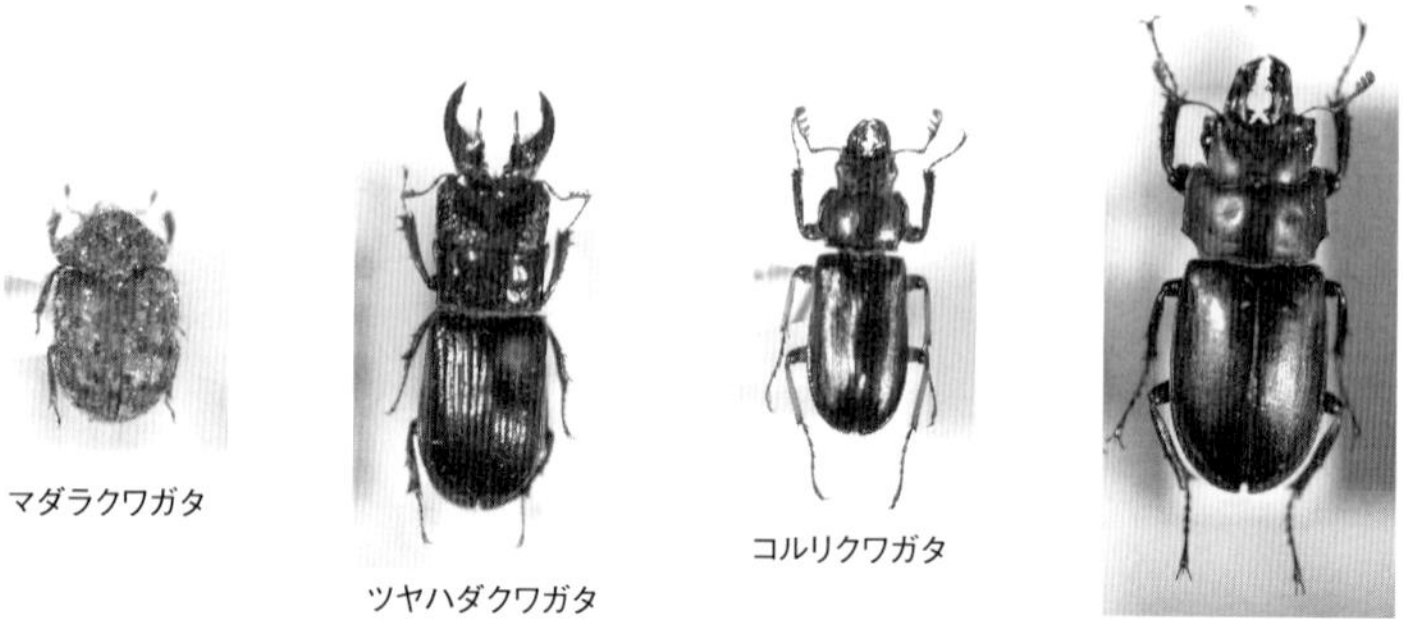

マダラクワガタ　ツヤハダクワガタ　コルリクワガタ　オニクワガタ

図 7-5　クワガタムシ（国立科学博物館 所蔵）

4・1　クワガタムシと材の腐朽・分解

材の腐朽菌には、白色腐朽菌と褐色腐朽菌、軟腐朽菌の三つの腐朽タイプがある。白色腐朽を起こした朽ち木は、セルロースとリグニン、ヘミセルロースという木材の三種の主成分がほぼ同じように分解され、色が白っぽくなり縦に繊維状にほぐれやすくなる。白色腐朽菌は主に広葉樹に発生する。軟腐朽も白色腐朽と同じく三つの成分をほぼ同じように分解するが、野外では半分水に浸かったり、土に埋まった状態の広葉樹に主に発生する。一方、褐色腐朽材は、色は赤褐色で、ブロック状に割れる。褐色腐朽が進むと、手でも簡単に崩せるほどに柔らかくなるが、これは、セルロースとヘミセルロースという、木材の骨格を形成する化学成分が主に分解されるためである。褐色の色は、分解されずに残ったリグニンの色である。広葉樹にも発生するが、主に針葉樹に多く発生し、とくに気温が冷涼な地域に比較的多く発生する。もとは同じ樹種でも、腐朽菌の種類によってまったく異なった性質に変わっていくが、逆に、樹種が違っても腐朽菌の種類が同じであれば、朽ち木の物理的・化学的な性質はよく似たものになる。腐朽のステージと腐朽タイプ（＝菌の種類）は、材食性昆虫の種類とも密接に関係している。

クワガタムシは腐朽菌が繁殖した材を摂食して発育するが、京都大学の大学院生だった荒谷邦雄さん（現、九州大学）は、腐朽タイプと腐朽ステージによって、摂食できるクワガタムシの種類が決まっていることを明らかにした。ツヤハダクワガタ（*Ceruchus lignarius*）とマダラクワガタ（*Aesalus asiaticus*）は褐色腐朽材に、コルリクワガタ（*Platycerus acuticollis*）は軟腐朽材に集中して発生する。ツヤハダクワガタは、褐色腐朽でもとくに腐朽の末期ステージの材を選好する。ツヤハダクワガタの幼虫の順調な成長には褐色腐朽材が不可欠であり、また、雌成虫は褐色腐朽材に対して明らかに産卵選好性を示す。どの腐朽タイプでも生育できるオニクワガタ（*Prismognathus angularis*）においてさえ、腐朽タイプの違いが幼虫の成長や成虫サイズに影響を与える。

クワガタムシの幼虫が腐朽材を食べるメリットとして考えられるのは、窒素資源の改善である。腐朽菌がCを二酸化炭素の形で空中に放出するため、通常の健全材に比べると腐朽材ではC／N比が低くなり（Nが豊富だということ）、おおよそ一〇〇～二〇〇の範囲になる。クワガタムシの糞では、さらにこのC／N比が低くなる。コクワガタ、ノコギリクワガタ、ヒラタクワガタなどの幼虫は、この糞を木屑と混ぜて摂食する行動が報告されており、窒素のリサイクル機構と考えられている。クワガタムシの糞を顕微鏡で観察すると、材の柔組織や放射組織など、腐朽材を構成する各組織が識別できるほどにはっきり形を保って残っている。しかも、それらの組織を形成する細胞壁には、結晶性のセルロースやリグニンも、腐朽材と同様に大量に残っている。一方で、細胞壁を構成する多糖類を単糖類に分解してから測定すると、少なくとも細胞壁構成多糖類を構成するグルコースなどの単糖類の総量は幼虫の摂食によって減少していた。すなわち、クワガタムシの幼虫は、細胞壁構成多糖類のう

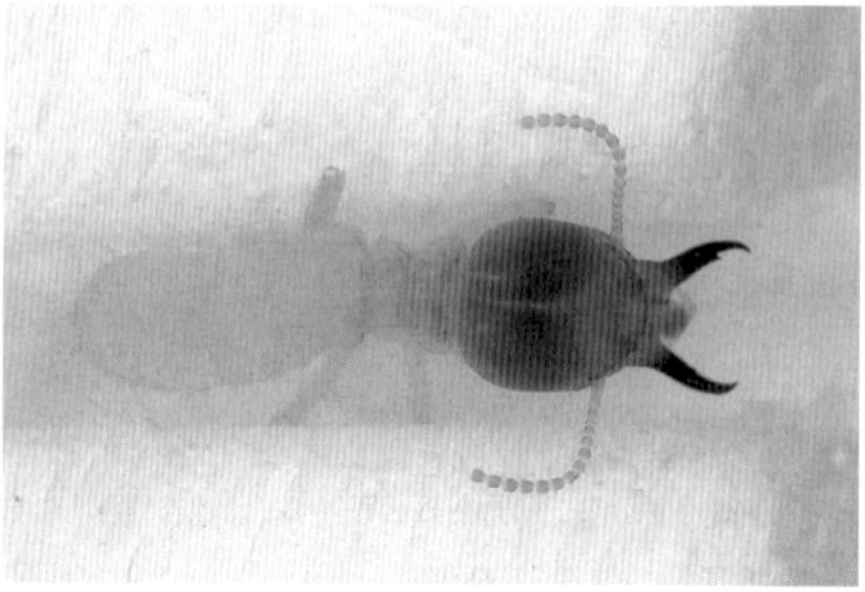

図 7-6　タイワンシロアリ（竹松葉子氏 原図）

ち、結晶性のセルロースは利用できず、木材腐朽菌の働きによって低分子化された糖類を消化吸収している。

このように、クワガタムシはこれまで腐朽材食と考えられていたが、最近、この常識を覆す発見がされた。東京大学の学生だった棚橋薫彦さんは、クワガタムシが腐朽菌の菌糸のみで発育可能なこと、また、調査したクワガタムシ科のすべての種で、メスが共生微生物を運ぶマイカンギア（次項参照）をもっていて、材を構成する糖であるキシロースの代謝能力を持つ酵母を運んでいることを明らかにした。すなわち、クワガタムシの幼虫は、腐朽材を食べてはいるものの、実際は、菌食性であることを示している。

4・2　シロアリと原生動物・農業をするシロアリ

シロアリの消化管内に多数の原生動物が棲息していることは、一九世紀後半ごろから知られていた。シロアリの腸内原生動物を除去するとシロアリが長く生存できないことや、原生動物を再感染させると生存が可能となることから、シロアリと原生動物の間には共生関係があることが二〇世紀の初めに明らかにされていた。その後の研究により、シロアリのセルロース消化機構には原生動物が深く関わりをもっ

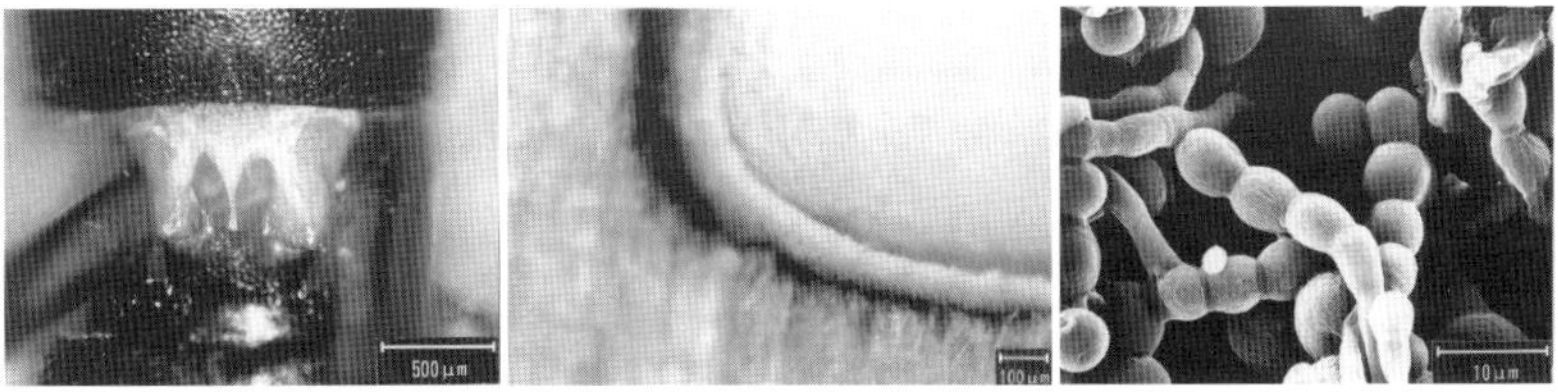

図7-7　クスノオオキクイムシとアンブロシア菌。左：クスノオオキクイムシの胸部にあるマイカンギア。中：クスノオオキクイムシの坑道の表面の様子。右：クスノオオキクイムシの坑道表面のアンブロシア菌（梶村、2000：二井一禎・肘井直樹編『森林微生物生態学』朝倉書店より転載）

ていることや、シロアリ自身もセルラーゼというセルロース消化酵素をもっていることが明らかとなった。原生生物の中に棲む細菌もいて、多重共生ともいえる複雑なシステムが作り上げられている。

ここまでは、腸内原虫をもつ下等シロアリの話であるが、高等シロアリは腸内原生生物をもたず、植物組織の分解を担子菌類にゆだねている。

高等シロアリには、菌園とよばれるハチの巣状の塊の上に、担子菌のキノコを栽培して栄養源にする種類がいる。タイワンシロアリ（図7-6）というキノコシロアリの一種の巣は、キノコを栽培するための菌園からなっていて、地下五〇～一〇〇センチメートルの間に直径約二五センチメートルほどの部屋をいくつも作り、その内部に見事な菌園を作ってキノコを栽培する。菌園は、リグニンとセルロースで構成されているが、シロアリはリグニンの分解が進み、軟らかなセルロースになったものを食べている。

4・3　農業をする昆虫（その2）——養菌性キクイムシ

アンブロシアキクイムシ（ambrosia beetle）とよばれる昆虫のグループがある。分類学的には、鞘翅目ゾウムシ上科のナガキクイムシ科とキ

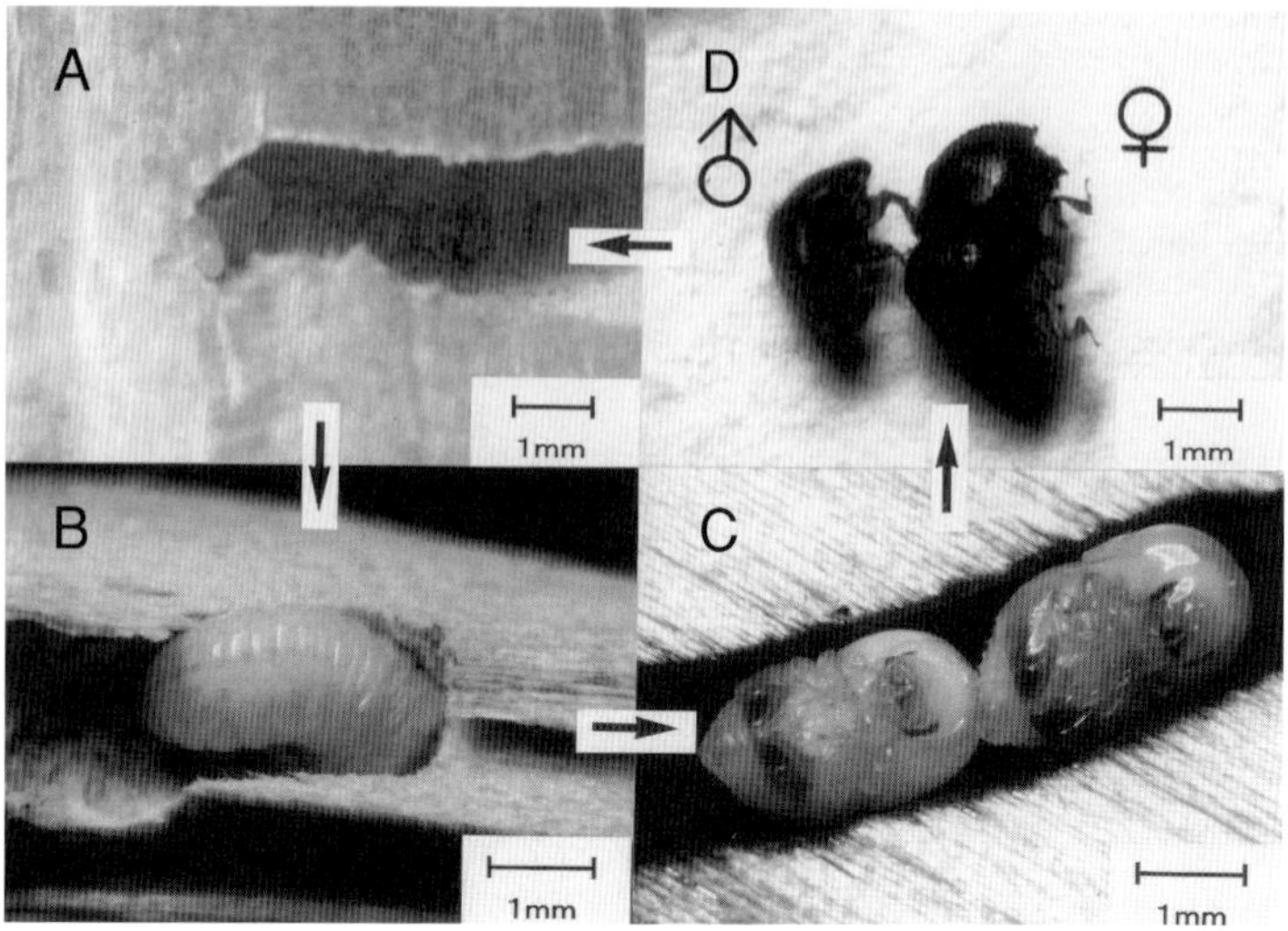
A
D
♂
♀
1mm
1mm
B
C
1mm
1mm
図 7-8　クスノオオキクイムシの卵(A)、幼虫(B)、蛹(C)、成虫(D)（梶村、2000：二井一禎・肘井直樹編『森林微生物生態学』朝倉書店より転載）

クイムシ科に属する甲虫の仲間である。アンブロシアとは、ギリシャ神話に登場する「不老不死を約束する神の食べ物」を意味する言葉である。日本語でキクイムシという名前がついているのにもかかわらず、木は食べず、アンブロシア菌（ambrosia fugi）という菌を食べる。では、なぜ「食菌性キクイムシ」ではなく「養菌性キクイムシ」とよばれるのだろうか？　それは、成虫が、菌の胞子を貯蔵する器官をもち、菌を新しい寄主に運んで栽培するからである。

菌の胞子を運ぶ貯蔵器官は、マイカンギア（mycangia＝菌嚢）とよばれる。養菌性キクイムシの種によって、マイカンギアの位置は異なっており、その位置は口腔、前胸背、前胸背板、前・中胸背、基節窩、鞘翅の六つに大別され、現在までに二〇タイプが見つかっている。二つのタイプのマイカンギアをもっている種もある。また、雌雄いずれか一方にのみみられるものもあれば、雌

表7-1　アンブロシアキクイムシ幼虫とアンブロシア菌の組み合わせを変えた場合のキクイムシの発育（梶村、2000：二井一禎・肘井直樹編『森林微生物生態学』朝倉書店を改変）

		アンブロシア菌						
		1	2	3	4	5	6	7
キクイムシ	1．ミカドキクイムシ	－	－	－	－	－	－	－
	2．タイコンキクイムシ	－	－	－	－	－	－	－
	3．サクキクイムシ	×	×	○	×	○	○	×
	4．ハンノキキクイムシ	×	×	◎	○*	◎	○	－
	5．クスノオオキクイムシ	×	－	×	×	◎	○	×
	6．ハネミジカキクイムシ	×	×	○	×	×	○	×
	7．ツヅミキクイムシ	－	－	－	－	×	－	－

アンブロシア菌の数字は同じ数字のキクイムシから採取して培養したアンブロシア菌
◎：たいへん良い；○：利用可能；×：利用不可能；－：データなし
*：ハンノキキクイムシのPAFは、他のキクイムシのものと異なり、菌糸状だったことに注意する必要がある。

雄両方にみられるものもある。

名古屋大学の梶村恒さんは、アンブロシア菌を主要アンブロシア菌（primary ambrosia fungi: PAF）と副次的アンブロシア菌（auxiliary ambrosia fungi: AAF）に分けた。両者ともに、養菌性キクイムシのマイカンギアや坑道で見つかる。ＰＡＦは、幼虫が出現するまでにもっとも活発に増殖し、幼虫の摂食行動の開始とともに量的、質的に衰退していく *Ambrosiella* 属菌（アンブロシエラ）のようなものを指し、ＡＡＦは、幼虫摂食とは関係なく豊富に存在する酵母類や *Paecilomyces* 属菌（パエキロミケス）のことをいう。

梶村さんは、クスノオオキクイムシという養菌性キクイムシの人工飼育中に、偶然、興味深い発見をした。幼虫の中で、ほとんど成長しない個体がいたのである。調べてみると、この幼虫が食べていた菌が、クスノオオキクイムシのものではなかったのだ。自分のＰＡＦでなければ、養菌性キクイムシは発育できないのだろうか？　梶村さんは、養菌性キクイムシの種とＰＡＦの組み合わせを変えることによって、この疑問を解決する実験を行った。実験に使ったキクイムシは七種で、それぞれのキクイムシに共生しているPAFを、単独ですべてのキクイムシに与えることによって、「相性診断」を行った。興味深いことに、キクイムシとそのPAFは必ずしも「ベストカップル」ではなかったのである（表7－1）。たとえば、サクキクイムシのPAFでは、共生昆虫であるサクキクイムシよりもハンノキクイムシのほうが生存率が高かった。そこには、昆虫と菌との間の種特異的な関係の成立過程と共進化のメカニズムの謎を解く鍵が隠されているようにみえる。

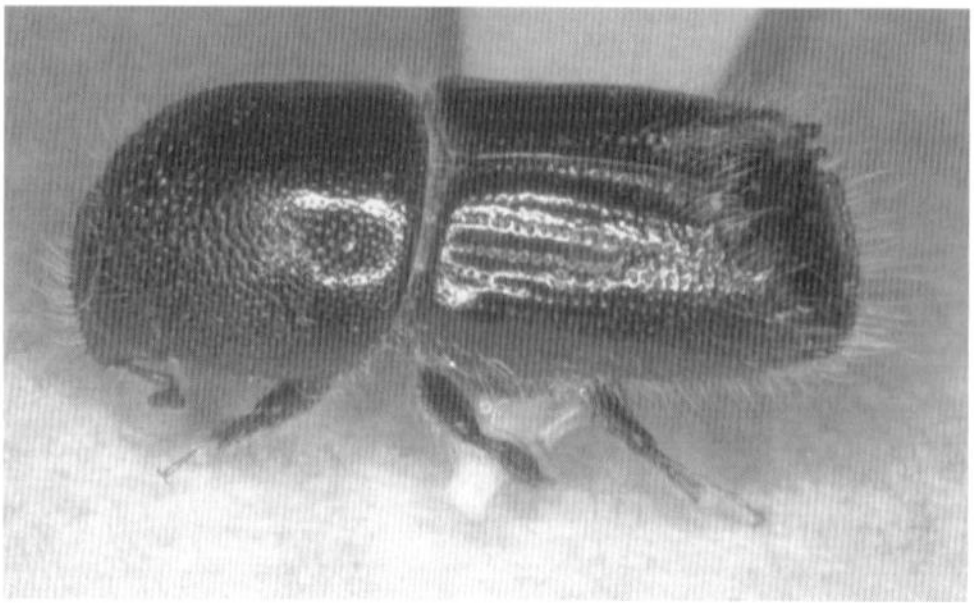

図7-9　ヤツバキクイムシ（上田明良氏 所蔵）

4・4　木を食べるキクイムシ

一方、木を食べるキクイムシは、樹皮下キクイムシ（bark beetle）とよばれている。

樹皮下キクイムシの多くは、倒木・伐倒木・病虫獣害や気象害を受けた衰弱木など、すでに活力を失って枯れる寸前の木や、枯死してまもない木の樹皮下に潜り込み繁殖している。しかし、樹皮下キクイムシの中には、見かけ上は健全な生きている木（生立木）に加害するものもある。この仲間の甲虫は、内樹皮という形成層を含んだ生きた組織を主に摂食することにより栄養を満たしている。この組織は細胞質

OH
cis-vernenol
OH
2-methyl-3-buten-2-ol

図7-10　タイリクヤツバキクイムシの集合フェロモンの化学成分。タイリクヤツバキクイムシ（*Ips typographus*）は、日本のヤツバキクイムシ（*Ips typographus japonicus*）の原種に相当する

をたっぷり含んだ生細胞からなるため、樹木組織ではめずらしく栄養分に富んでいる。しかし、樹木のほうもむざむざと重要な生命線を食べられるわけにはいかないため、樹脂や樹液を分泌して、昆虫の攻撃に対して防御を行っている。樹皮下昆虫が内樹皮を食害すると、樹脂や樹液に巻かれて、ほとんどの昆虫は死んでしまう。そのため生立木に穿孔する樹皮下キクイムシは、病原性のある青変菌（blue stein fungi）と共生することによって樹木の防御を封じている。読んで字のごとく、青変菌は、樹木の辺材部を侵して材を青黒く変色させる子嚢菌類である。たとえば、北海道でエゾマツなどに穿孔するヤツバキクイムシ（***Ips typographus japonicus***）は、***Ceratocystis polonica***（セラトシスティス・ポロニカ）、***Ophiostoma bicolor***（オフィオストマ・ビコロル）、***O. penicillatum***（オフィオストマ・ペニシラートゥム）、***O. piceae***（オフィオストマ・ピケアエ）という四種の青変菌と共生関係をもっていることが知られている。さらに、生立木に穿孔する樹皮下キクイムシは、樹木の抵抗性を打破するために、多数の成虫が同時に樹幹の特定の部位を集中攻撃する「マスアタック」という戦略を発達させた（3章3－1を参照）。このマスアタックを可能にしているのが集合フェロモンである（図7－10）。少数の個体が寄主木を発見すると、樹皮下に穿孔して周囲に集合フェロモンを放出する。すると同じ種のキクイムシが多数誘引されてこの木にマスアタックを加えることになる。キ

クイムシが穿孔すると樹皮下に青変菌が接種される。樹木は樹脂を分泌して昆虫と菌に抵抗しようとする。通常、針葉樹には一次樹脂と二次樹脂という二種類の樹脂がある。最初の防御には、あらかじめ樹体内に蓄えられていた一次樹脂が使われる。一次樹脂で外敵を押さえ込むことができない場合には、二次樹脂が生産される。この二次樹脂も、外敵を抑え込むまで生産し続けられる。しかし、樹木も、樹脂の生産には、生きている組織のほかに材料やエネルギーの供給が必要である。マスアタックが進行すると、青変菌が内樹皮や辺材の柔組織に侵入してキクイムシ周辺の植物組織を破壊する一方で、樹木も樹脂を作るために必要な材料やエネルギーが次第に枯渇していく。最終的に樹脂の分泌が停止して繁殖に適した条件が作り出されると、キクイムシはフェロモンの放出を停止して、新たなキクイムシの飛来は停止する。このようにして、キクイムシは生立木への寄生に成功するのである。養菌性キクイムシと異なり、樹皮下キクイムシでは一部の種しかマイカンギアをもっていない。しかし、マイカンギアをもっていない種でも、特定の青変菌とこのような共生関係をもっていることが知られている。

青変菌と樹皮下キクイムシの共生関係では、青変菌はキクイムシによって新しい寄主へ運んでもらうという利益を受ける。キクイムシは、青変菌によって、樹木の防御を弱めるのを助けてもらうという利益を受けている。養菌性キクイムシでは、共生菌はキクイムシの食物として利用されていた。実は、似たような関係が樹皮下キクイムシでも知られている。

北アメリカのマツ類に大きな被害を与えているサザンパインビートル（*Dendroctonus frontalis*）では、共生菌である *Ceratocystiopsis* 属に属する菌と担子菌が多いと幼虫の成育が良いことが知られている。しかし、共生菌のうち、材に青変を起こし病原性もある *O. minus* は、逆に幼虫の生育に阻害的であることが知られている。ほかにも、同じ *Dendroctonus* 属のマウンテンパインビートル（*D. ponderosae*）では、マイカンギアからとれる菌のうち *Ophiostoma* 属の二種の菌を接種した樹皮で育てると、幼虫の生育期間が短くなることが知られている。このように、樹皮下キクイムシにとっての共生菌は、主たる餌というわけではないが、餌の質を改善するうえで役に立っている場合がある。

4・5　キバチ

ハチというと、すぐに思い浮かぶのはスズメバチやミツバチだろう。ハチやアリのグループである膜翅目は、大きく細腰亜目と広腰亜目に分かれる。細腰亜目は、スズメバチやミツバチ、アリなどが含まれ、どちらかというと進化したグループである。それに対して広腰亜目は、材を食べるキバチや葉を食べるハバチなどを含んでいる。

キバチ科に属するハチは、世界で九属約九〇種であり、昆虫の中では比較的小さなグループである。日本では、六属一四種が記録されているが、本州では、ニホンキバチ（*Urocerus japonicus*）、ニトベキバチ（*Sirex nitobei*）、オナガキバチ（*Xeris spectrum*）がよく知られている。ニホンキバチがスギに寄生すると、材に星形変色を引き起こすが、この星形変色材が増えたのはここ四〇年ぐらいのことである。木材価格が低迷したため、戦後の拡大造林で植えられた大量のスギの間伐材が、経済的にペイしなくなった。苦肉の策としてとられたのが、「すてかん（「伐り捨て間伐」の略称）」であった。キバチは衰弱木や伐倒して間もない木を好むため、林内に放置されたままの伐り捨て間伐木は、

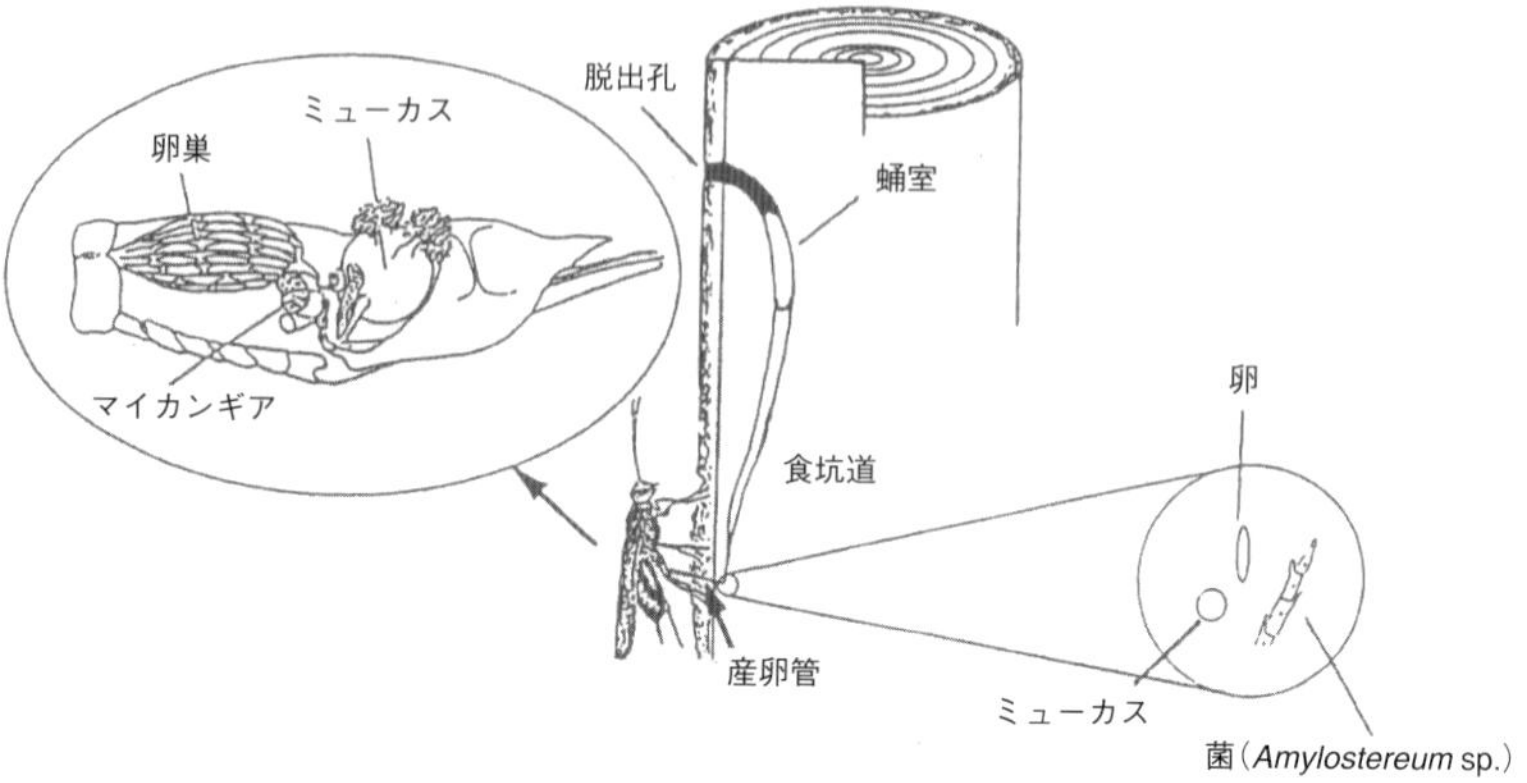
脱出孔
ミューカス
卵巣
蛹室
マイカンギア
卵
食坑道
産卵管
ミューカス
菌（*Amylostereum* sp.）

伐り捨て間伐（通称すてかん）

ニホンキバチの成虫

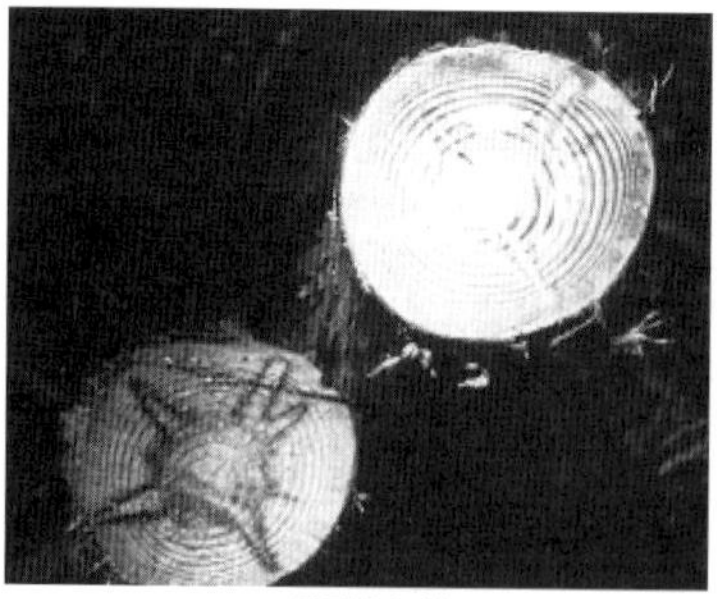

星形変色材

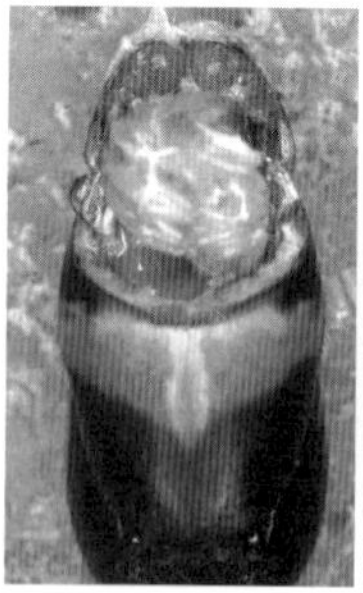

マイカンギア

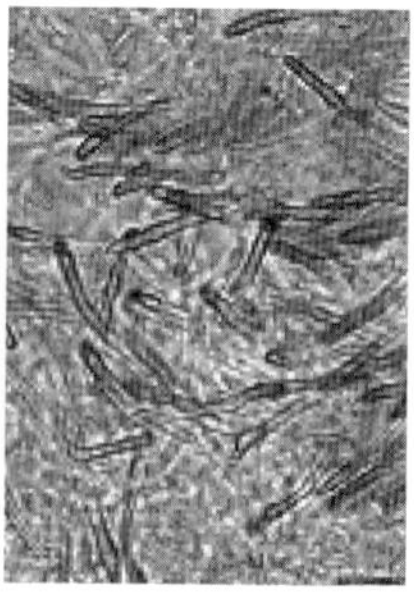

アミロステリ菌

写真 7-11　ニホンキバチと共生菌（福田秀志氏 原図：二井一禎・肘井直樹編『森林微生物生態学』朝倉書店より一部転載）

キバチの絶好の繁殖源となった。「すてかん」が星形変色材を増やしたのだ。

キバチは、その名の通り樹木の樹幹に穿孔するハチで、主に衰弱木や被圧木、比較的新しい倒木や丸太などに寄生する。キバチの多くの種は、担子菌のグループである *Amylostereum*（アミロステリウム）属の特定の種と共生関係をもっている。キバチが樹幹に産卵する際に、体内に蓄えられていたミューカス（**mucus**）とよばれる粘性物質とともに、マイカンギアに貯蔵されていた菌を材内に注入する。

菌の働きはまだ不明な点が多いが、餌となる木材組織をキバチ幼虫がそのまま利用できる形に菌が変化させているという説、餌となる木材組織を構成するセルロース、ヘミセルロース、リグニンなどの難分解物を消化するための消化酵素を菌がキバチ幼虫に与えているという説とがある。いずれにせよ、キバチ幼虫はこの菌がないと、木材を食物資源として利用することができない。材外で孵化したキバチの幼虫は、産卵時に雌成虫が植え付けた菌を利用して材組織を食べ進みながら成長する。ミューカスは、共生菌の胞子の発芽や、菌糸の伸長を促進する働きをもつものと考えられている。

名古屋大学の大学院生だった福田秀志さん（現、日本福祉大）は、共生菌をもたないオナガキバチで興味深い発見をした。共生菌をもっているキバチ類は、伐倒直後の新鮮丸太を好んで産卵対象とするが、オナガキバチは伐倒直後の新鮮丸太にはほとんど産卵しない。福田さんは、実験によって、オナガキバチが、ニトベキバチやニホンキバチなど他のキバチの共生菌が繁殖している寄主木に選択的に産卵していることを明らかにした。野外では、オナガキバチの多くは、すでに共生菌をもつキバチ類が利用し終わった材を利用していることも明らかになった。このように、共生菌をもたないオナガキバチは、他種のキバチ類の共生菌を利用するという寄生的共生の繁殖様式をもっている。福田さんは、「巨大なバイオマスがあり、しかも安定した環境である辺材部を利用する究極の方法」と評している。

5　ナラ枯れ

5・1　ナラ枯れとは

本州日本海側の各地ではナラ類の枯死が、九州ではシイ・カシ類の集団枯死が発生している（口絵写真参照）。これらは、古くは一九三〇年代から報告がみられる。しかし、一九八〇年代後半からは被害地が拡大を続け、被害量も急激に増えている。森林総合研究所の研究グループによって、カシノナガキクイムシ（*Platypus quercivorus*）に随伴する *Raffaelea quercivora*（通称、「ナラ菌」）（口絵参照）によって健全な木が枯れるメカニズムが明らかにされた。

5・2　カシノナガキクイムシ

カシノナガキクイムシは、甲虫目ゾウムシ科ナガキクイムシ亜科に属する養菌性キクイムシの一種である（口絵参照）。体長は四・五～五ミリメートル程度で、若干雌のほうが大きい。細長い円筒形で、光沢ある暗褐色をしている。雌の前胸背中央には、マイカンギアの入り口として、五～一〇個の円孔がある。カシノナガキクイムシの成虫は、マイカンギアの中にアンブロシア菌の胞子を取り込み、新しい木に運搬して栽培する。成虫も幼虫もこの栽培した菌を食べている。

ナガキクイムシ科の昆虫は熱帯・亜熱帯を中心に繁栄している。カシノナガキクイムシの世界的な分布は、ニューギニア・ジャワ・インド・タイ・ベトナム・台湾・日本とされている（初版の中で、韓国が含まれていたのは単純な誤り。ボルネオは、ボルネオを積み出し港とする輸入材から農水省植物検疫所の検疫により発見された記録があるが、ボルネオでの生息を確認したものではないので削除した）。したがって、日本は分布の北限になる。日本では、本州・九州・四国のほか、伊豆諸島・南西諸島のいくつかの島、対馬・佐渡に分布している。南九州ではナラ枯れの流行が始まる前から分布に関する報告が比較的多かったが、本州での採集記録はきわめて限られていた。また、一九三八年の京都府（モンゴリナラ＝現在は、大陸のモンゴリナラとは別種のフモトナラとされている）、一九五四年の山口県（アラカシ）、一九五二年の愛媛県（ウラジロガシ）、二〇〇四年の三宅島での採集記録や、石垣島・沖縄本島や徳之島における近年の採集報告を除くと、すべてナラ・カシ類の集団枯死に関連して採集されたものばかりである。ただし、三宅島では、二〇一〇年からナラ枯れが発生するようになった。

カシノナガキクイムシは、日本では、一七科二七属四五種の植物に穿孔することが報告されている。しかし、これまで繁殖を確認されている植物がブナ科に限られていることや、ブナ科植物ではそれ以外の植物に比べると穿孔密度が高いことから、本来の寄主植物はブナ科と考えられている。

カシノナガキクイムシは年に一世代ないし二世代を経過する。林内を飛翔する成虫を捕獲するためのトラップを設置すると、六月から一二月の長い期間にわたり成虫が捕獲される。石川県では六月下旬〜七月上旬に越冬成虫（前年の第一世代と第二世代の混ざったもの）のピークがみられる。九月以降は越冬成虫の脱出は少なくなる。その一方で、越冬成虫の子供世代にあたる第一世代の脱出が八月下旬から始まる。第一世代の脱出のピークは八月の終わりから九月上旬にあり、その後は徐々に減少していく。通常は、越冬成虫のピークのほうが第一世代成虫のピークよりも大きい。

カシノナガキクイムシの化性（一年に繰り返す世代数）は、遺伝的に固定されているのではなく、単純に温度に依存する反応のようである。つまり、産卵された後の温量によって、その年のうちに成虫になれるかどうかが後天的に決定されている。したがって、早い時期に産卵された個体は、その年の晩夏から秋に成虫となり羽化脱出して繁殖を行う。林内を飛翔する成虫数から、二化を経過する個体の割合は少ないものと推測されている。また、鹿児島県でさえ第一世代の成虫は繁殖成功度（一つがいの親が残せる子世代の成虫数）が、越冬世代の成虫よりもはるかに低い。

カシノナガキクイムシの成虫は昼行性で、成虫の脱出も飛翔も明るい時間帯に行う。繁殖木からの新成虫の脱出は、薄明から始まり、日の出後約二時間までの間にほぼ終了する。成虫の飛翔は、気温一九度以上になるとみられるようになり、午前中に陽が射して気温が二〇度以上になると大量に飛翔する。飛翔する成虫の数を調べると、午前中に多く、午後には時間とともに減少する。夜間はほとんど捕獲されない。脱出行動は概日リズム（行動の日周性）に関係した明瞭な反応が認められるのに対し、飛翔行動には、ほかにも温度や天候などが複雑に関係している。

羽化脱出した成虫のうち、雄が新しい寄主木に最初に穿入する。このときに雄成虫は、穿入孔から排出した木屑（口絵参照）に、尾端から分泌した同種の他個体を引き寄せる効果がある集合フェロモ

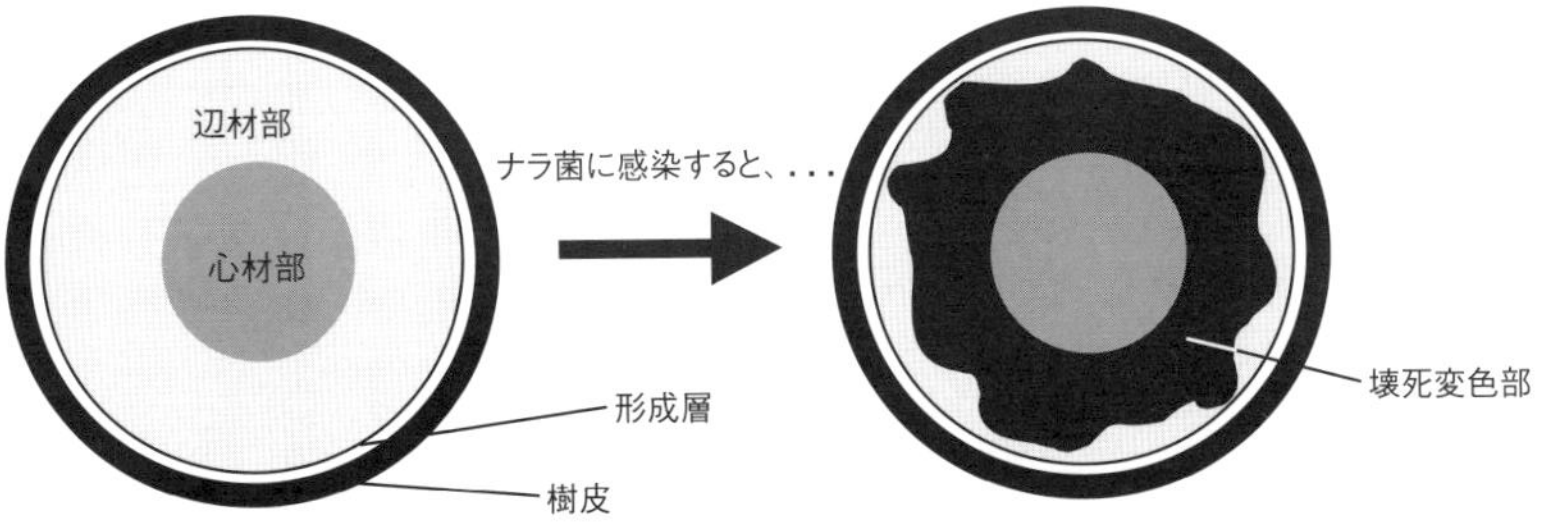
辺材部
心材部
ナラ菌に感染すると、...
形成層
樹皮
壊死変色部

図 7-12　木材の断面図と各組織の役割および「ナラ菌」による壊死変色
心材：幹の中心部にあり、死んだ細胞からできている。
辺材：心材の周りにあり、生きた細胞をもつ。根から葉への水分通路と、養分貯蔵という、重要な役割をしている。
形成層：樹皮と木部の間の柔軟な組織。樹木の肥大成長という重要な役割をしている。
樹皮：外樹皮と内樹皮に分かれる。表面は外樹皮といい、コルク組織や死んだ組織などからできていて、内部の組織を保護する役割をしている。内樹皮は、生きた細胞（師部組織）からなる。光合成で作られた同化産物の輸送と貯蔵を行う。

ンを付ける。集合フェロモンは、すでに有効成分が同定され、合成フェロモンが市販されている。雌が穿入孔を発見して近づくと、雌雄間で音による交信が交わされる。その後、雄は穿入孔の外に出て、雌が穿入孔に入ると、そのあとから雄も穿入孔の中へ入る。

5・3　一次性か二次性か？

養菌性キクイムシのほとんどは、何らかの原因で弱ったか、倒れたばかりの木を利用している。そのため、最近までカシノナガキクイムシも衰弱した木にしか寄生することができないと考えられていた。しかし、現在では、少なくともナラ枯れが発生しているような高密度な状態になると、カシノナガキクイムシは健全な樹木にも攻撃して寄生できることが明らかにされている。

5・4　穿孔を受けた木の運命

カシノナガキクイムシが坑道の表面に培養するアン

ブロシア菌（糸状菌、酵母、バクテリアの混合物）の中にあるナラ菌が植物組織に侵入すると、坑道の周辺を中心として、辺材部の細胞が死んでしまい、その部分は心材と似た色に変色していく（壊死変色部という）（図7‐12）。この、壊死変色部では、細胞が死ぬために水が流れなくなる。幹のどこか一部でも壊死変色によって水の流れが完全に止まってしまうと、葉に水が届かなくなり木は枯れてしまう。早いものでは、カシノナガキクイムシが穿孔を開始してから、わずか2週間ほどで葉枯れ症状が現れる。

カシノナガキクイムシの穿入を受けた立木がたどる経過は三つのパターンに類別される。①健全木にカシノナガキクイムシが穿入してその年に枯死に至るもの、②その年に枯れずに翌年以降にさらに穿入を受け枯死するもの、③穿入を受けるが枯死に至らないもの、である。ミズナラでは枯死率は四〇〜九〇パーセントと高いが、枯れるものはほとんどが①で、②のケースは少ない。ミズナラ以外の樹種では、ミズナラに比べると枯死率ははるかに低いが、枯れた木の中では②が多く、①は③よりも少ない。

ミズナラと他の樹種との間に、なぜこのような違いがあるのだろうか？　ひとつは、カシノナガキクイムシが穿孔するときに出す樹液である。コナラでは樹液が出てくると繁殖に全く成功できないが、ミズナラはそもそもが穿孔を受けたときに樹液が出てくる穿入孔の割合が低く、また、樹液を出しても繁殖に成功できる場合がある。ふたつめは、ナラ菌が侵入したときの樹木側の反応である。コナラ属の樹種の中でも、コナラやミズナラなどの落葉性の樹種では壊死変色の広がりが大きい。みっつめとしては、樹種特性としての心材率である。ミズナラは心材率が高く、もともとカシノナガキク

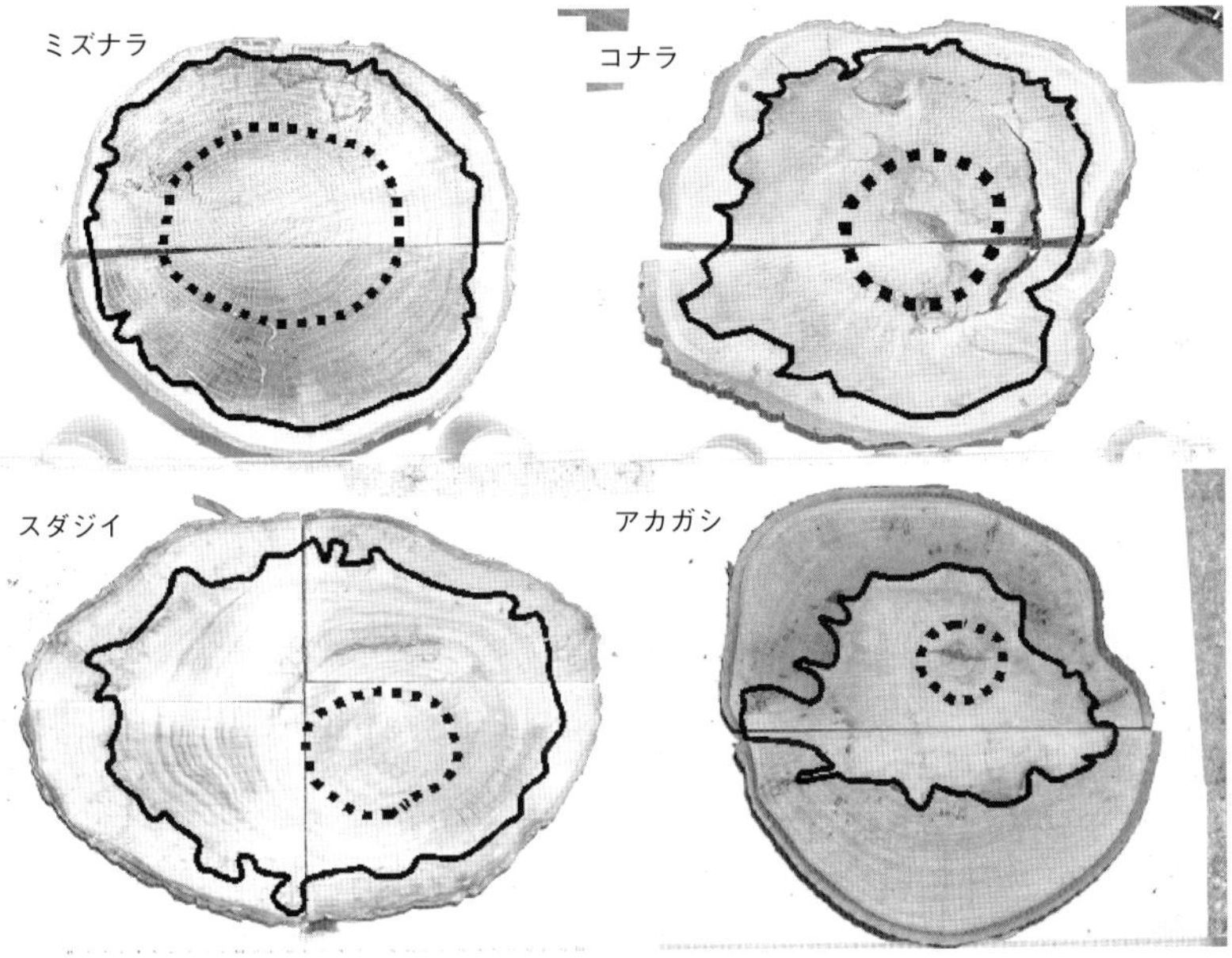
ミズナラ
コナラ
スダジイ
アカガシ

図 7-13　ブナ科 4 種の心材（点線内）とカシノナガキクイムシの穿孔を受けて 1 年目の壊死変色部の広がり（実線内）（加藤賢隆氏 原図）

イムシが繁殖に利用できるスペースが狭いことである。これらが、枯死率や枯れる木のパターン（①か、②か）を決める重要な要因となっている（図7－13）。つまり、樹液による防御が弱いことに加え、もともとの心材率が高く、ナラ菌が侵入したときの壊死変色の広がりが大きいことが、ミズナラで一年目の枯死率が高い原因である。一年目の穿孔を受けたあと生き残ったミズナラを調べると、残された健全な辺材部が非常に少ない。そのため、二年目以降にはカシノナガキクイムシが繁殖に利用できる辺材部が少ないため、雄成虫が穿孔してもしばらくすると脱出してしまう。たぶん、穿孔したあとに繁殖に適していないことに気がつくのだろう。そのため、二年目以降は、マスアタックが起こらない。カシノナガ

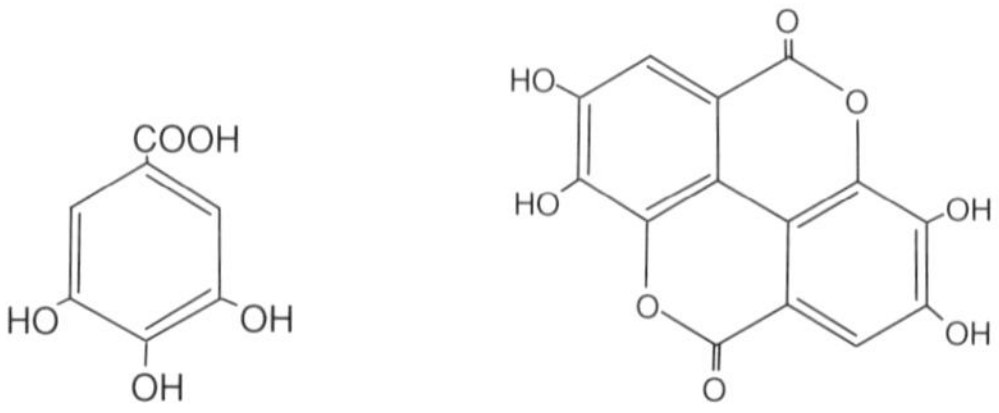

図7-14　ガロ酸（左）とエラグ酸（右）の化学式

キクイムシの雄成虫はマイカンギアをもたないので、雄だけが穿孔しても、病原菌であるナラ菌はほとんど持ち込まれない。このように、初めて穿孔を受けた年に生き残ったミズナラでは、二年目以降は穿孔数が少なく、坑道が短く、しかもマイカンギアをもたない雄しか穿孔しないため、変色壊死が広がりにくく、枯死することはきわめて稀である。二年目以降に枯死する木は、一年目の穿孔数が少なくて辺材に十分なスペースが残ったために、二年目にもマスアタックを受けるケースか、逆に一年目にギリギリのところで生き残ったものが何らかの環境ストレスを受けて枯死するようなケースである。

それに対して、ミズナラ以外の樹種、とくに常緑のシイ・カシ類では、もともとの心材率が低いうえ、ナラ菌が侵入したときの壊死変色の広がりも小さい。そのため、一年目の穿孔で水分通道をブロックしてしまうほどに壊死変色が広がることはあまりなく、枯死率は低い。逆に、ほとんどの場合、二年目以降にも繁殖に十分な量の健全な辺材部が残っている。したがって、カシノナガキクイムシの穿孔を複数年にわたって受けることによって、壊死変色が少しずつ広がり、最終的に水分通道が完全にブロックされると枯れてしまう。

辺材にみられる壊死は、本来は菌の侵入を阻止するための樹木の防御反応である。ミズナラではこの防御反応が過剰に起こるために、木が枯れてしまうのである。また、細胞の壊死に引き続いて起こる変色は、樹木の防御物質を分解するためにナラ菌が分泌する消化酵素によって引き起こされる。コナラ属の樹幹には防御物質としてエラジタンニンが多く含まれている。ナラ菌の消化酵素タンナーゼによって、エラジタンニンが加水分解され、ガロ酸とエラグ酸という二種のタンニン酸ができる（図7－14）。さらに、ナラ菌の出す別の消化酵素であるラッカーゼによってガロ酸が重合を起こして変色物質が作り出される。その結果、健全な辺材部にはガロ酸はまったく存在していないのに、壊死変色部ではガロ酸が検出されるようになり、エラグ酸の濃度も健全な辺材部に比べると高くなる。枯れて間もない木を切っても、壊死部に変色が進んでいないことが多いが、これは、二段階の化学変化の後半で変色物質が作り出されるためである。金沢大学の大学院生だった小穴久仁さんは、ガロ酸とエラグ酸が、カシノナガキクイムシの穿孔を阻害する作用があることをエレガントなバイオアッセイで証明した。辺材部に濃度を変えたガロ酸とエラグ酸をしみこませて、カシノナガキクイムシに穿孔させてみた。タンニン酸の濃度が高くなるにつれて、穿孔する個体の割合は減少した。枯死木の壊死変色部に含まれる半分の濃度のエラグ酸を辺材にしみこませるとカシノナガキクイムシはまったく穿孔しなくなった。ガロ酸の場合、カシノナガキクイムシの穿孔を完全に阻害するためには、壊死変色部の数十倍の濃度にする必要があった。

5・5　羽化脱出後のカシノナガキクイムシ成虫の移動・分布と被害の拡大パターン

カシノナガキクイムシ以外の養菌性キクイムシや樹皮下キクイムシでは、光・重力・風・化学物質などの要因が、羽化脱出してきた成虫の移動分散行動に関係していることが知られている。カシノナガキクイムシ成虫の移動分散についても、近年数多くの知見が明らかにされている。

多くのキクイムシ類で、フラス（木屑や排泄物・分泌物が混ざったもの）に同性異性も含めた他個体を集める集合フェロモンや、異性を集める性フェロモンが含まれていることが知られている。カシノナガキクイムシでも、雄成虫が最初に穿入するときに排出するフラスに同種他個体を誘引する効果がみられるが、その後の研究でカシノナガキクイムシの集合フェロモンが同定・合成された。現在、集合フェロモンを利用した防除法が研究されている。

林の中やその周辺では、高さ〇・五〜一・五メートルの低い位置で多数の成虫が捕獲される。これは、樹幹の地際に近い部分ほどカシノナガキクイムシの穿孔が多いこととも関係している。養菌性キクイムシの場合、材の含水率が四〇パーセント以下になると生存できないことから、乾燥しにくいことが低い位置ほど穿孔が多い原因だろう。

石川県林業試験場の江崎功二郎さん（現　石川県白山自然保護センター）は、カシノナガキクイムシ成虫が斜面の上へ向かって飛翔する個体が多いことを発見した。けれども、上方への移動が明瞭に現れない場所もあった。この疑問を解き明かしたのは金沢大学の大学院生だった井下田寛さんである。井下田さんは、室内実験でカシノナガキクイムシ成虫が正の走光性をもつことを明らかにした。また、円筒形のトラップを二つ組み合わせることによって、風と方位、斜面方向が、成虫の移動におよぼす影響を調べた（図7-15）。円筒形トラップの二つのうち一つは、方位や斜面方向が飛翔におよぼす影響を調べるためのもので、地面に固定されている。もう一つのトラップは風見鶏と連動して

風向計
風向きと飛翔方向の関係を調べる粘着紙
地形や方位と飛翔方向の関係を調べる粘着紙
写真 7-15　風向トラップ（上下２組の筒状粘着紙。上の粘着紙は風見鶏に連結、下の粘着紙は固定）（井下田 寛氏 撮影）

回転するため、つねに風上側に定位する。そのため、風とカシノナガキクイムシの移動方向の関係を調べることができる。その結果、光条件が成虫の移動方向を決める重要な要因であることがわかった。カシノナガキクイムシ新成虫の脱出は薄明から始まり、気温が一九度を超えると飛翔するようになるため、飛翔は午前中に集中する。東向きの斜面では、夜明けとともにまず斜面の上部に陽が当たる（図７－16）。すると、正の走光性をもつカシノナガキクイムシは、最初に陽が当たる斜面の上部へ向かって飛翔する。そのため、飛翔のピークも早い時間帯に現れる。ところが西向きの斜面では、太陽がかなり高く南東方向に昇ったのち、

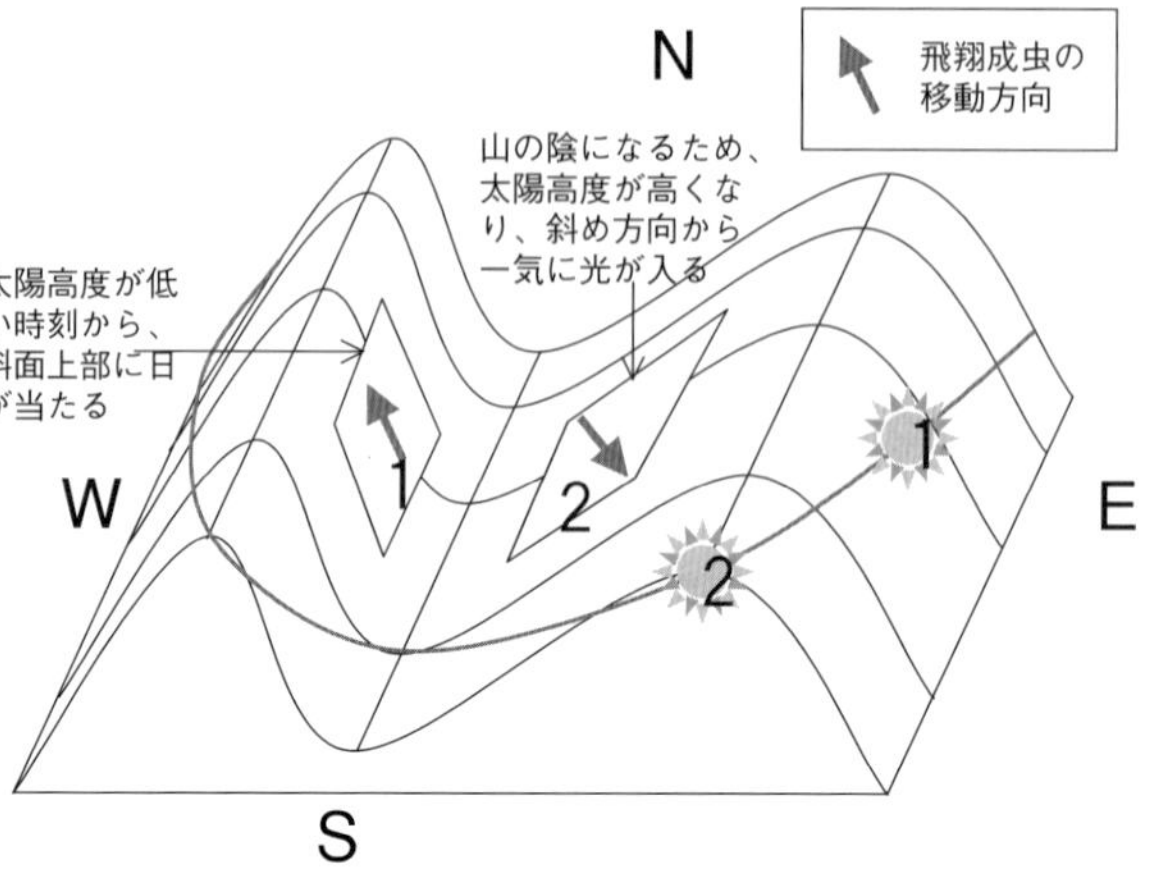
N
飛翔成虫の
移動方向
山の陰になるため、
太陽高度が高くな
り、斜め方向から
一気に光が入る
太陽高度が低
い時刻から、
斜面上部に日
が当たる
W
E
S
1
2
1
2

図 7-16　斜面方位と日射およびカシノナガキクイムシ成虫の飛翔方向の関係（井下田寛氏 原図）
東向きの斜面（1）では太陽高度が低い時刻から日射が斜面上部に当たり始め、徐々に下部に日射が当たるようになる。
西向きの斜面（2）では、太陽高度が高くなって太陽が南東方向になってくると、斜め方向から一気に日射を受けるようになる。

斜め方向から一気に陽が射す。すると、カシノナガキクイムシは斜め方向の太陽へ向かって移動する。したがって、斜面上部への移動が明瞭に現れない。また、陽が当たり始める時間が遅いため飛翔時刻も遅くなる。

カシノナガキクイムシの被害は、道路沿いや台風で発生した風倒木の周りで最初に発生するという報告がたくさんある。風倒木や伐倒木は、林内に放置されると誘引源になるといわれている。しかし、カシノナガキクイムシの成虫が明るい場所に集まる性質をもっていることも原因の一つで、被害が発生してから数年を経過して穿孔する木がなくなってからも、道路やギャップの周辺にはたくさんのカシノナガキクイムシが集まってくる。井下田さんは、相対照度がおよそ〇・二の場所で、カシノナガキクイムシ成虫の密度がもっとも高くなることを明らかにした。近年、広葉樹林で有用樹種以外の中下層木を刈り払う、通称、「広葉樹施業」なるものが行われるようになっている。この「広葉樹施業」は雇用を創り出す目的が強く、自然環境の保全という観点からみると弊害のほうが多い。この「広葉樹施業」を行った場所で最初に被害が発生したという事例も少なくない。少なくとも、ナラ枯れが発生している場所の近くでは、広葉樹施業は行わないほうがよいだろう。

日本学術振興会の特別研究員として私の研究室でポスドクを務めていた小村良太郎さん（現、石川高等工業専門学校）は、被害地の航空写真から、発生初期の被害が北東〜南東向き斜面に多いことに気がついた。これまで山形県や京都府でも、同様に北東向きの斜面に被害が多いことが報告されているため、かなり一般性が高い現象といってよいだろう。京都府林業試験場の小林正秀さんは、東向き斜面にミズナラが多いことが原因だと考えた。小村さんはこれまでの井下田さんの研究を参考に、カシノナガキクイムシは夜明けから午前中にかけて主に飛翔するため、この時間帯に日射を受けやすい東向きの斜面で被害が多いのではないかと推測した。解析してみると、予想通り朝の日射量が多い場所ほど枯死率が高くなっていた。

小村さんは、被害が最初に発生してから四年間の航空写真を解析し、ナラ枯れの被害拡大パターンは、飛翔することのできる生物が新たな棲息地に侵入して分布を拡大するときにみられる「階層的拡散」のパターンを示すことを明らかにした（図7-17）。すなわち、最初に飛び火的に枯死木が発生し、そこから各林分内に被害が広がる。飛び火的に被害が発生するのは、尾根沿いや道路沿いのような場所が多く、前年までの被害木から、およそ三〇〇〜五〇〇メートル離れたところに飛び火する場合が多い。また、もっと大きなスケールで、各市町村に被害が最初に確認された年から拡大速度を計

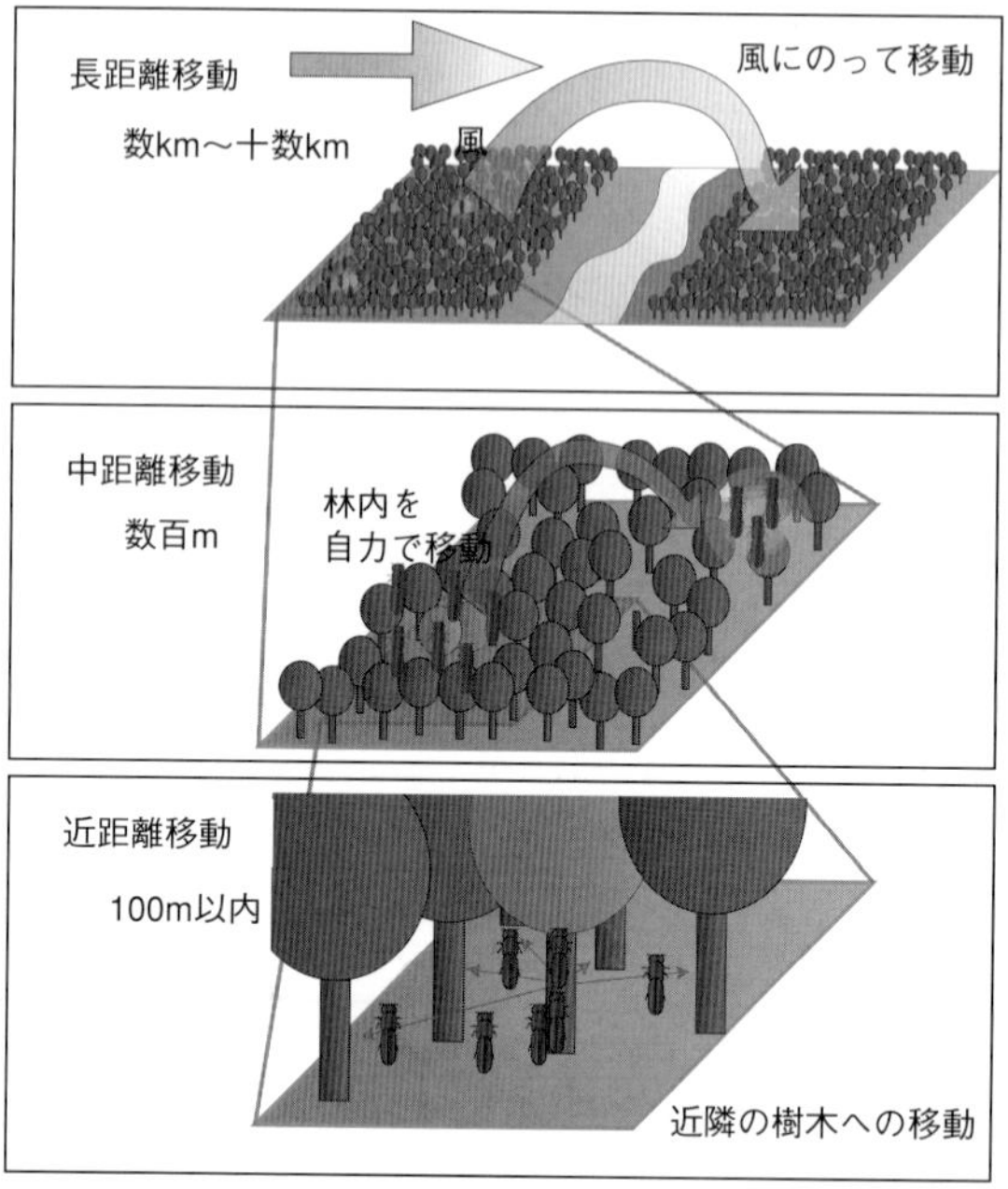
長距離移動
数km～十数km
風
風にのって移動
中距離移動
数百m
林内を
自力で移動
近距離移動
100m以内
近隣の樹木への移動
図 7-17　ナラ枯れの被害拡大パターン（小村良太郎氏 原図）

算すると、平均で年に一・五〜四キロメートル程度になった。被害地の最先端部だけに注目すると、被害の拡大速度はもっと速い。たとえば、石川県に最初に被害が発生したのは加賀市の刈安山、富山県で最初に被害が発生したのが福光町の医王山アロウザというスキー場である。それぞれ、最初に発生が確認されたのが、一九九七年と二〇〇二年で、五年を要している。両者は直線距離にして五五キロメートル離れているので、年間の被害拡大速度は一一キロメートルということになる。

話を整理しよう。ナラ枯れの拡大には、周辺木への拡散、中距離の移動（数百メートル）、長距離の移動（数キロメートル）という、少なくとも三つの異なるスケールの分散過程が組み合わさって

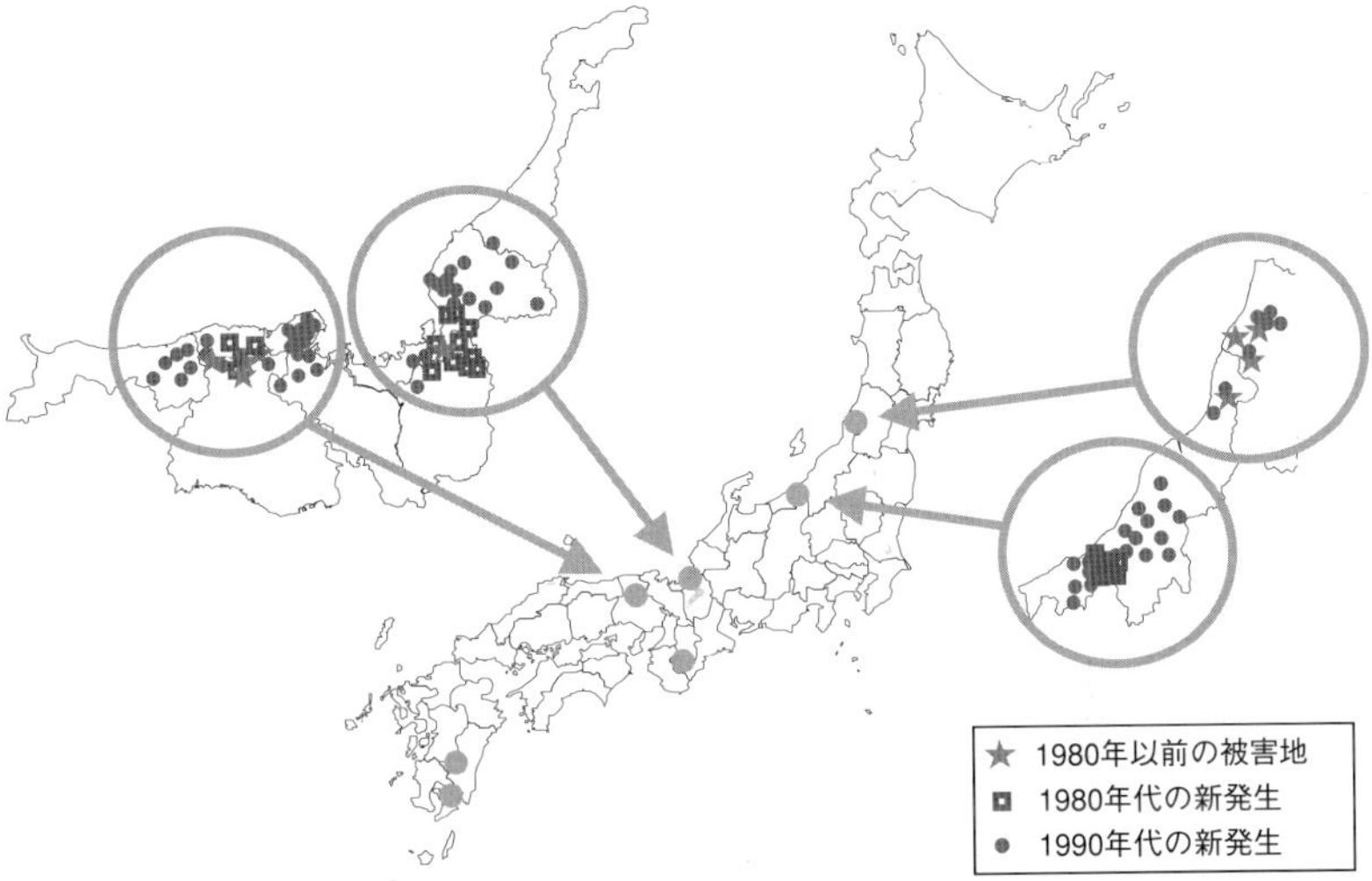
★ 1980年以前の被害地
▣ 1980年代の新発生
● 1990年代の新発生

図 7-18　ナラ枯れの被害拡大パターン（Kamata *et al.*, 2002 を改変）
4つの中心から同心円状に広がる様子がわかる。また、東あるいは北東方向への拡大が速い傾向がみられる。

いる。これが、階層的拡散のパターンである。周辺木への拡散についてはカイロモンやフェロモンのような化学成分が、また、中距離の移動については、井下田さんの研究で示されたように、光条件が密接に関係している。長距離の移動には、風が密接に関係しているものと考えられる。市町村レベルで被害の拡大を解析した結果、東から北東方向への被害の広がりが速い傾向が認められる（図7-18）。これは中緯度地方では偏西風が卓越していることが原因と推測されている。

5・6　地球温暖化とナラ枯れの関係

気候変動に関する政府間パネル（IPCC）の報告書によると、過去千年間で、二〇世紀はもっとも暑い百年であり、一九九〇年代はもっとも暑い一〇年であったという。ナラ枯れの増加が始まった時期が、ちょうど温暖化傾向が認められ始めた時期と一致しているため、ナラ枯れ流行の原因として、温暖化の影響が取りざたされている。

ただ、ひとくちに温暖化といっても、温暖化がどのようにナラ枯れの流行を引き起こしたのかについてはさまざまな仮説が考えられている。

一つめの仮説は、温暖化によって、寄主植物がストレスを受けて樹木の抵抗力が低下し、もともと二次性だったカシナガの穿孔を受けるようになったというものである。温暖化によって、とくに垂直分布の下限近くの樹木個体が、生育適温以上の高温にさらされることによって衰弱し、土着のカシノナガキクイムシによるナラ枯れ被害が促進されているのではないかと推測されている。樹木は温暖化で衰弱していて、人間には衰弱がわからないが、養菌性キクイムシにはわかるのかもしれない。

二つめの仮説は、温暖化によって、もともと南方起源だったカシナガが分布域を高標高域や高緯度域に広げ、ナラ枯れで枯れやすいミズナラとカシナガやナラ菌の接点が増えたことが原因とするものである。ナラ枯れの被害が発生している地域は、世界的にもカシノナガキクイムシの棲息域の北限にあたり、ミズナラ分布の南限や垂直分布の最下部にあたる。このため、温暖化によってカシノナガキクイムシの棲息域が北方や高標高に拡大し、ミズナラとカシノナガキクイムシの分布の重なりが増えたことがナラ枯れの被害拡大の原因の一つではないかと推測されている。

三つめの仮説は、フェノロジカルミスマッチ説である。ナラ枯れの場合、ナラ菌の接種時期が遅いと辺材細胞の壊死範囲が狭く、樹木が枯死しない。野外でも、カシナガの穿孔時期が遅いとほとんど枯死しないことが知られている。実際に、春先が寒かった二〇一一年と二〇一二年には、二年連続して被害量が減少した。二〇一二年は、日本の観測地点の多くの場所で観測史上もっとも遅い桜の開花となった年である。これまでは、夏が暑いと被害が増えるといわれていたが、二〇一二年の場合、夏は暑く長かったのにもかかわらず、被害量が減少した。春先の温暖化は、カシナガとナラ類のフェノロジーのずれを引き起こす。寄主植物よりもカシナガの方がフェノロジーの変化量が大きいために、カシナガのフェノロジーが寄主植物よりも相対的に前にずれ、ナラ類の感受性の高い時期にカシナガの穿孔が始まるようになったことが、枯死率を高め、流行を引き起こしていると推測される。

5・7　ナラ枯れ流行の原因を探る

ナラ枯れでは、ブナ属を除くブナ科植物が被害を受けるが、ミズナラの枯死率が飛び抜けて高い。常緑性シイ・カシ類に比べると落葉性ナラ類で枯死率が高いが、ナラ菌を人工接種すると落葉性ナラ類の方が反応が大きい。しかし、落葉性ナラ類の中では、ミズナラが他の樹種に比べて反応が大きいわけではなく、ナラ菌に対する感受性だけではナラ枯れの枯死率の樹種間差をすべて説明することはできない。多くの常緑性シイ・カシ類ではカシナガは材の中心部まで利用するが、落葉樹やスダジイでは辺材部のみを利用する。樹種間で比べると、もっとも枯死率が高いミズナラでは心材率も高く、また、地域間でコナラを比べると、枯死率と心材率に正の関係が認められている。心材率が高いと、カシナガが利用できる空間が狭く、結果として水分通導が停止しやすいものと考えられる。また、樹液がカシナガの穿孔に対する防御として働くが、コナラに比べるとミズナラでは樹液を浸出する個体の割合が少なく、樹液が出た穿入孔でもカシナガが繁殖できる確率が高い。このように、ミズナラは、カシナガが穿孔した際の樹液による防御が弱い。以上のように、ナラ枯れに対する樹木の感受性は、ナラ菌に対する樹木の感受性だけではなく、樹木とナラ菌、カシナガの三者間の関係によって影響される。

現在のナラ枯れの流行の原因は、薪炭林施業が放棄されてカシナガの穿孔に適したブナ科植物の壮齢中径木（老齢大径木ではない）のモノカルチャー的な林が増えたこと、温暖化によってカシナガの生息適地が高標高・高緯度地域に広がり枯死率の高いミズナラとカシナガの分布の重なりが増えたこと、やはり温暖化によって植物・菌・昆虫間のフェノロジーのずれが生じたことが原因と考えられる。温暖化によって特に分布の下限や南限の植物がストレスを受けている可能性も否定できないが、今後さらなる研究が必要と考える。また、外国から病原力の強い *R. quercivora* の系統が持ち込まれた可能性も指摘されている。外国のナラ菌の中には、日本の中の病原力の強い系統よりもさらに病原力が強い系統があることが示唆されているが、この仮説はまだ検証されていない。

5・8　養菌性キクイムシによる樹木の枯死

養菌性キクイムシは、アンブロシア菌と共生関係にある甲虫の生態ギルドにたいする名称で、系統的にはゾウムシ科のナガキクイムシ亜科のほとんどとキクイムシ亜科の一部にみられる。分子生物学的な手法を用いた系統分類学の研究から、これらの二亜科から養菌性キクイムシは少なくとも一一回独立に進化したと考えられている。養菌性キクイムシは、世界中で三五〇〇種以上が知られているが、ほとんどは別の原因で衰弱したり枯れたりした木や、倒れた幹や折れた枝などに寄生する二次性の昆虫で、樹木の分解過程の初期を担っており、生立木に加害するものは少ない。少なくともナラ枯れの流行が始まる前までは、世界中の森林昆虫学の教科書で、養菌性キクイムシは丸太の害虫と教えられていた。そのため、最近でも、外国に養菌性キクイムシの採集にいくと、「ああ、丸太の害虫ね」といわれることがほとんどである。外見上健全な樹木に寄生する種はナガキクイムシ亜科が三八種、キクイムシ亜科が二六種報告されており、そのうち健全な樹木のみに寄生する一次性昆虫として知られているものは、両亜科ともに四種ずつに過ぎない。残りは二次性の種がときおり健全な樹木に寄生するものであるが、これらの報告が一九九〇年代から世界中で増えている。また、日本のナラ枯れ以外にも、韓国では ***Platypus koryoensis***（プラティプス・コリョエンシス）が運ぶ ***Raffalea quercus-mongolicae***（ラファエレア・ケルクスモンゴリケ）によるナラ枯れ、アメリカ合衆国南東部では、ハギキクイムシ（***Xyleborus glabratus***）が媒介する ***Raffaela lauricola***（ラファエレア・ラウリコラ）によってクスノキ科の樹木が枯れるローレル萎凋病、日本・オーストラリア・アメリカ合衆国・イスラエルでナンヨウキクイムシ（***Euwallacea fornicatus***）が媒介する ***Fusarium***（フザリウム）属菌による枝枯れや全身枯れが、南米やイタリアでは ***Megaplatypus mutatus***（メガプラティプス・ムタトゥス）が媒介する ***Raffaelea santoroi***（ラファエレア・サントロイ）によってポプラが枯れる被害が発生している。なかには、森林・街路樹だけでなく、アボカドやマンゴーなどの果樹に対して大きな被害を及ぼすため、経済的な損失が大きくて大問題となっているものもある。また、これらのうち、アメリカのハギキクイムシとナンヨウキクイムシ、イタリアの ***M. mutatus*** については侵入害虫とされている。アメリカでは、米粒よりはるかに小さいハギキクイムシ一頭の穿孔で木全体が枯れてしまう場合もあるほど、寄主植物の *R. lauricola* に対する感受性が高い。

養菌性キクイムシは、材内で生活するため検疫等で見つかりにくく、侵入そのもののリスクが高い。菌食性であるために寄主特異性が低く、それに加えて寄主植物の探索にカイロモンを利用するため、寄主植物に到達できる確率が高い。交尾相手を探す際にも集合フェロモンや性フェロモンを利用するものが多く、交尾相手を探す能力が高い。また、養菌性キクイムシのうちキクイムシ亜科のいくつかの族では、半数倍数性の性質と分散前のブルード内兄妹間近親交配の性質をもつため、メス一頭で増殖できる。このような性質により、侵入後の定着の確率が高い。養菌性キクイムシは基本的に亜社会性、まれに真社会性であるため、増殖能力が高く、定着後の増加・拡大に有利である。このような性質が侵入、定着、増加・拡大という生物の侵入の過程に有利に働くため、養菌性キクイムシは侵入生物としてのリスクが高いグループである。国際化に伴う物流の増加にともない、世界中で養菌性キクイムシの侵入種の報告が増加している。もちろん、菌に対する感受性が高くても、媒介する養菌性キクイムシが生きている木に穿孔しなければ、枯死は発生しないが、植物―昆虫―菌の組合せは無限に近く、今後新たに侵入する養菌性キクイムシによってローレル萎凋病のような事例が起こる可能性は否定できない。今後ますます重要性が増すことが予想される昆虫のグループである。

すでに述べたとおり、養菌性キクイムシは、樹皮下キクイムシから進化したと考えられている。樹皮下キクイムシに随伴する青変菌が寄主植物を枯死させる現象はよく知られているが、養菌性キクイムシに随伴する菌が寄主植物を枯死させる現象は、ナラ枯れのメカニズムが解明されるまではまったく知られていなかった。日本のナラ枯れは、養菌性キクイムシとその共生菌が樹木の枯死に関与していることを世界で初めて証明した事例である。樹皮下キクイムシと青変菌、養菌性キクイムシとアンブロシア菌の共生関係という観点からみても、生態学的にも進化学的にも興味深い現象である。

6　スギの穿孔性昆虫四種にみるスギの防御と昆虫の対防衛戦略の多様性

樹木は樹脂や樹液によって穿孔性昆虫の攻撃に対して防御をしている。対する昆虫はというと、キクイムシ類のように青変菌の力を借りて防御をうち破ろうとするものがいた。ここでは、スギに穿孔する四種の昆虫を例に、穿孔性昆虫の対防御戦略を紹介する。

スギは通常の針葉樹と決定的に異なる点がある。それは、樹脂道を欠き一次樹脂をもっていないことである。そのため、穿孔性昆虫の攻撃に対し、傷害樹脂道で作られる二次樹脂のみで対抗しなければならないというハンディをもっている。

6・1　スギザイノタマバエ

双翅目タマバエ科に属するスギザイノタマバエ（*Reeseliella odai*）は、成虫の体長が二〜三ミリメートルほどの小さなハエの仲間である（図7－19）。本種は、もともとは屋久島に棲息したが、九州本土に分布を広げ、二〇〇〇年には山口県にまで分布が拡大している。成虫は外樹皮の割れ目やすき間に産卵する。幼虫は、孵化してすぐに外樹皮と内樹皮の境の内樹皮表面に定着するため、二次樹脂の影響を受けない。幼虫は口器が退化している。そのため体表から消化液を出して体外消化によって

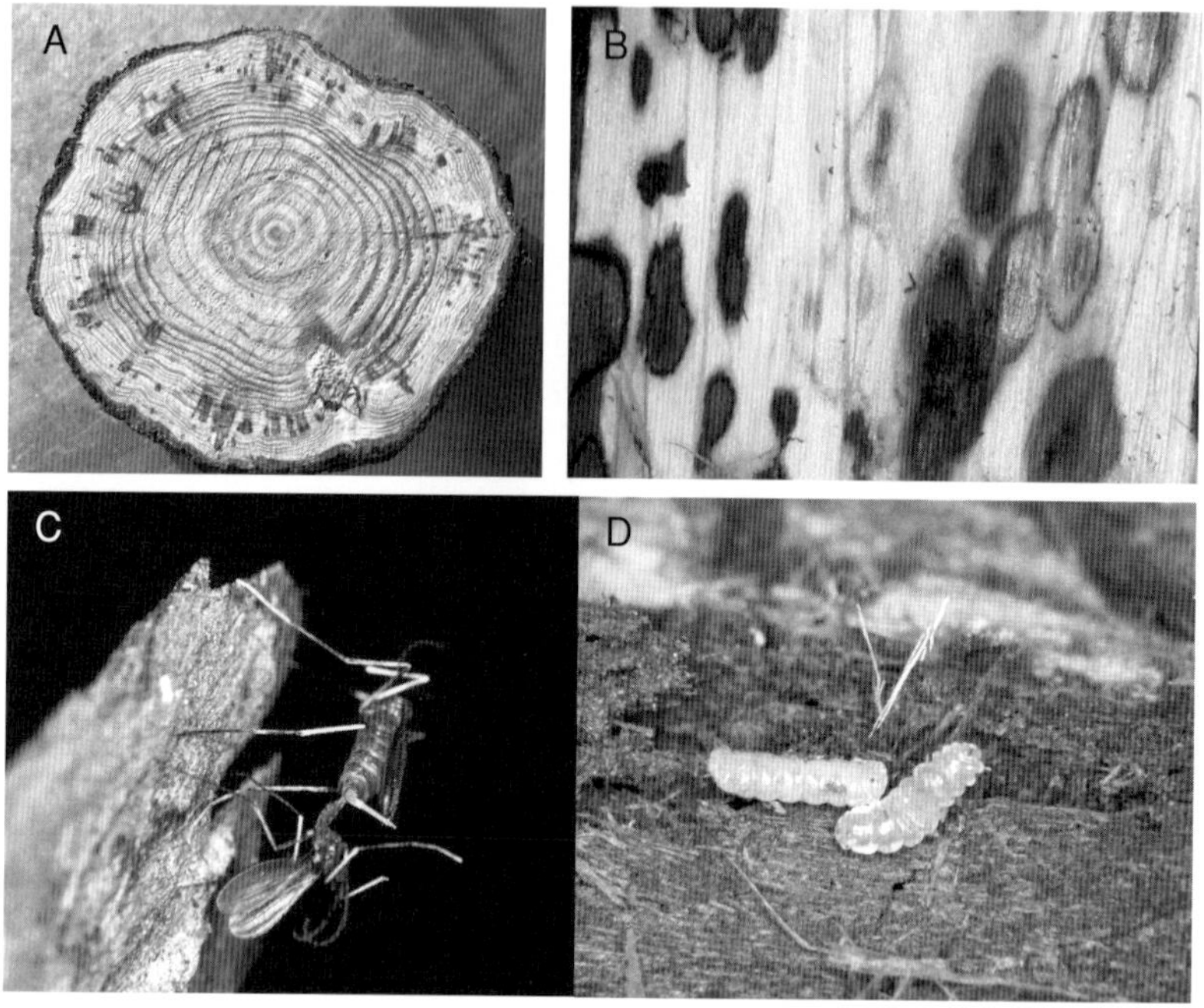
A
B
C
D

図 7-19　A：スギザイノタマバエによる材斑。B：スギザイノタマバエによる皮紋。C：スギザイノタマバエ成虫。D：スギザイノタマバエ幼虫（大河内、2002：全国森林病虫獣害防除協会編『森林をまもる』全国森林病虫獣害防除協会より転載）

栄養吸収をしているらしい。この消化液の影響で、幼虫が存在する場所の内樹皮には皮紋ができるが、内樹皮はいずれ外樹皮になるので、通常は材質には影響をおよぼさない。しかし、内樹皮が薄くて皮紋が形成層に到達すると、辺材部に材斑が形成される（図7-20）。この材斑が、スギの材価を引き下げる原因となっている。したがって、内樹皮が厚いほど、材斑ができにくいため経済的なダメージは少ないことになる。

6・2　スギカミキリ

スギカミキリ（*Semanotus japonicus*）は、日本のスギ造林地でもっとも破壊的な害虫といって

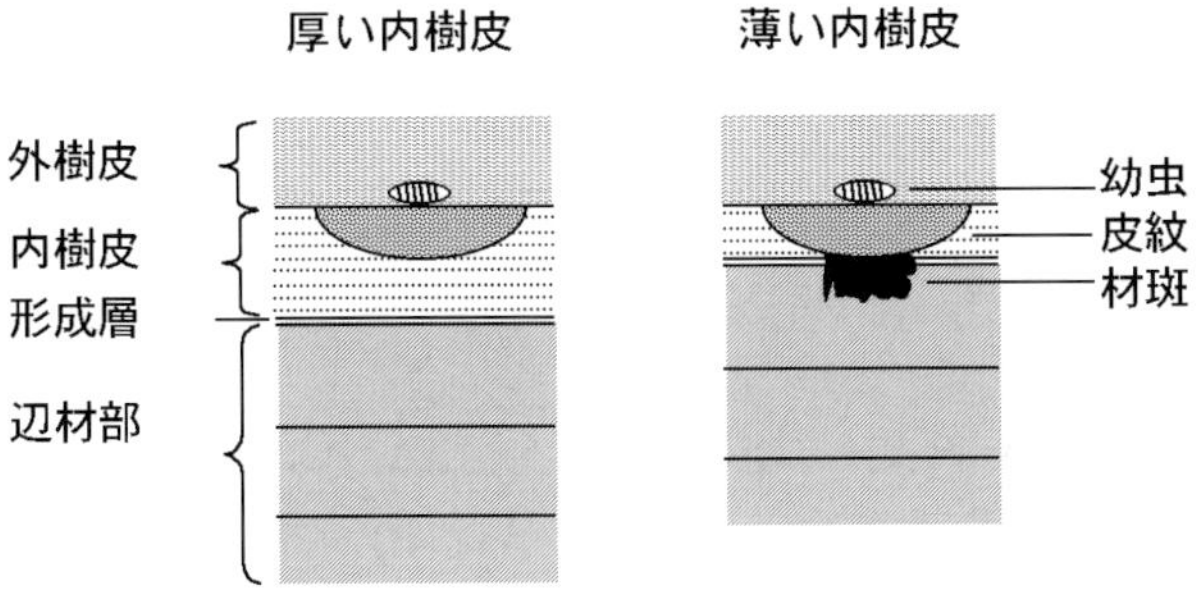
厚い内樹皮
薄い内樹皮
外樹皮
内樹皮
形成層
辺材部
幼虫
皮紋
材斑

図 7-20　スギの内樹皮の厚さとスギザイノタマバエによる材斑形成の有無（Kamata, 2002 を改変）
皮紋の深さは最大 1.6 mm なので、それよりも内樹皮が厚いと材斑はできない。

も過言でないだろう（図7-21）。山陰地方では昔から、スギの木に「ハチカミ」といって、樹皮がめくれて形成層が露出したり、その周辺が巻き込みによって樹幹が醜く変形したりする被害があることが知られていた。患部を詳しく調べてみると、材内は傷口から侵入した腐朽菌などによって、変色したり腐朽したりしている。この被害の犯人がスギカミキリであり、樹幹の傷はスギカミキリの幼虫の食痕からできたものである。現在では、ハチカミは山陰地方だけでなく、日本海側地域を中心として全国に広がっている。スギカミキリの成虫は夜行性で、昼間は幹の樹皮のすき間や、樹幹地際部の落ち葉の下など、暗いところに好んで潜んでいるため、今から三五年ほど前にこのような習性が明らかにされるまでは、昆虫マニアの中でも珍品の部類に入るほどだった。

スギカミキリの加害にはスギの樹木サイズが密接に関係している。地域によって樹齢は異なるが、おおよそ次のような個体群動態を示す。植栽して五年ほどするとスギカミキリがみられるようになる。それからさらに六年くらいで密度がピークになる（植栽後約一一年）。その後は急激に虫の密度は減少する。

図7-21　左：ハチカミ。中：スギカミキリの成虫。右：スギカミキリの幼虫と食痕（西村正史氏 撮影）

造林木のおよそ半数が本種の穿孔を受け、そのうちの約三五パーセントの木が枯死する。サイズが大きくて、成長の良い木ほど穿孔を受けて枯死しやすい。

スギカミキリの穿孔に対しては、傷害樹脂道からの二次樹脂の滲出がスギの唯一重要な防御である。したがって、傷害樹脂道の形成がスギのスギカミキリに対する抵抗性の強さを決めている。木によっては、穿孔を受けた場所にしか傷害樹脂道が形成されないものもあれば、樹幹全体に傷害樹脂道を形成するものもある。後者のように、広い範囲にわたって傷害樹脂道が形成されるスギ個体ほどスギカミキリに対する抵抗性が大きい。しかし、一〜二年目の内樹皮しか傷害樹脂道を形成できないため、傷害樹脂道を形成する能力にくわえ、スギザイノタマバエの場合と同じく、内樹皮の厚さが抵抗性に密接に関係している（図7－22）。孵化したばかりのスギカミキリ幼虫は、内樹皮のもっとも外側の層を食害する。この食害によって内樹皮の内側の層を中心に、傷害樹脂道が形成される。スギの内樹皮が薄い場合には、若齢幼虫は内樹皮のもっとも内側の層まで食害しなければならないため、幼虫は樹脂に巻かれて死亡する。しかし、樹皮が厚い場合は、若齢幼虫

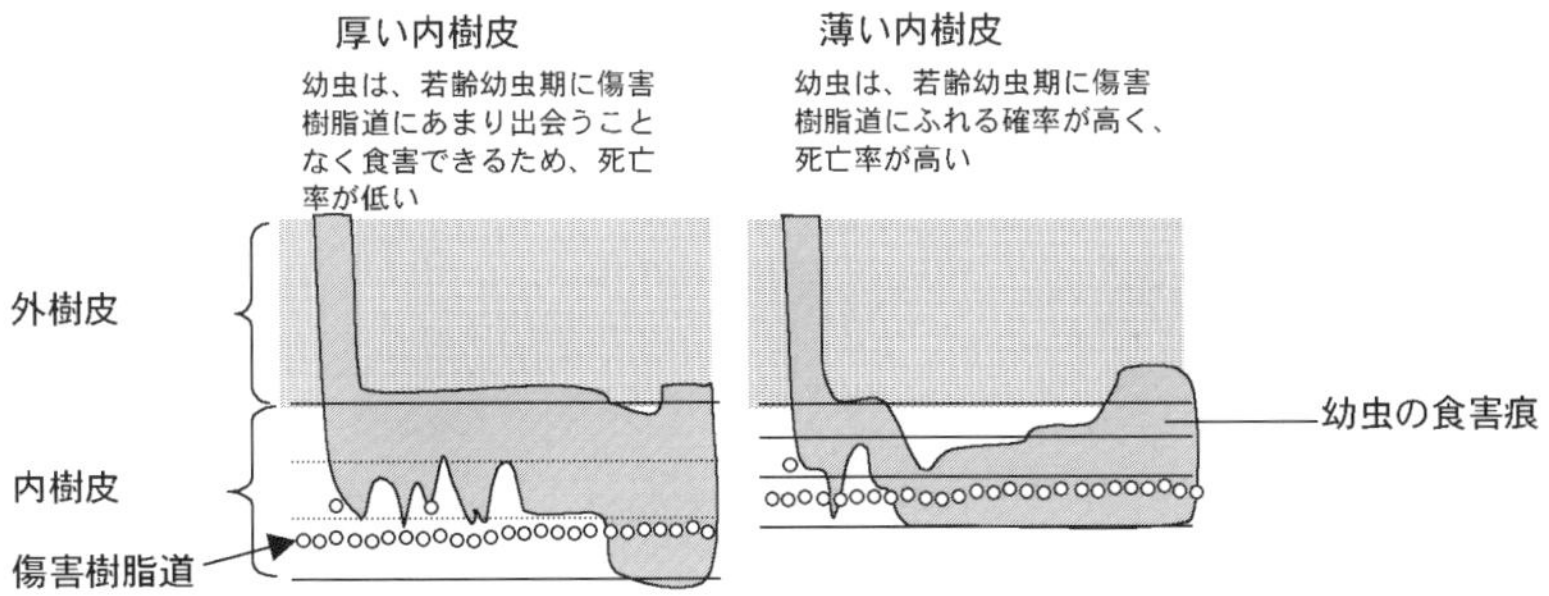
厚い内樹皮
幼虫は、若齢幼虫期に傷害樹脂道にあまり出会うことなく食害できるため、死亡率が低い
薄い内樹皮
幼虫は、若齢幼虫期に傷害樹脂道にふれる確率が高く、死亡率が高い
外樹皮
内樹皮
傷害樹脂道
幼虫の食害痕

図7-22　スギの内樹皮の厚さとスギカミキリ幼虫の加害の関係（Kamata, 2002を改変）
内樹皮の厚さによって、若齢幼虫が傷害樹脂道に出会う確率が異なる。

は傷害樹脂道の影響を受けることなく摂食できる。幼虫の発育に伴って、徐々に内樹皮の内側まで食べるようになるが、傷害樹脂道が形成されたもっとも内側の層を食べるときにはすでに傷害樹脂道の活性が落ちてしまいあまり二次樹脂が分泌されない。しかも、幼虫も成長しているため、比較的耐性も強い。したがって、スギカミキリに有効な防御を持ち合わせているのは、内樹皮の薄いスギということになる。林業被害ということを考えると、被害を受けにくいスギの性質が、スギザイノタマバエの場合とまったく逆であることは、皮肉といわざるをえない。

6・3　ヒノキカワモグリガ

ヒノキカワモグリガ（*Epinotia granitalis*）は、鱗翅目ハマキガ科に属する小型の蛾である（図7-23）。スギ、ヒノキ、ヒノキアスナロ、サワラ、ネズミサシ、コノテガシワ、ニオイヒバなどの針葉樹の枝や幹に潜入する。

スギやヒノキの幹に、瘤が見つかることがある。これがヒノキカワモグリガによる被害である。粗皮をはいでも、瘤の膨らみがあるだけで、材の表面は美しくなめらかである。しかし輪切りに

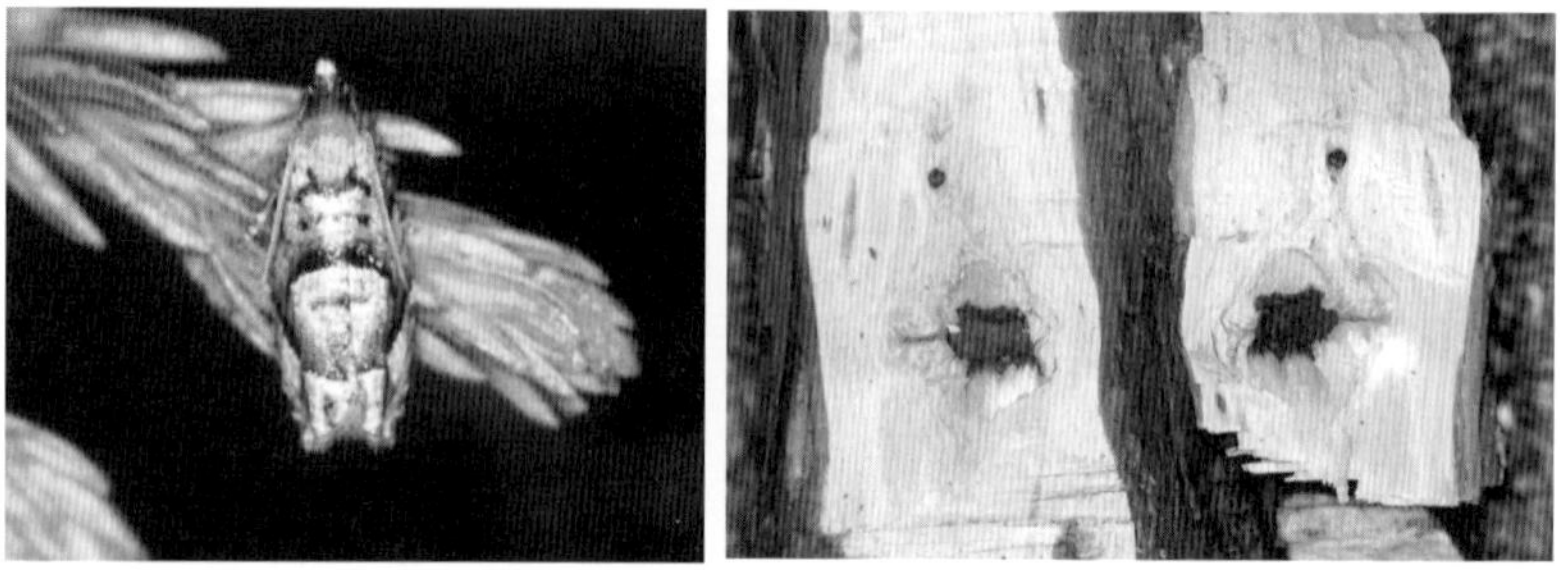

図7-23　左：ヒノキカワモグリガの雌成虫。右：ヒノキカワモグリガ幼虫によるスギ材内の食害痕（佐藤、2002：全国森林病虫獣害防除協会編『森林をまもる』全国森林病虫獣害防除協会より転載）

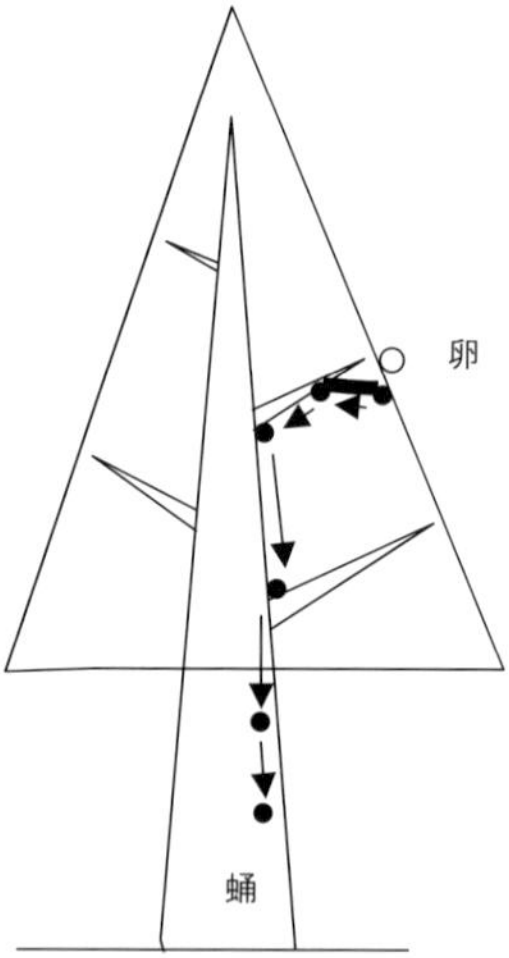
卵
蛹

図7-24　ヒノキカワモグリガの幼虫の食害部位（佐藤、2002：全国森林病虫獣害防除協会編『森林をまもる』全国森林病虫獣害防除協会より改変）
●は幼虫の食害場所を示す。

してみると、何年も前の年輪に傷跡が見つかり、年輪の一部が厚く山形に変形しているのが見つかる。なかには内側から押し上げられて、粗皮が剥がれているものもある。

この虫の生態における一番の特徴は、穿入－食害－脱出－移動－穿入というパターンを繰り返しながら、生育場所を移動することである（図7－24）。卵はスギ・ヒノキなどの、針葉や緑軸部に産み付けられる。孵化したばかりの幼虫は表皮を食い破って穿入して、柔らかな緑葉内から食べ始め、成長につれて小枝の基部、枝の付け根、さらには幹へと何回も棲みかを変え、最後は地上近くまで降りてきて蛹になる。スギは、二次樹脂を滲出して、幼虫に対する防御を行う。加害部内に棲息していた幼虫が流出してきた樹脂にまかれて動けなくなり死亡しているケースも稀にみられるが、黒色化した樹脂が食痕にあふれ、幼虫はすでに脱出して、その代わりに赤褐色のタマバエ科の一種（ヤニタマバエ）の幼虫だけがみられることが多い。樹幹内から脱出すれば、アリやクモなど、枝や樹幹に棲息する捕食者たちに攻撃される危険が高くなる。それにもかかわらず、ヒノキカワモグリガが頻繁に転居をするのは、このスギの防御を逃れるためだと考えられている。樹脂流出が緩慢な部位に潜り込んだ幼虫は脱出－移動の回数が少なく、蛹化も加害部の近くで行う。それに対し、通常は幼虫の食害によって誘導された傷害樹脂道から樹脂が滲出するため、幼虫はそこから逃げ出すのである。

ヒノキカワモグリガの幼虫は、スギの樹脂から逃れる方法をもう一つもっている。幼虫で越冬したヒノキカワモグリガは、春先早く、まだスギが傷害樹脂道を形成できない時期から加害を行う。したがって、幼虫が大きく成長するまで樹脂の洗礼を受けずにすむ。

図 7-25　トビクサレの被害材(左)。スギノアカネトラカミキリの成虫(中)と幼虫(右)(五十嵐正俊氏 撮影)

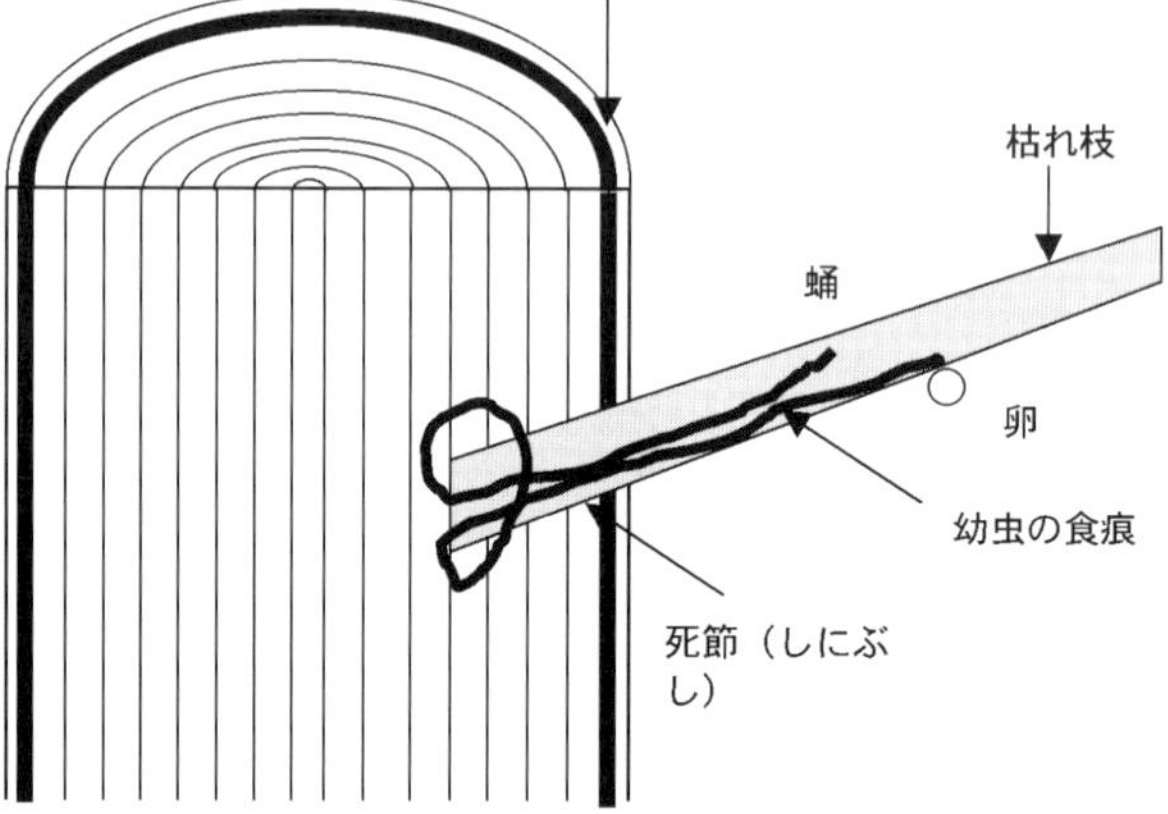
傷害樹脂道が形成される内樹皮（太線部）
枯れ枝
蛹
卵
幼虫の食痕
死節（しにぶし）

図 7-26　スギノアカネトラカミキリの食害と防御からの回避
太い実線は幼虫の食害を示す。枯れ枝とその死節（網掛け部）は、傷害樹脂道がないため、樹木の防御反応に出会うことなく、摂食・発育することができる。

6・4 スギノアカネトラカミキリ

「とびくされ」という言葉を聞いたことがあるだろうか? 別名「ありくい」「むしとび」ともよばれる被害は、スギノアカネトラカミキリ (*Anaglyptus subfasciatus*) というカミキリムシによって、スギ・ヒノキ・サワラ・クロベ・ヒバなどに引き起こされるものである (図7-25)。スギノアカネトラカミキリが穿孔することによって、樹幹内に変色部や腐朽を生じる。「とびくされ」の名称は、被害が板目に飛び飛びに現れることに由来している。

スギノアカネトラカミキリは、スギのもつ内樹皮における傷害樹脂による防御をうまくかいくぐる戦略をとっている (図7-26)。成虫は防御が起こらない枯れ枝に産卵する。孵化した幼虫は枯れ枝内を食い進み、穿入した枯れ枝の死節のまわりを巻くようにして樹幹内部に食入して、その後上下に食害する。生きている植物組織の防御を避けて防御の弱い辺材部まで忍び込むという、何とも巧妙な生態である。枯れ枝は栄養分が少ないため、樹幹に早く到達した幼虫ほど、発育が速く幼虫期間が短くなる。このような生活史のため、一世代に要する期間は最短でも二年、枯れ枝だけで生育するものは五年以上かかるものもある。ヒバの枯れ枝で九年かかった個体も発見された。このように、樹木の防御から逃れる代償として、貧栄養に甘んじなければならず、貧栄養への適応としてスギノアカネトラカミキリは幼虫期間の可塑性を高くしている。

8章
生物多様性の危機

1　地球サミットと生物多様性

一九九二年六月、ブラジルのリオデジャネイロで開かれた「環境と開発に関する国際会議（地球サミット）」は、「気候変動枠組み条約」と「生物多様性条約」という環境問題に関する二つの重要な条約が採択された点で、画期的な会議だった。環境省は、生物多様性条約をふまえて「新・生物多様性国家戦略（環境省、二〇〇二）」を策定した。本章ではこの「新・生物多様性国家戦略」をひもときながら、日本の森林に棲息する昆虫が直面している問題について取り上げていく。

地球が誕生してから四六億年、地球上に生命の痕跡が現れておよそ三〇億年が経つ。その間に、地球上の種は少なくとも五回の大量絶滅を経験した。そして今、進行中である第六回目の大量絶滅は、過去の五回とは桁違いに速いスピードで進行している。また、人間が一方的にほかの生物種に影響を与えているという点でも、過去五回とは様相を異にしている。

「希少種」とレッドデータとIUCN

生物学辞典では、「希少種」を「野生状態での生育個体数がとくに少ない生物種」と定義している。しかし、これでは具体的な基準がわからない。そこで、IUCN（国際自然保護連合）は「絶滅の危険がある生物種（threatened species）」のカテゴリーとその基準をさだめている。これが、The IUCN Red List of Threatened Species, Categories & Criteria だ。俗にいう「レッドリスト」とはこのことをいう。一九六六年に最初のバージョン一・〇、一九九四年にバージョン二・三、二〇〇一年にバージョン三・一が出た。二〇一三年現在、バージョン二・三と三・一が併用されている。

バージョン三・一では、以下のカテゴリーに分けられている。

・絶滅 Extinct（EX）：すでに絶滅したと考えられる種。

・野生絶滅 Extinct in Wild（EW）：飼育・栽培下でのみ存続している種。

・絶滅危惧Ⅰ類（CR+EN）：絶滅の危機に瀕している種。現在の状態をもたらした圧迫要因が引き続き作用する場合、野生で存続が困難なもの。

・絶滅危惧ⅠA類 Critically Endangered（CR）：ごく近い将来における野生での絶滅の危険性がきわめて高いもの。

・絶滅危惧ⅠB類 Endangered（EN）：ⅠA類ほどではないが、近い将来における野生での絶滅の危険性が高いもの。

・絶滅危惧Ⅱ類 Vulnerable（VU）：絶滅の危険が増大している種。現在の状態をもたらした圧迫要因が引き続いて作用する場合、近い将来「絶滅危惧Ⅰ類」のランクに移行することが確実と考えられるもの。

・準絶滅危惧 Near Threatened（NT）：存続基盤が脆弱な種。現時点での絶滅危険度は小さいが、棲息条件の変化によっては「絶滅危惧」として上位ランクに移行する要素を有するもの。
・軽度懸念 Least Concern（LC）：絶滅の恐れがほとんどない種。
・情報不足 Data Deficient（DD）：評価するだけの情報が不足している種。

そして、「個体群の減少率」、「成熟個体数」、「出現範囲」、「絶滅確率」という四つのパラメータを使った五つの基準に基づいて、それぞれの生物がどのカテゴリーに含まれるのかが決められる。どれか一つの基準でも条件を満たさないと、より厳しいカテゴリーに入れられる。

2　第一の危機——人間活動のインパクト

第一の危機は、棲息地の破壊や生育環境の悪化、あるいは過剰な採取など、人間活動による負のインパクトによって引き起こされるものである。日本の中でも、南西諸島や小笠原諸島などの島嶼生態系や高山の生態系は、固有種や遺存種が多い特有の生物相をもっているが、これらの生態系は人為インパクトに対して脆弱である。これらの問題に対しては、人為インパクトを除去あるいは低減することが必要で、場合によっては、生態系の再生や修復が必要なケースもある。

図 8-1　ヤンバルテナガコガネ（国立科学博物館 所蔵）

2・1　ヤンバルテナガコガネ（*Cheirotonus jambar*）（RDB絶滅危惧種）

一九八三年に沖縄本島北部の国頭村にあるダムの公園を掃除していたときに発見された日本最大の甲虫で、成虫の体長はおよそ五～六センチメートルになる。一九八四年に新種として記載された。沖縄本島、それも北部の山原（やんばる）の原生林以外には棲息していない。本種の棲息域は二〇〇ヘクタール以下と推定されている。本種の幼虫は、イタジイ（スダジイ）の大木にできた空洞（ウロ）内に棲息し、木質部が腐敗した腐植質を食べて成長する。しかし、本種が棲息できるようなウロはきわめて少なく、一ヘクタール当たり二個以下と推定されているが、一ヘクタールの中にまったくみられない場所もある。これは、ウロ内の腐植物が乾燥すると幼虫が死んでしまうため、直射日光がほとんど当たらず、風通しが悪く、湿度が高いような、階層構造の発達した原生林に限られるからである。成虫になるまでに通常は三～四年もかかるうえ、雌一頭当たりの産卵数は二〇個内外と推測されており、昆虫の中では増殖ポテンシ

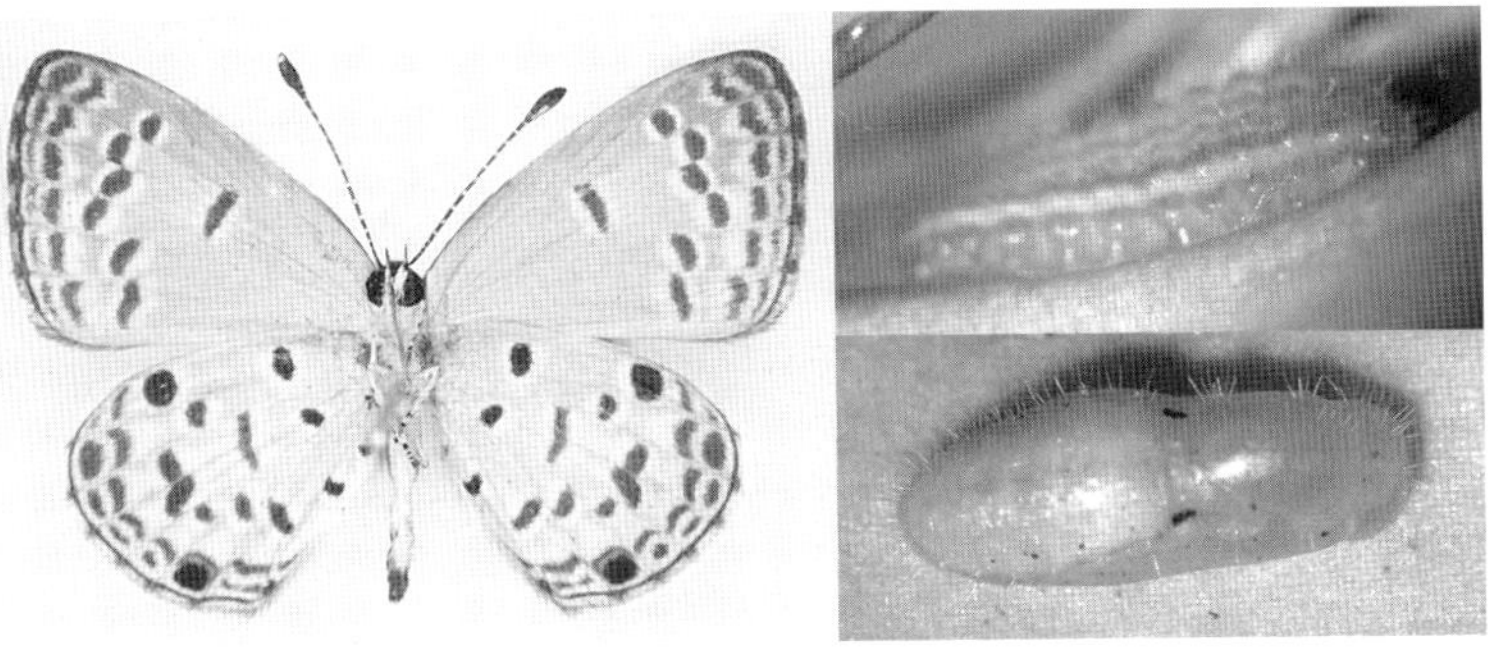

図 8-2　ゴイシツバメシジミ
左：成虫（台湾産）（裏）（二町一成氏 撮影）
右上：幼虫（福田晴夫氏 撮影）
右下：蛹（福田晴夫氏 撮影）

ヤルが低い。それにもかかわらず、密猟は絶えず、森林伐採も続いている。

2・2　ゴイシツバメシジミ（*Shijimia moorei*）（RDB絶滅危惧種）

一九七三年市房山の熊本県側で初めて発見された。一属一種のシジミチョウとして、一九七五年には、種指定で国の天然記念物となり、以後採集は禁止されている。翅の裏が明るい白‐灰白色で、黒〜黒褐色の斑点が碁石状にならんでいることから「ゴイシ」と名前がついた。台湾、中国、アッサム、ベトナムに分布するが、これらの中でもっとも近い産地は台湾の山岳地帯だった。日本の棲息地は、紀伊半島の一部と熊本県と宮崎県にまたがる九州中央山地の一部だけである。

原生林ないしはそれに近い照葉樹林の大木の樹幹や枝に着生するシシンラン（イワタバコ科）という植物、それもつぼみや花だけが幼虫の食草である。食草であるシシンラン自体が、あまり数の多い植物ではないうえに盗掘が多いことから、シシンランの生育に不可欠な森林の維持・育成とあわせて、ゴイシツ

図8-3　ルーミスシジミ（二町一成氏 撮影）表（左）と裏（右）

バメシジミの保全対策を講じていく必要がある。棲息地がきわめて限定的であること、その生態的特徴からして、日本でもっとも絶滅に瀕したチョウと考えられている。

2・3　ルーミスシジミ（*Panchala ganesa loomisi*）（ＲＤＢ危急種）

ルーミスシジミは、前翅長が一三〜一五ミリメートル前後の小型のシジミチョウである。ヒマラヤ北部で最初に発見され、新種として記載された。本州の照葉樹林（常緑広葉樹林）に棲息するが、その棲息地はごく狭い範囲に限定されている。国外ではヒマラヤ、中国雲南省、台湾高地などから知られており、典型的な日華区系の種である。本種の幼虫の食樹はイチイガシで、一部ではウバメガシやアカガシなど他のカシ類を食樹とする。イチイガシの分布が限定されていることが、ルーミスシジミの分布が限局している原因と推測されている。しかも、ヤンバルテナガコガネと同じく乾燥に弱いため、鬱蒼として風通しの悪い湿性原始林に棲息地が限られている。本種は産地が局限されるため、昆虫採集家の間で人気があり、それによる採集圧に加えて、常緑自然林の伐採によりカシ類が消失しつつあるために、個体数の減少が危惧される代表種となっている。

日本版レッドデータブックと昆虫

日本では、一九九一年にレッドデータブック(正式には『日本の絶滅のおそれのある野生生物　無脊椎動物編』)が環境庁から刊行された。この中には、絶滅種・絶滅危惧種・危急種・希少種・地域個体群の五つのランクに、合計二〇七種の昆虫がリストアップされている。この五つのランクのうち前四つは、当時のIUCNの基準にしたがったもので、そのうえに「特に保護すべき地域個体群」として「地域個体群」のカテゴリーをくわえたものである。

絶滅種とは、日本からすでに絶滅したと考えられる種であり、コゾノメクラチビゴミムシとカドタメクラチビゴミムシの二種のチビゴミムシ類が記録された。実は、本当に絶滅したかどうかを確認することはきわめて難しい。絶滅したと思われていた種が何十年ぶりに発見されたということは、しばしば起こりうるからだ。このレッドデータブックに選定された二種は、石灰岩の採掘によって棲息環境が完全に消失したことから、絶滅と認定された。

絶滅危惧種とは、棲息個体数が極端に減少しており、処置を講じないまま放置すれば、近い将来に絶滅してしまう恐れのある種である。二三種が選定されたが、五種は石灰洞という特殊な棲息環境に依存した種である。

危急種は、今すぐに絶滅するとは考えられないが、急速に減少しつつあり、保護のための処置がとられなければ、確実に危険な状態になると考えられるものである。一五種が選定されたが、うち九種は特定の水辺環境と密接に結び付いたものであり、うち六種は食草との関係で棲息地が限定されている種である。

希少種は、個体群が小さく、記録の少ない種であり、特定環境と結び付くなど移動性が少ない要素をもっていて、島嶼に隔離された種を多く含んでいる。
ここで指定された「地域個体群」とは、特定環境条件のもとに、狭小な地域に分布が限定されているか、地方型として特徴的な個体群を形成している種で、棲息域が危険な状況にあるものである。昆虫では、南西諸島宮古島のイスノキに依存するツマグロゼミ（*Nipponosemia terminalis*）の個体群が指定されたのみである。

3　第二の危機——人為インパクトの減少

第一の危機とは逆に、第二の危機は、自然に対する人為インパクトが縮小することによる影響である。とくに人口減少や生活様式の変化が激しい中山間地域において問題となっている。このような問題に対しては、地域の特性に応じた管理や利用の仕組みを再構築するほかに、希少種に関しては積極的に棲息環境を復元することが必要である。

里山という言葉が市民権を得るようになってから久しい。私たちの身のまわりにある田んぼや畑、原っぱ、ため池、小川、雑木林（二次林）といった農林業や人の働きかけを受けてきた自然環境を里山とよぶ。身近な場所でもある里山はトンボやホタル・チョウなど、私たち日本人になじみの深い生き物の棲み場所でもあった。しかし、社会や経済の変化に伴い、二次林がもっていた薪炭林・農用林等としての経済的利用価値が減少し、二次林が放置されるようになった。二次林は人為インパクトによって維持されてきたため、二次林が変化し、このような環境に特有の生物が減少した。実際、里地

図8-4　日本の原風景である里山

里山に棲息していた生物が、絶滅危惧種として数多く選定されている。そのような昆虫を紹介しよう。

3・1　ギフチョウ（*Luehdorfia japonica*）（RDB危急種）

小型の美しいアゲハチョウで、早春のごく短い時期に現れることから「春の女神」とよばれる。早春、まだ高木の葉が展開する前に、幼虫の食草のカンアオイ類も若葉を開いて急速に生長する。交尾をすませた雌は、カンアオイ類の新葉の裏面に、数卵から十数卵まとめて産卵する。幼虫は、カンアオイ類の葉を食べて成長し、新緑も終わり木々の緑が色濃くなるころに蛹になる。

本種は日本固有種で本州にだけ分布する。低山地や人里に近い丘陵地に広く分布するが、棲息地は限定されている。カンアオイ類は分散速度が最大でも年間一〇センチメートルくらいときわめて遅いため、分布地域も限定され、種分化・種内変異が著しい。そのためこれらを食べるギフチョウも、地域個体群間で食性が分化しており、実験的に他地域の葉を与えると生育しない場合もある。

図8-5　ギフチョウ（大脇 淳氏 所蔵）

このように地域個体群間で分化が激しいため、保全を行う際には十分に考慮にいれなければならない。

3・2　チョウセンアカシジミ（*Coreana raphaelis yamamotoi*）（RDB希少種）

チョウセンアカシジミは、日本では岩手、山形、新潟三県のごく一部にだけ棲息しているシジミチョウの仲間である。チョウセンアカシジミの棲息分布は、アムール川流域、ウスリー川南部、中国大陸北東部、朝鮮半島および日本列島の一部で、日本海を取り巻く状況にある。このことは遠い昔、日本列島と大陸が陸続きであったことを物語る貴重な証拠の一つともいえる。ゼフィルスとよばれるシジミチョウの一群の中でも、系統的に原始的で、一属一種の特異な存在であり、日本のチョウセンアカシジミは大陸の原種の固有亜種にあたる。

餌となる食樹はトネリコで、川沿いや湿地に好んで生育する。最近各地の棲息地で、河川改修や河川端の道路改修などによる食樹トネリコの伐採により、棲息数の減少が心配されている。チョウセンアカシジミは、開けた河川や人家の周囲、田畑や牧草地な

図8-6　チョウセンアカシジミ（大脇 淳氏 所蔵）表（左）と裏（右）

どの周囲にあるトネリコに棲息することができ、人里で人間と共生できる特性をもっている。棲息地周辺への植樹など棲息環境の保全と確保に努め、チョウセンアカシジミの絶滅を防ぐことが必要である。

3・3　オオムラサキ（*Coreana raphaelis yamamotoi*）（ＲＤＢ希少種）

オオムラサキは、日本の「国蝶」として知られるが、実は、日本の固有種ではなく、中国・朝鮮・台湾にも分布している。国蝶に指定されたのは一九五七年の日本昆虫学会である。「勇ましく、堂々としていて、気品のある美しさをもっていることと日本に広く分布していること」が、選定理由だった。日本でオオムラサキの棲息が確認されていないのは、佐賀県、鹿児島県、沖縄県の三県のみである。しかし、棲息環境はきわめて限られており、個体数が少なく、ふだんはめったに見ることができない。これは、植樹とするエノキへのえり好みが激しいからである。十分に湿度が保たれた場所にある大きなエノキにしか産卵しない。これは、落葉層で幼虫が越冬する間に死亡するのを避けるためであると考えられている。オオムラサキが減少しているもう一つの原因は、成虫の吸蜜源となる雑木林の減少である。オオムラサ

図 8-7　オオムラサキ（大脇 淳氏 所蔵）

キは大型の割に移動能力に乏しい。したがって、雑木林がなくなると簡単に絶滅してしまうものと考えられている。

4　希少種と棲息環境

このようにみてくると、希少種にもいくつかのタイプがあることがわかる。一つは、ヤンバルテナガコガネのように、分布域や棲息環境が限定的であり、棲息密度もきわめて低いものである。二つめのタイプは、ギフチョウのように日本に広く分布しているものの、特殊な棲息環境を必要とするために、棲息場所が限られていて密度が低いものである。三つめのタイプは、チョウセンアカシジミのように日本が種の分布の周辺域に位置しているため密度が低く、日本の個体群は絶滅の危機に瀕してはいるが、ソース（源の）個体群は健在であるものである。ほかのタイプをないがしろにするわけではないが、一つめのタイプの場合は、狭い棲息域からの絶滅、イコール地球上からの絶滅を意味するわけで、早急な対応が必要である。

また、多くの場合、棲息地の破壊によって種の希少化が引き起こされていることがわかる。昆虫の多様性を保全するためには、まず棲息地の保全を行う必要がある。

4・1　棲息地の復元

ウスイロオナガシジミは、日本各地で確認されているが、九州では鹿児島県の栗野岳が唯一の棲息地となっている。ウスイロオナガシジミの栗野岳亜種 *Antigius butleri kurinodakensis* は、翅の斑紋が小さく、湿度が高くないと孵化しないなど、他の個体群とは形態や生態が異なる。本州のウスイロオナガシジミはミズナラやナラカシワも食べるが、栗野岳ではカシワが唯一の食樹になっている。しかし、栗野岳では開発や下草刈りなどの手入れが行き届かなくなったことでカシワ林が衰退し、ウスイロオナガシジミの棲息数も減少している。

この状況をみかねて、地元出身の岡山理科大の高崎浩幸さんたちは、岡山からナラカシワの種を送り、苗を育てて栗野岳町に植樹しようと計画した。この活動は、二〇〇二年一一月二六日付の南日本新聞に、「栗野岳の希少種ウスイロオナガシジミ救え／岡山理大・高崎助教授—栗野町などに餌の植林を呼びかけ」という記事で紹介されている。

栗野岳のウスイロオナガシジミの保護には、行政も関係した歴史的ないきさつがある。一九九四年に、地元の栗野町は、ウスイロオナガシジミを保護する目的で、栗野岳中腹の町有地一帯での害虫を除くいっさいの昆虫採集を禁じる「昆虫保護条例」を制定し、九五年に公布した。その一方で、周辺におけるウスイロオナガシジミの唯一の食樹であったカシワの林の中をぬける砂利道路が拡幅されて

図 8-8
霧島アートの森全景（2003 年 9 月）（左上：HT）
アートの森駐車場と道路（2003 年 9 月）（左中：HT）
アートの森建設前のカシワ林（1984 年 5 月）（左下：HF）
ウスイロオナガシジミ成虫（右上：HF）
ウスイロオナガシジミ幼虫（右下：HF）
（HT：高崎浩幸氏 撮影、HF：福田晴夫氏 撮影）

アスファルトで舗装され、さらに隣接地に鹿児島県が事業主体の「霧島アートの森」が建設された。従来の自然環境を撹乱する他地産の野生種や園芸種の樹木のほか、ブルーベリーまでが植栽された。それまでにも、カシワ林やミズナラ、アカガシ林などの広葉樹林の多くはスギ・ヒノキの人工林に変えられた。また、残された老齢化の進むカシワ林でも、シカが増殖したためにカシワの種子を拾うのさえが難しく、カシワの実生もほとんど見つからない状態だった（高崎さん私信）。そこに、「霧島アートの森」の造成でさらに大きく植生が撹乱されたのである。アクセスが便利になり、吉松からえびのにかけて棲息するオオウラギンヒョウモンという、これもまた珍種になってしまった蝶とセットにして全国から採集者が押し寄せたこともあり、「昆虫採集がウスイロオナガシジミの個体数減少の原因」と行政側が考えたのも無理はない。しかし、希少種の保護のためには、棲息環境の保全がまず第一に重要であることを十分に把握できていなかったものと推測する。鹿児島県も途中から鹿児島昆虫同好会会長の福田晴夫さんの意見を入れて、多額の費用をかけて道路部分にあったカシワを移植したのだが、栗野岳のウスイロオナガシジミを守るためには、「霧島アートの森」を建設する際に、事前に希少種の棲息地の確保を入念に行うべきだっただろう。

ただ、この「ナラガシワ運動」にも問題がないわけではない。一つは、遠く離れた岡山県から種子を移入しようとしている点である。同種の生物といっても、長い時間をかけてその場所に適応してきたものであり、通常は、産地によって、形態的にも生態的にも大きな変異が認められる。たとえば、ブナでは、産地によって開葉時期が異なるのに加え、葉の大きさと厚さも異なっている。南に行くほど葉は小さく厚くなり、強光と乾燥条件に適応している。これらの性質は、遺伝的に決まっている。したがって、異なる産地の生物を移入することによって、地元産の同種個体と交配することは、その土地の環境に適応してきた地域個体群の遺伝的組成を攪乱することになる。ただ、鹿児島には野生のナラガシワは分布していないため、この心配は当たらない。もう一つは、他種のコナラ属との種間交雑の問題である。コナラ属は比較的簡単に種間交雑が起こりやすい。ミズナラとコナラが混生する場所では、両種と雑種が連続的に変異して、専門家にしても見分けるのが難しいほどである。本来であれば、開花時期の重なりや種間交雑の和合性などについて、事前にチェックする必要があろう。

しかしながら、現在、栗野岳のウスイロオナガシジミの置かれた状況は、そんな悠長なことをいっていられる状況ではないらしい。同種であるために確実に交雑が起こる他産地のカシワの苗を植えるわけにもいかず、早急に代替食樹を確保する必要があり、緊急避難的な意味合いから、何らかの処置を施すべきだろう。

昆虫採集は悪か？

私が少年期をすごした昭和四〇年代、夏休みの自由課題といえば、昆虫採集は定番だった。私自身は、昆虫少年といわれるほどマニアックではなかったが、それでも夏休みといわず、学校が終われば捕虫網と虫かごをもって野山を飛びまわったものである。そのくらい、「虫採り」というのは、私の世代の少年たちにとってなじみの深いものであった。ところが、昭和五〇年代の中ごろから、偏った自然愛護観が世の中にはびこり、夏休みの宿題に昆虫標本をもってきた生徒に対して「残酷」とか「自然破壊」とかいうレッテルが貼られるようになった。悪いことに、昆虫採集に対するマスコミの対応も冷ややかだったと記憶している。小中高生に対して「虫は採らないで見るだけです。」という時代が一五年ほど続いたのではないかと思う。これに危機感を抱いたのが、フランス文学者として埼玉大学で教鞭を執っていらっしゃるアマチュアの昆虫愛好家奥本大三郎さんのグループであった。一九九一年に日本昆虫協会を発足させ、団体昆虫採集の復権、健全な昆虫採集の普及・啓蒙、環境保護への積極的な運動、などを活動目標として活動している。

確かに、ヤンバルテナガコガネが根こそぎ捕獲されたうえ闇のルートで売買されていたとか、ゴイシツバメシジミが違法に乱獲されたという行為は許されるものではない。しかし、昆虫採集は、自然破壊の効果よりも、自然保護を考える人間を増やし、逆に自然破壊の後押しをすることになり増やす効果のほうがはるかに大きい。「昆虫採集かねない。
は悪」という考えは、自然に対して無知な人間を

5　第三の危機——侵入生物

第三の危機は、侵入生物による生態系の攪乱である。近年、グローバル化と温暖化の影響によって、国外や国内の他地域から本来は棲息していなかった場所へ侵入する生物が増加して、地域固有の生物相や生態系に対する大きな脅威となっている。島国である日本は、他の地域と隔絶され固有種が多い独自の生態系が発達してきたため、侵入種に対して脆弱な場合が多い。絶滅危惧種の中には、侵入生物の影響を強く受けているものが少なくない。

侵入生物の中には、その土地に適応できずにいなくなるものも多いが、繁殖に成功して野生化するものもある。そうなった場合には、その土地にもとからいた生物を絶滅させることもある。どのような侵入生物がどのような問題を引き起こす可能性があるのかを整理して、それに対する対策を立てることが必要である。

5・1　生物多様性条約とわが国の対応

外来種の侵入を水際で防ぐため、輸入や国内移動の際の植物検疫や動物検疫が行われている。しかし、これらの検疫は、人間の健康や農林水産業などの経済活動におよぼす影響という観点から行われているものであり、生物多様性への影響という観点からはとても十分とはいえなかった。

現在、環境省は、「生物多様性条約」にのっとって、「特定外来生物被害防止基本方針（案）」に基づいた特定外来生物種の選定作業を進めている。その中で、「生態系」、「人の生命や身体」、「農林水産業」に対する影響がその選定基準となっている。生態系に対する影響については、①在来生物の捕食、②棲息地もしくは餌動植物等に係る在来生物との競合による在来生物の駆逐、③植生の破壊や変質等を介した生態系基盤の損壊、④交雑による遺伝的撹乱等が、考慮されることになっている。交雑による遺伝的撹乱を被害と認識するようになった点で、一歩前進していると評価できよう。

5・2　カブトムシ・クワガタムシの輸入許可問題

現在、日本の昆虫の輸入基準は、農水省が植物防疫法に基づいて決めている。一九九九年一一月から植物防疫法の一部が段階的に改変され、カブトムシおよびクワガタムシの輸入規制が緩和された。これらの種は日本の農林作物に被害を与えることはないと判断された結果である。背景には異常なまでの外国産昆虫のブームがあった。輸入許可種は追加が繰り返され、二〇〇三年三月現在で時点でカブトムシ五五種、クワガタムシ五〇五種の輸入が認められている（図8-9）。これらのクワガタムシやカブトムシは国内の販売業者を通じて大量に輸入され、ペットショップやスーパーで普通に売ら

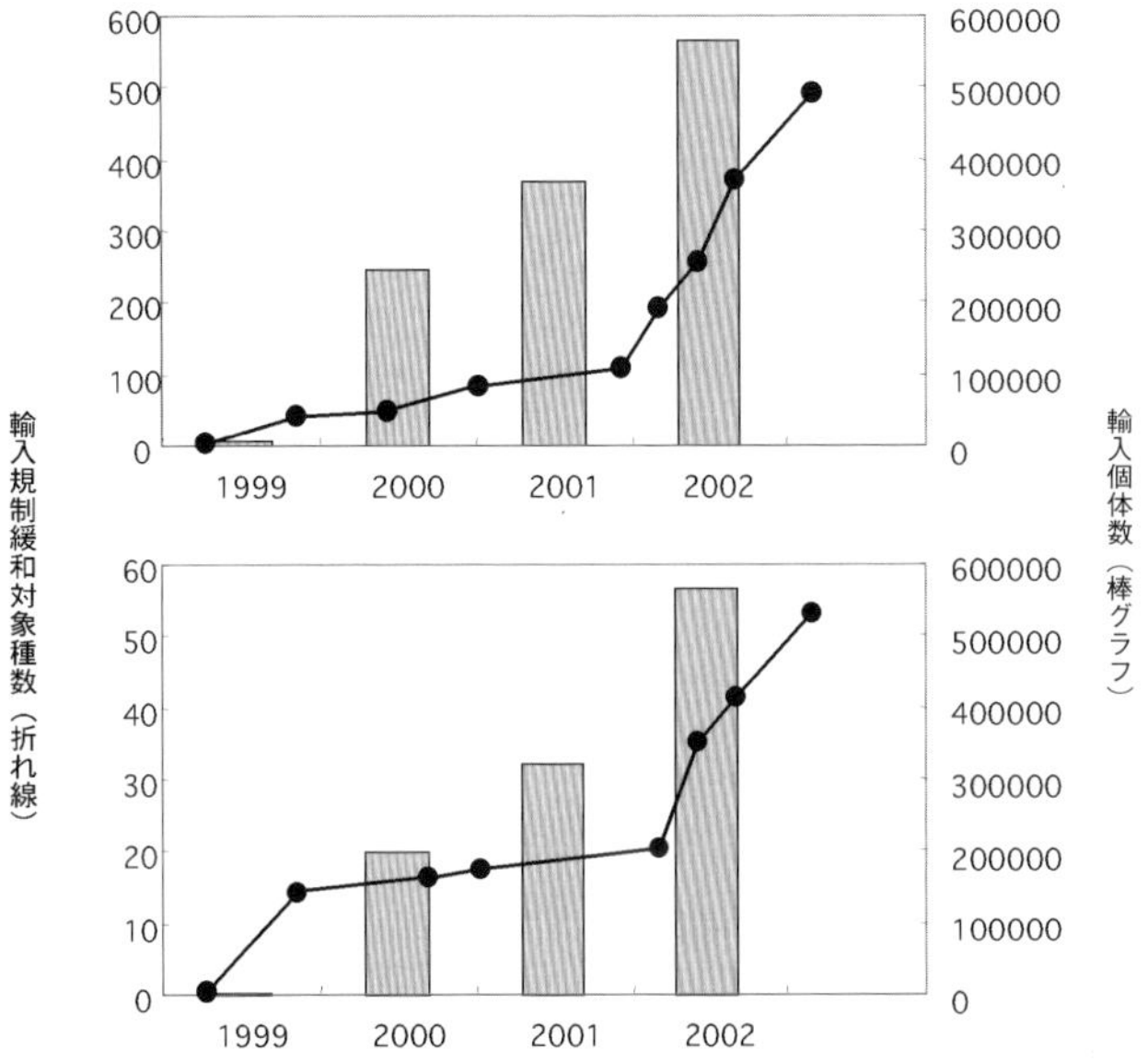
輸入規制緩和対象種数（折れ線）
輸入個体数（棒グラフ）
600
500
400
300
200
100
0
600000
500000
400000
300000
200000
100000
0
1999
2000
2001
2002
60
50
40
30
20
10
0
600000
500000
400000
300000
200000
100000
0
1999
2000
2001
2002

図 8-9　外国産クワガタムシ（上）とカブトムシ（下）の輸入状況（荒谷、2003 を改変）
輸入個体数のデータは記録のあるものであり、実際にはこの数倍以上の密輸が行われているものと推測される。

れるようになった。世界的にも類をみないこの甲虫ブームは、さまざまな問題を引き起こしつつある。珍品狙いで、輸入許可が下りていない種まで輸入販売したり、あるいは日本で輸入許可は出ているが外国で輸出が認められていない種を密輸するブローカーまで現れている。実際にネパールなどで大量のクワガタムシを採集して持ち帰ろうとした日本人が逮捕されるという事件まで起きている。

こうした社会問題もさることながら、生きた昆虫を導入することによる生態リスクが懸念されている。逃亡や放虫が原因とみられる外国産種の採集記録が急増したばかりか、外国産との交雑個体が野外で採集されたり、外国産種によって持ち込まれた可能性の高いダニの寄生による在来種の死亡例も報告されるなど、外国産種の持ち込みによってさまざまな弊害が引き起こされている。現在では、外来生物法に基づき、原産国発行の種類名証明書がないと輸入できない。

5・3　マツの材線虫病

日本の森林の生物多様性にもっとも大きな影響を与えた侵入生物といえば、マツノザイセンチュウ（*Bursaphelenchus xylophilus*）であることに異論を唱える人は少ないだろう。

マツノザイセンチュウは、松に萎凋症状を起こして枯らしてしまうマツの材線虫病の原因となる病原体である。マツの材線虫病は、感染松から健全な松に伝染する典型的な伝染病であり、*Monochamus* 属のカミキリムシが媒介者である。日本では、マツノマダラカミキリ（以下、「マダラ」）が主要な媒介者となっている（図8－10）。

同属種のニセマツノザイセンチュウ（*B. mucronatus*）がもともと日本土着の線虫であるのに対し、マツノザイセンチュウは北アメリカ原産の侵入生物である。ニセマツノザイセンチュウは日本の松に対する病原性はみられない。また、マツノザイセンチュウの原産地であるアメリカでは、松はマツノザイセンチュウに対する抵抗性をもっていて簡単には枯死することはない。これはアメリカの松－マツノザイセンチュウの関係が、日本の松－ニゼマツノザイセンチュウの関係と同じように、長い時間をかけた共進化の結果、寄主である松が簡単には枯れることのないように進化したためと考えられている。

日本で流行病的に発生していたマツ枯れの原因がマツノザイセンチュウであることが発見されたの

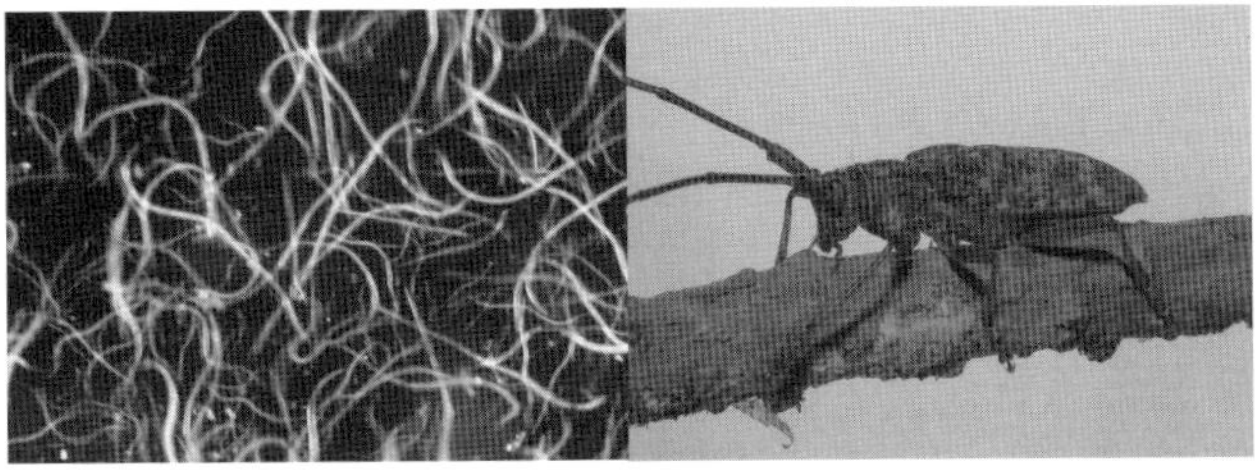

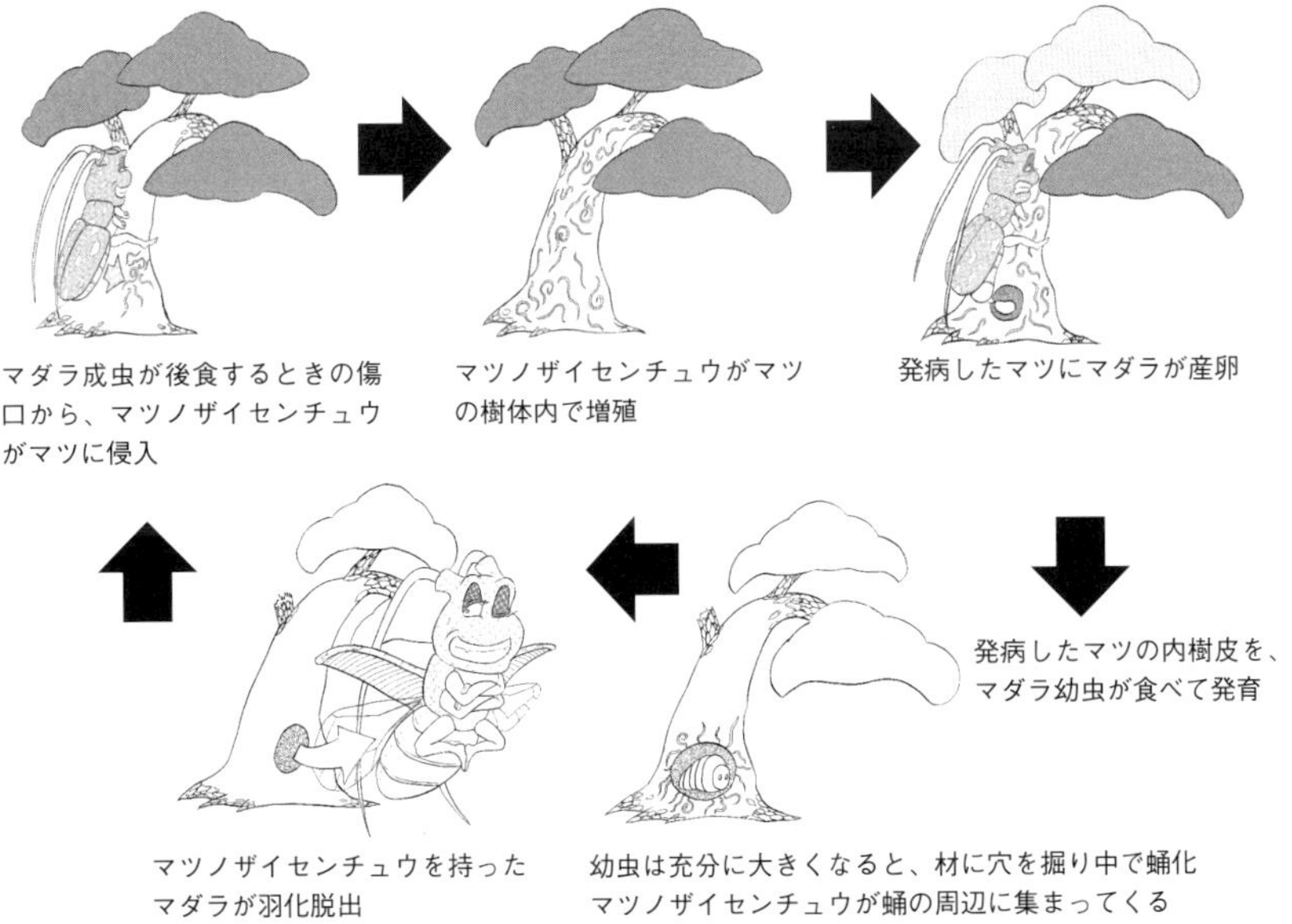
マダラ成虫が後食するときの傷口から、マツノザイセンチュウがマツに侵入
マツノザイセンチュウがマツの樹体内で増殖
発病したマツにマダラが産卵
発病したマツの内樹皮を、マダラ幼虫が食べて発育
幼虫は充分に大きくなると、材に穴を掘り中で蛹化
マツノザイセンチュウが蛹の周辺に集まってくる
マツノザイセンチュウを持ったマダラが羽化脱出

図 8-10　マツノマダラカミキリが媒介するマツノザイセンチュウによる松枯れの仕組み（東京大学演習林出版局「マツの森をまもる」より改変転用）
マツノザイセンチュウ（写真左）とマツノマダラカミキリ（写真右）

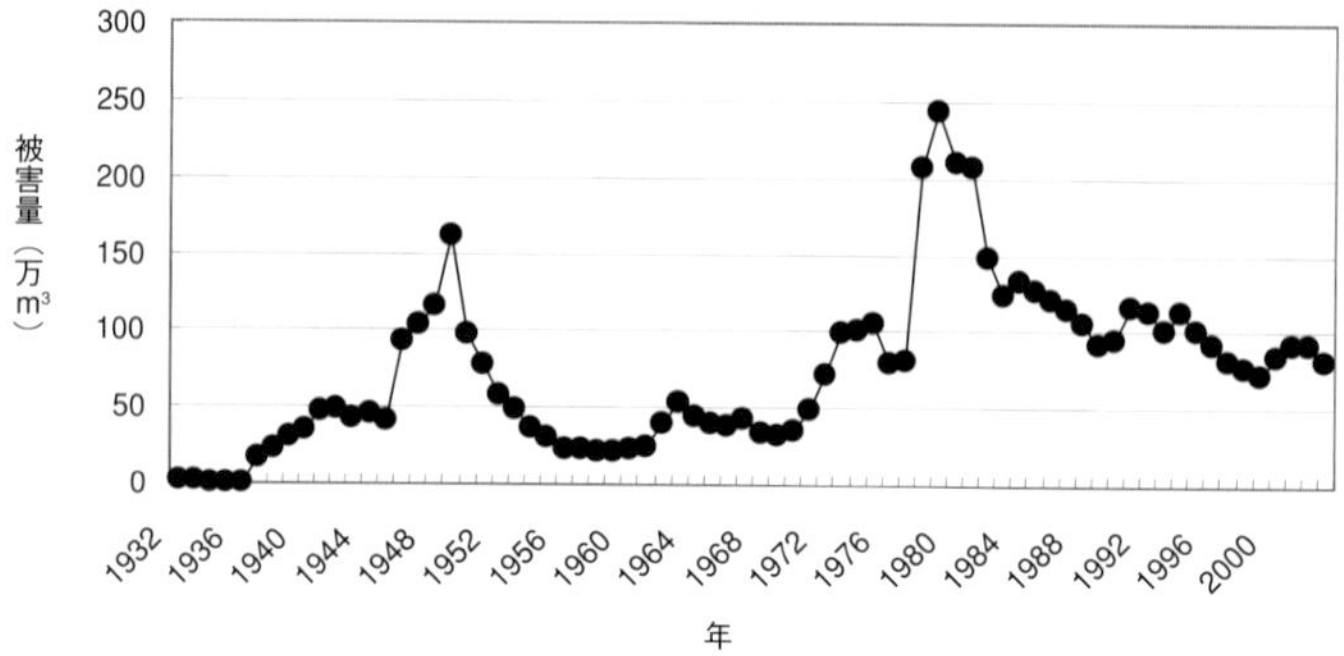

被害量（万m3）
300
250
200
150
100
50
0
1932
1936
1940
1944
1948
1952
1956
1960
1964
1968
1972
1976
1980
1984
1988
1992
1996
2000
年

図 8-11　松くい虫被害量の推移（1932 ～ 2003 年）
（林野庁 HP と松枯れ問題研究会、1981 に基づき描く）

は、一九七一年のことである。それ以前の松枯れについては、記録から本種によるものかどうかを判断せざるをえない。矢野宗幹（一九一二）が記録した九州地方における松枯れの特徴が、本種による激害型松枯損の特徴と合致するものであり、長崎県で一九〇五年に発生した松枯れ三八本が、日本でもっとも古いマツの材線虫病の報告と推測されている。一九二一年には、兵庫県相生市で同様の被害が発生した。その後、長崎県と兵庫県から九州・近畿・中国・四国地方に分布を拡大していった。関東地方で被害が発生したのは、一九四一年の神奈川県鎌倉市が最初のようである。一九七四年には、新潟・長野・山梨・群馬・栃木・福島の未発生県を境界として、これらの県よりも西南に位置するすべての都府県で発生が認められるまでに拡大した。その後も、飛び火的な新規発生を伴いながら北上を続け、一九七八年には岩手県、一九八〇年には秋田県に侵入した。二〇〇三年度末現在でも、北海道と青森県には侵入していない。

図8-11は、松枯れの被害量をグラフに示したものである。これをみると、一九六〇年ころまで減少傾向にあった被害量

が、とくに一九七〇年以降急激に増えていることがわかる。この原因は、一九六〇年ころから進んだ燃料革命が関係していると考えられている。まず、以前は燃料として積極的に利用されていた伐倒木が、被害材の処分に費用がかかるようになり完全に処理されなくなった。また、松の落葉落枝が燃料として利用されなくなったため、松林の富栄養化が進み松自体の健全性が低下した。その結果、被害が急激に増加したものと推測されている。

マツノザイセンチュウは、国際的な貿易問題の原因にもなっている。一九八四年、フィンランドの港でアメリカやカナダから輸入した木材チップからマツノザイセンチュウが確認され、スカンジナビア諸国は、北米や日本など、この線虫の分布が確認されていた諸国からの針葉樹材の輸入を禁止した。これが原因で、アメリカだけでも林業従事者を中心に一万三〇〇〇人が職を失い、六〇〇〇万ドル以上の損害を被ったという。一九八六年には、欧州植物防疫機構も、マツノザイセンチュウを潜在的に重大な防疫対象病害虫に指定して、梱包材も含めたマツ科の材に対しては、輸出前に高温処理が義務づけられるようになった。しかし、これらの規制措置もむなしく、一九九九年にはポルトガルでマツノザイセンチュウの侵入が確認された。

5・4 マイマイガ

森林昆虫が、まったく関係ないはずの貿易問題に関係している例はまだほかにもある。

二〇〇〇年に、ニュージーランド農林省は、中古車の輸入時に義務づけている植物防疫措置を変更した。まず、輸出国の検疫検査機関はニュージーランド側が要求する検査を実施して、衛生植物検疫

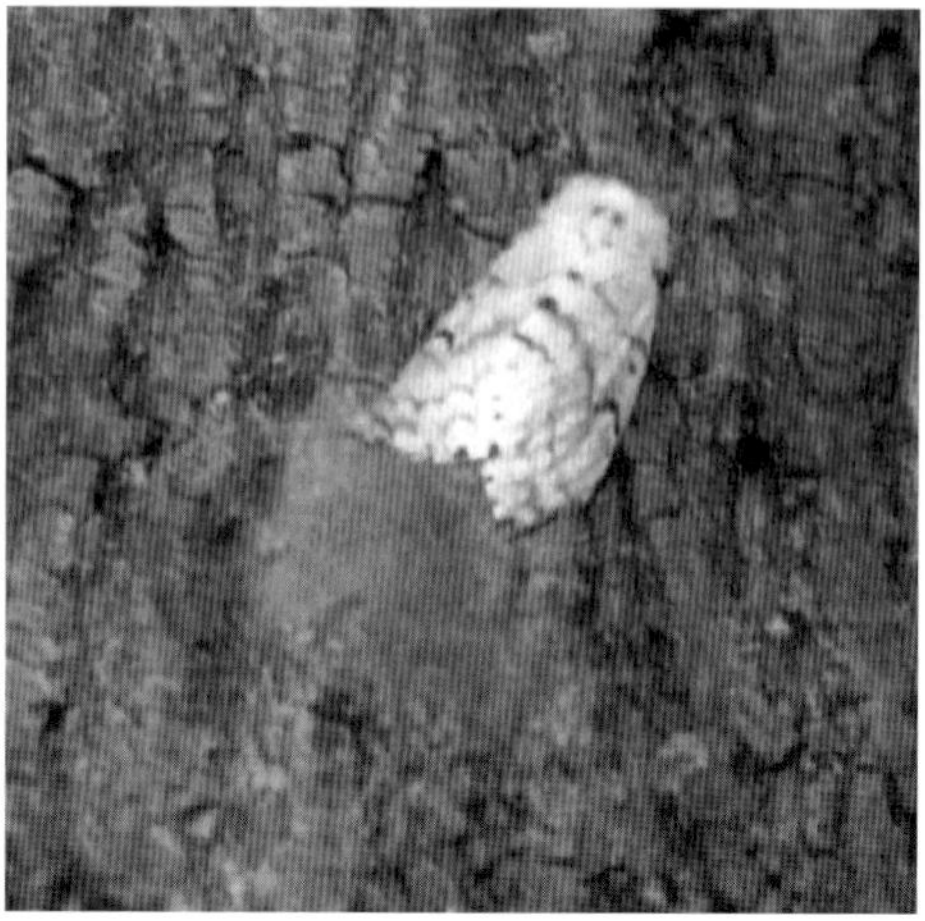

図 8-12　マイマイガとその卵塊

証明書を中古車に添付しなければならない。また、ニュージーランドに荷揚げされた中古車の一割以上が抜き打ち検査され、動植物などの付着が発見されると、全車両が検査されることになる。外装検査で動植物などの付着物が確認されると、確認のため付着物は取り除かれ、通関不適貨物として植物検査エリアに一時保管され、還送もしくは廃棄の手続きがとられる。還送や廃棄に必要な経費は輸入業者が負担することになる。

このような厳しい検疫措置がとられるようになったきっかけは、輸入された中古車に、葉食性森林害虫であるマイマイガの卵（図8－12）がついていたのが見つかったからである。

マイマイガは、アメリカ合衆国では長い間もっとも深刻な森林害虫として、多くの研究費と防除費用がつぎ込まれてきた昆虫である。そのため、世界中でもっともよく研究された森林昆虫の一つになっている。もともと、アメリカ大陸にマイマイガは棲息していなかったが、一九世紀の終わりに、ボストンに住んでいた昆虫愛好家がフランスから持ち帰り、飼育していた個体が逃げ出して害虫化した。雄は飛翔することができるが、アメリカに侵入したヨーロッパ系統の雌は飛翔することができない。そのため、マイマイガの長距離分散は人間によるところが大きい。自動車やコンテナなどに産み付けられた卵が、人間の移動とともに遠方まで運ばれるのだ。

アメリカが一〇〇年以上苦労しているマイマイガの侵入を、ニュージーランド政府がなんとしてもくいとめたいと考えるのは当然のことだろう。とくに、日本のマイマイガは、ヨーロッパ系統と違って雌も飛翔することができるため、いったん侵入して定着したら拡散能力はヨーロッパ系統よりも高いと考えられている。現在では、アメリカとカナダも、これらの国が認めた民間検査機関が発給するマイマイガ不在証明書の提示を求めている。

6　第四の危機——化学物質の影響

化学物質の使用は二〇世紀に入って急速に進み、現在、生態系が多くの化学物質にさらされている。これらの化学物質の中には、生態系への影響が指摘されているものもある。アメリカの科学ジャーナリスト、レイチェル・カーソン（Carson, R.）は、不朽の名著といわれる『沈黙の春』の中で、食物連鎖を通して起こる生物濃縮の恐ろしさを最初に指摘した。ＰＣＢ、ＤＤＴ、ダイオキシン類などの残留性の高い物質は、直接これらの化学物質が使用されるはずのないところに棲息しているホッキョクグマやアザラシなどから高濃度で検出されるなど、食物連鎖を通して地球規模の汚染を引き起こす。農薬を使用しなければ、地球上の食物生産量は四割減少するといわれている。しかし、農薬を使うことによって、有益な天敵類を殺してしまうため、かえって害虫の発生量が増えた例は決して少なくない。化学殺虫剤に対する抵抗性の進化が速いのも昆虫の特徴で、いたちごっこになりかねない。また、近年では、環境ホルモンといって、生体内に取り込まれた場合に正常なホルモン作用に影響を与える内分泌撹乱化学物質の影響が取りざたされるようになった。このような生態系に対する化学物質のさまざまな影響を視野に入れて、化学物質対策を推進することが必要である。

7　第五の危機――地球温暖化

7・1　気候変動枠組み条約

これまでにあげた四つの危機はいずれも、地域レベルの問題である。しかし、現在進行しつつあると考えられる地球温暖化による多様性の危機は、地域的なレベルで解決できる問題ではない。また、大気中の温室効果ガス（二酸化炭素、メタンなど）の増大が地球を温暖化し自然の生態系等に悪影響をおよぼすおそれがあることは、おおかたの科学者の意見の一致するところであるにもかかわらず、地球規模の気候変動については、すでに始まっているのか否か、将来どの程度深刻な問題になるのかなど、不確定の要素が多く予測や対策が立てにくい。しかし、目に見えたときにはすでに手遅れになっていることは容易に想像がつく。

一九九二年の地球環境サミットでは、大気中の温室効果ガスの濃度を安定化させることを目的として「気候変動枠組み条約」が採択され、九四年に発効した。この枠組条約の具体的な方策を決めるために、九七年に京都で開催された第三回締約国会議で採択されたのが「京都議定書」である。先進国等に対し、二〇〇八年〜二〇一二年に一九九〇年比で一定数値（日本六パーセント、米七パーセント、EU八パーセント）の温室効果ガスを削減することを義務づけている。アメリカは批准しないと宣言したが、二〇〇四年九月にロシアが批准を表明したため、京都議定書は二〇〇五年二月に発効した。

7・2　地球温暖化と日本の昆虫

地球温暖化によって日本の昆虫が直面する問題は、大きく三つに分けることができる。

① 温暖化によって南方系の昆虫が、北方や高標高に分布を広げる。あるいは南方から新たに侵入してくる。
② 餌植物が温度変化のスピードについていけない。
③ 北方系の昆虫の棲息場所がなくなる。

7・3　南方系昆虫の侵入と棲息域の移動

南方系のチョウやトンボの中には、分布を北方へ広げているようにみえるものがある。中筋（一九八八）によると、チョウでは、ナガサキアゲハ（*Papilio memnon*）、モンキアゲハ（*P. helenus*）、タテハモドキ（*Precis almana*）、イシガケチョウ（*Cyrestis thyodamas*）、クロコノマチョウ（*Melanitis phedima*）、サツマシジミ（*Udara albocaerulea*）、クロセセリ（*Notocrypta curvifascia*）、ナミエシロチョウ（*Appias paulina*）、オオゴマダラ（*Idea leuconoe*）、タイワンクロホシシジミ（*Megisba malaya*）がリストアップされている。生方（一九九七）は、トンボでは、タイワンウチワヤンマ（*Ictinogomphus pertinax*）、アオビタイトンボ（*Brachydiplax chalybea*）、ヒメキトンボ（*Brachythemis contaminata*）、ベニトンボ（*Trithemis aurora*）、コシアキトンボ（*Pseudothemis zonata*）、オオキイロトンボ（*Hydrobasileus croceus*）をリストアップしている

図8-13はナガサキアゲハの分布拡大過程を示したものである。大阪府立大学の大学院生だった吉尾政信さんは、ナガサキアゲハの分布拡大の原因が、「気候の温暖化」なのか「アメリカシロヒトリのような昆虫の性質の変化（1章参照）」なのかを飼育実験で明らかにした。国内のいろいろな場所から採集した個体を用いて休眠性を調べた結果、奄美大島個体群では臨界日長が短いが、鹿児島本土から神奈川県に分布する本種の休眠性には違いが認められなかった。また、少なくとも鹿児島本土から近畿地方までは、休眠蛹の耐寒性も個体群間で差がみられない。以上のことから、分布拡大は気候の温暖化が原因である可能性が高いと考えられている。山梨県環境研究所・北原正彦さんのグループの研究でも、平均気温が一五度程度に上昇すると、ナガサキアゲハが分布するようになることが明らかにされている。北原さんらによると、北限地の年平均気温の平均値が一五・五度、最寒月平均気温の平均値は四・五度であるという。

甲虫でも異変が報告されている。かつては関東地方では分布記録が少なかったヒラタクワガタが近年東京都内および近県で、大型個体を含めかなりの個体数が採集され始めている。ヒラタクワガタ

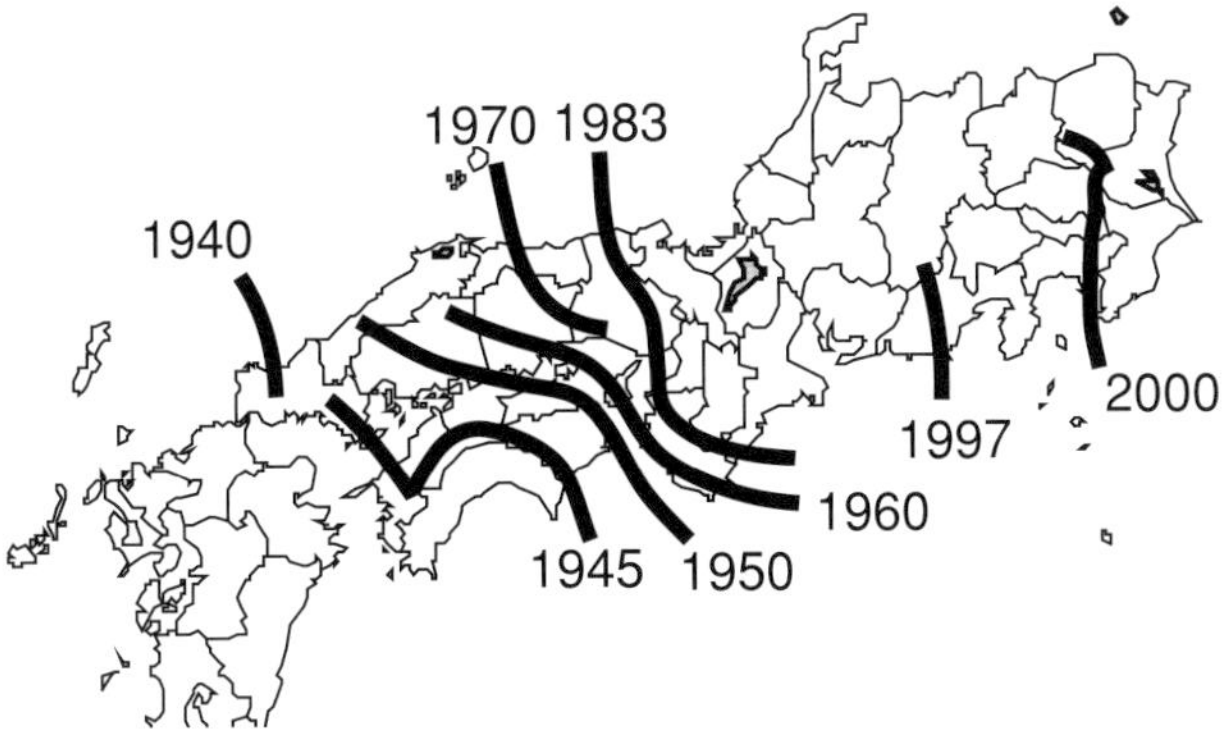
1940
1970
1983
1945
1950
1960
1997
2000

図 8-13　ナガサキアゲハの分布の拡大(山梨県環境研究所 HP より改変転用)

図 8-14　ナガサキアゲハ(吉尾政信氏 撮影:『昆虫と自然』2002年 1 月増大号表紙写真、ニューサイエンス社より)

は、羽化までに高い有効温量が必要であるため、これまでは採集できても小型であったのが、近年の都市部を中心とした局地的な温暖化の結果大型個体が捕れるようになったのではないかと推測されている。ミヤマクワガタは冷涼の場所を好み、関東よりも西の地方では、ノコギリクワガタやコクワガタよりも標高の高い場所に棲息する。神奈川県の標高三〇〇～四〇〇メートルの低山地にある棲息地では、二〇年ほど前までは大量にミヤマクワガタを採集することができたが、ここ一〇年ほどはほとんど観察できなくなっているという。ここ数年、甲府盆地では、ノコギリクワガタやミヤマクワガタなど大型のクワガタムシで、九月末に新成虫、とくに雄が目立って発生するようになったという。これらの雄は、冬になると死亡してしまうため、繁殖に参加していない可能性が高いものと推測されている。以前は、晩夏から初秋にかけて羽化した個体が、そのまま材内の蛹室内で越冬して翌年の初夏に発生していた。ところが、最近の温暖化によって仮眠をせずに、九月末に新成虫が脱出してしまうのである。このようなことが続くと、個体群に大きな影響をおよぼすことが予想される。

これまで、日本には分布していない昆虫が、日本に分布域を広げることも起こっている。ヤシオオオサゾウムシは、日本にはもともと分布していない熱帯性の種で、東南アジアではヤシの大害虫として恐れられている。一九七五年に沖縄で初めて発見されたが、ヤシの木を切って、焼き払ったため大きな被害には至らなかった。しかし、最近九州ばかりでなく本州でも相次いで発見されるようになった。

穿孔性昆虫は流木などの漂流物とともに分布を拡大することが知られている。温暖化が進むと、流木に入って南方から日本に漂着する昆虫の中から定着するものの割合が増えるだろう。

7・4 寄主植物の移動

気象庁が出した『異常気象レポート'99』によると、二〇世紀に約一度の温暖化のトレンドが認められているという（図8－15）。また、さまざまな温暖化シナリオが発表されているが、今後一〇〇年

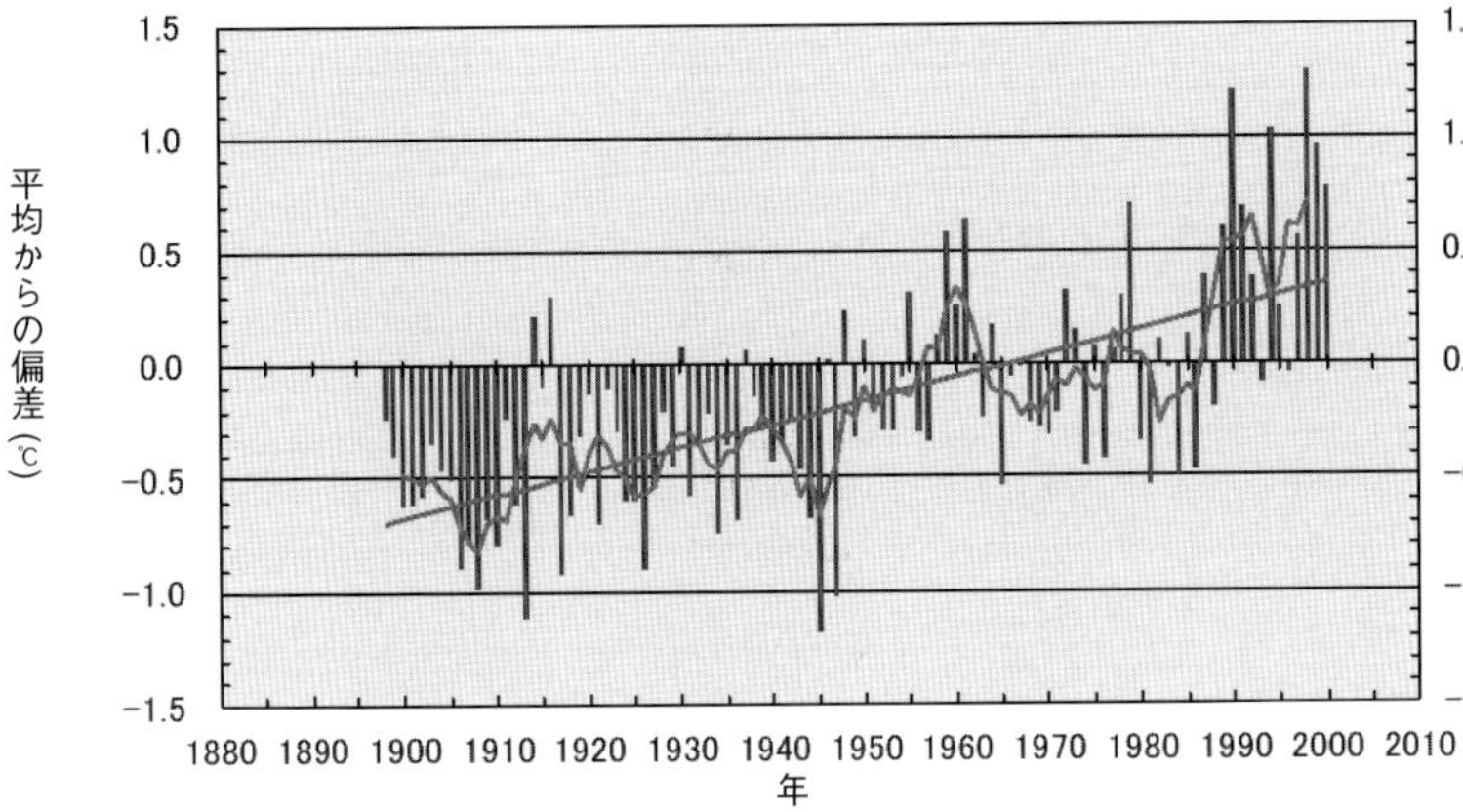

平均からの偏差（℃）
1.5
1.0
0.5
0.0
−0.5
−1.0
−1.5
1880 1890 1900 1910 1920 1930 1940 1950 1960 1970 1980 1990 2000 2010
年

図 8-15　20 世紀の気温の変化（気象庁、2000 より一部転載）

間で、気温が一・五〜四度上昇するものと予測されている。

たとえば、気温二度の変化は、緯度方向で（南北方向に）三〇〇キロメートル、垂直方向で（海抜で）三〇〇メートルの変化に相当する。表８‐１に木本植物の移動速度を示した。植物は繁殖しながら移動するため、移動速度は、主に種子の分散距離と繁殖開始齢によって決まる。移動距離の小さい種、とくに繁殖齢に達するまでの期間が長い種は、気温の上昇に追いつけなかったり、あるいは南方や低地からの他種の追い上げにより消滅する可能性が高い。また、今日の日本では、さまざまな形で森林植生は分断化されている。繁殖力の強い一般的な植物であっても移動の経路を確保することは難しいかもしれない。また、現在、日本の森林の約四〇パーセントは人工林である。同じ森林でも、人工林は樹木種が分布を移動する際の障壁となりうる可能性さえある。さらには、植物の種子が、登山できるかということも大きな問題になる。風散布種子などは比較的簡単に山を登ることができるだろう。しかし重力散布や水散布にたよる種子の場合、重力に逆らって山を登る

表 8-1　木本植物の移動可能速度（環境庁、1997 を改変）

植物	移動速度（m/ 年）
モミ・シラビソ	40 ～ 300
ハンノキ・ヤシャブシ	500 ～ 2000
クリ	200 ～ 300
ブナ	200 ～ 300
クルミ	400
エゾマツ・トウヒ	80 ～ 500
マツ	1500
カシワ・コナラ	75 ～ 500
ニレ	100 ～ 1000

気候帯の移動は 1500 ～ 5500 m/ 年と予測されている

ことが困難であることは想像に難くない。

7・5　北方系の昆虫の絶滅

温暖化が進むと、生物は北方か高地のいずれかに、移動しなくてはならない。したがって、北方系の昆虫は棲息適地が狭くなるため、南方系の昆虫よりも大きい影響を受けることは容易に想像がつく（図 8 - 16）。

本州、北海道の山岳高地や、北海道東部の海岸線には、氷河期の遺存種として知られる寒帯から亜寒帯性の昆虫が棲息している。気温が現在よりも六～七度低かった第四期更新世最終氷期（一万八〇〇〇年前）には、これらの遺存種は日本の平地に棲息していたと考えられている。その後の温暖化によって、ツンドラやタイガに棲息していたウスバキチョウなどの昆虫類は、地続きのサハリンを経てシベリア方面へと退却すると同時に、残された個体群は大雪山や日高山脈などの高地、あるいは夏の気温が低い道東太平洋側の湿原へと追いやられ、今日の遺存個体群の元になったと考えられている。

これらの中でも、高山帯に限って棲息する昆虫は、今よりも

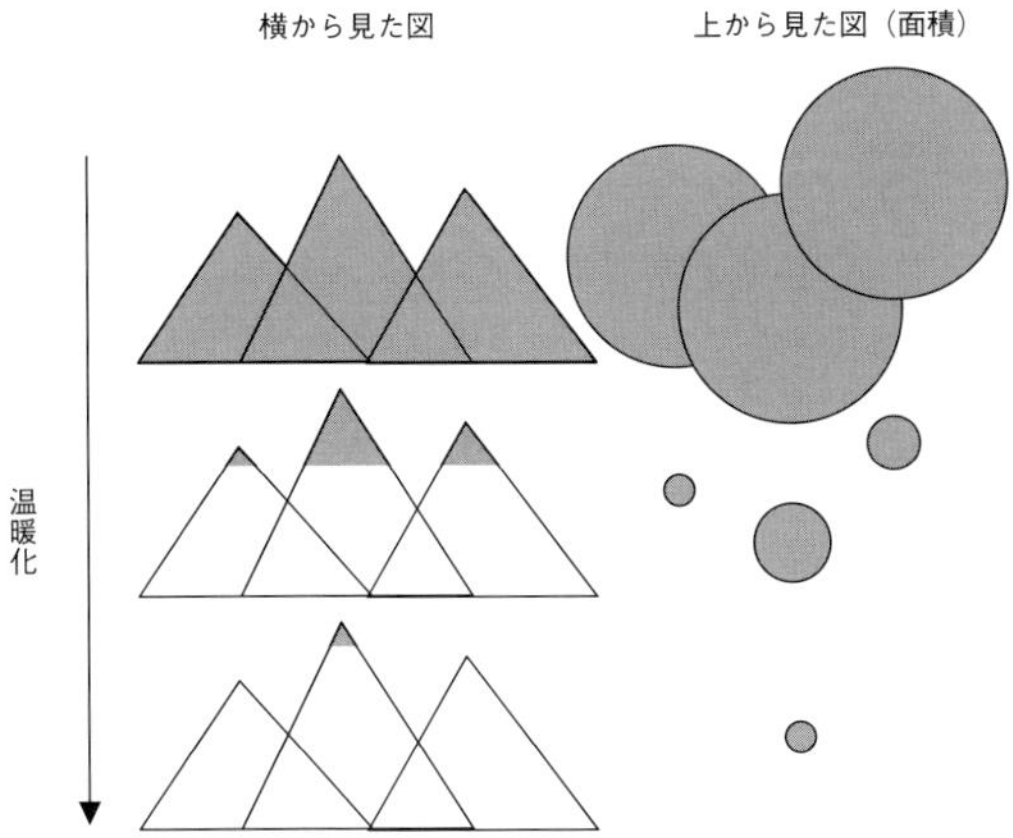
横から見た図
上から見た図（面積）
温暖化

図 8-16　温暖化による高山種の棲息域の縮小と消滅

さらに温暖化が進むと、逃げ場を失って絶滅することが予測される。

7・6　温暖化と昆虫の大発生

ゴールを形成する昆虫や新芽に寄生する昆虫などはフェノロジカル・ウィンドウが狭く、たとえばトウヒノシントメハマキなどでは開葉過程の中のほんの二〜三日の間に卵が孵化しないと、幼虫は発育することができない。植物も昆虫も、遺伝的なプログラムにしたがい温度や日長を感知している。しかし、昆虫の羽化や孵化といった発育のイベントが寄主植物のフェノロジーにうまく合うようにプログラムされているだけで、昆虫と植物ではプログラム自体が異なっている。したがって、異常気象の年には昆虫の発育と植物の発育にずれが生ずる。

周期的に大発生することが知られているヨーロッパのカラマツアミメハマキは、記録があるだけでも一五〇〇年近く続いていた八〜一〇年の周期から一九九〇年に大発生することが予測されていたが、結局大発生せずに密度が減少してしまった。この原因は、春先の異常気象によって昆虫と植物の発育が同調できなかったため、多くの孵化幼虫が摂食できずに死亡したためであると考えられている。

ブナ林で大発生する昆虫にも異変が起こっている。やはり、八〜一一年の周期から二〇〇〇年ごろに予測されたブナアオシャチホコの大発生が、日本全国のいずれのブナ林においても起こらなかった。二〇〇四年には、これまでは中国地方と九州地方を中心に大発生を繰り返してきたウエツキブナハムシが、岩手・山形・秋田の各県で大発生した。その後、山形県では数年間大発生が続いた。証明は非常に難しいが、これらの現象は温暖化によってうまく説明することができる。

これらの場所依存的な大発生に温度が密接に関係しているならば、温暖化が進むと、温度変化に見合う分だけ、大発生する標高や緯度も移動するものと予測される。ところが植物は移動速度が遅いため、植物の分布が適温域に落ち着くまでには非常に長い時間がかかる。

もっとも高緯度・高標高で大発生するブナアオシャチホコの場合には、温暖化の程度によっては大発生するはずの標高にブナがないということも起こりうる（図8-17）。たとえば八幡平では、ブナは標高六〇〇〜一二六〇メートルにまで分布しているが、以前の大発生は標高九〇〇〜一一〇〇メートルで起こった。三六〇メートルの標高差は、逓減率一〇〇メートル当たり〇・五度で計算すると温度差一・八度に相当する。したがって、単純に計算すると一九八〇年代よりも気温が一・八度上昇すると、大発生が起こらなくなることが予測される。

ブナのタマバエの場合には、ブナの垂直分布の下部で大発生が起こる（図8-18）。ブナの開葉時期に地面が雪におおわれていると産卵適期にタマバエの成虫が地面から羽化できないため、タマバ

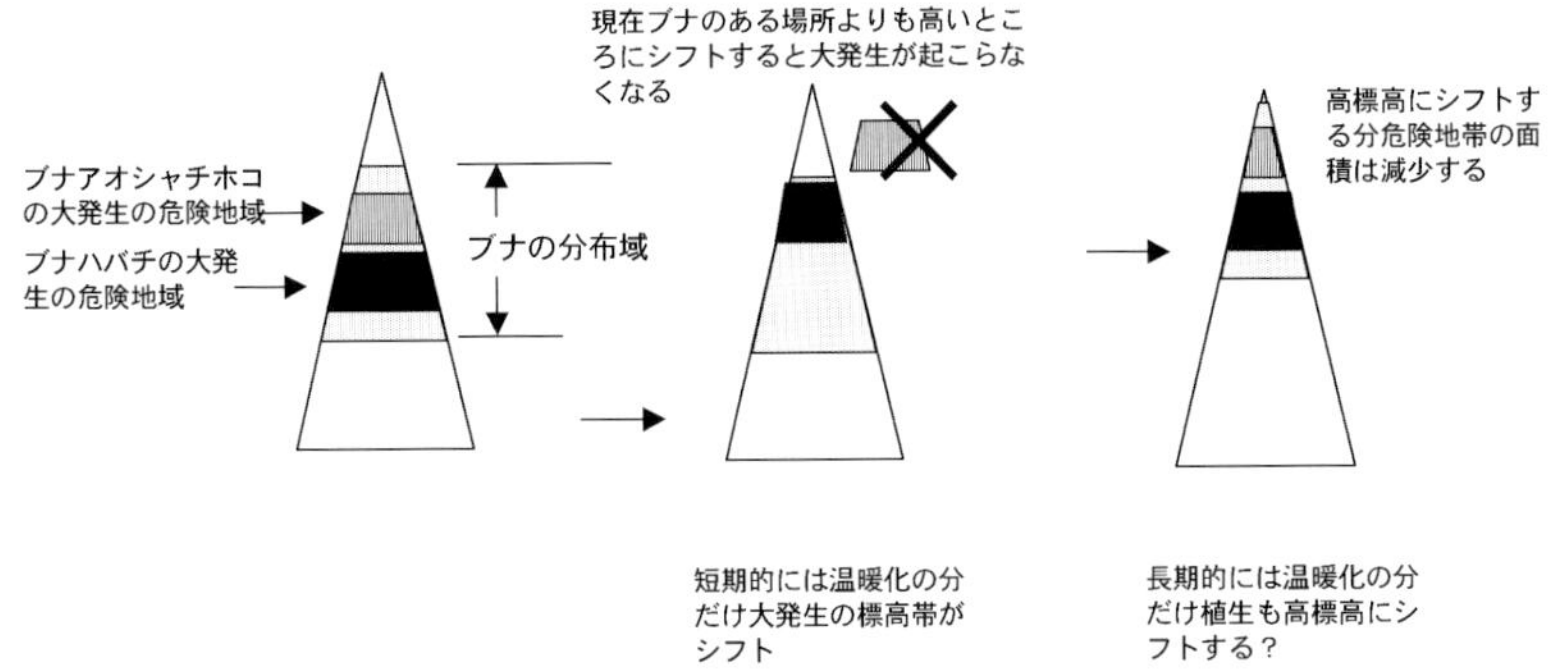

ブナアオシャチホコの大発生の危険地域
ブナハバチの大発生の危険地域
ブナの分布域
現在ブナのある場所よりも高いところにシフトすると大発生が起こらなくなる
高標高にシフトする分危険地帯の面積は減少する
短期的には温暖化の分だけ大発生の標高帯がシフト
長期的には温暖化の分だけ植生も高標高にシフトする？

図 8-17　温暖化に伴うブナアオシャチホコの大発生の変化の予測

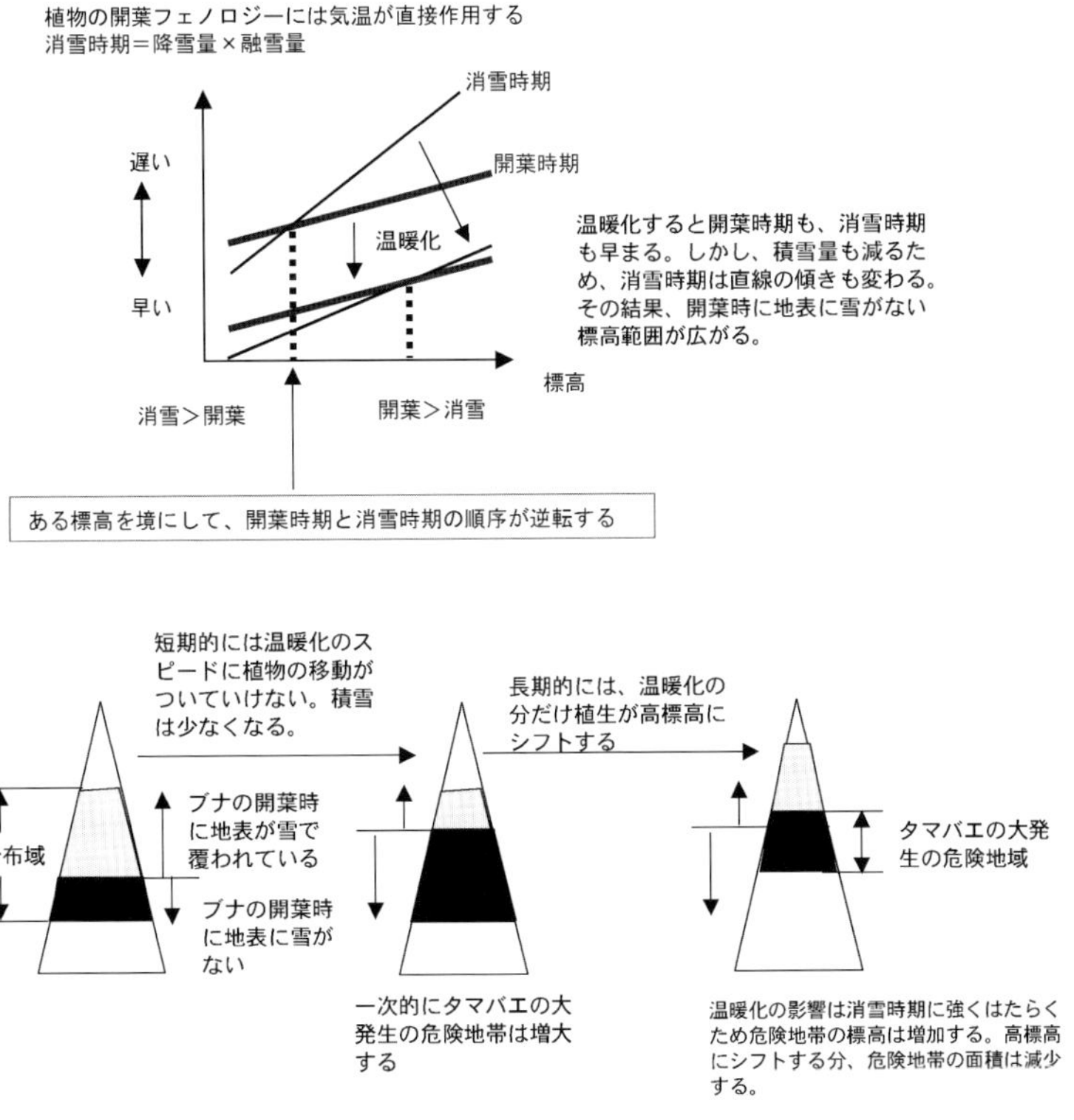

植物の開葉フェノロジーには気温が直接作用する
消雪時期＝降雪量×融雪量
消雪時期
開葉時期
遅い
早い
温暖化
標高
温暖化すると開葉時期も、消雪時期も早まる。しかし、積雪量も減るため、消雪時期は直線の傾きも変わる。その結果、開葉時に地表に雪がない標高範囲が広がる。
消雪＞開葉
開葉＞消雪
ある標高を境にして、開葉時期と消雪時期の順序が逆転する
短期的には温暖化のスピードに植物の移動がついていけない。積雪は少なくなる。
長期的には、温暖化の分だけ植生が高標高にシフトする
ブナの分布域
ブナの開葉時に地表が雪で覆われている
ブナの開葉時に地表に雪がない
タマバエの大発生の危険地域
一次的にタマバエの大発生の危険地帯は増大する
温暖化の影響は消雪時期に強くはたらくため危険地帯の標高は増加する。高標高にシフトする分、危険地帯の面積は減少する。

図 8-18　消雪と開葉フェノロジーの関係（上）と温暖化に伴うタマバエの大発生の変化の予測（下）

エの群集構造や密度には消雪時期が密接に関係している。したがって、温暖化して消雪時期が早まると、タマバエの大発生可能域は現在よりも広くなることが予想される。しかも、気温は、降雪量と消雪速度に二重に影響を与えるため、消雪時期の変化は温度変化以上に大きいものと考えられる。

7・7 温暖化のゆくえ

温暖化は単に気温が上がるだけではなく、降水量や降水の形態（雪か雨か）にも影響を与える。さらに、梅雨期や台風による集中豪雨など、時間的な降水の分布にも変化をもたらす。このように、温暖化の影響は単純なものではない。現時点では推測の域を出ないが、二〇〇四年の新潟・福井の集中豪雨や、観測史上最高といわれた台風の上陸数の増加なども、温暖化のプロセスの中で起こっている出来事なのかもしれない。また、一九九三／九四年と二〇〇三／〇四年の冷夏／猛暑にみるように、気候の年変動が大きくなることも予測されている。

8 おわりに

二〇世紀は科学技術の時代といわれた。人類は、経済性、利便性を追求し、自然の改変を続けている。その結果、多くの生物種の絶滅を引き起こしている。生態系は自己調節機能をもっており、多少の変化に対しては緩衝作用が働くため、本当の危機的な状況にならないと症状が現れないばかりか、症状が現れたときには手遅れの場合が多い。この本の中で繰り返し述べてきた通り、他種の生物との関わりなしに生きていける生物は、地球上どれ一つとしてない。ヒト（*Homo sapiens*）もまたしかりである。人類は、地球上の多くの生物の恩恵を受けて生きているのにもかかわらず、地球上の生態系は人間の思う通りに操れるものという間違った錯覚に陥っているといわざるをえない。

一九六〇年代ころから、自然へのインパクトが結局はヒトにもはね返ってくるものだということに、人類は遅まきながら気がつき始めた。個人の幸福の根底に国家の安定があるように、地球上の生態系が健全であってこそ、人類は初めて幸福な生活を送ることができる。二一世紀は環境の時代と予言されている。この予言がいい意味で当たることを願ってやまない。

あとがき

このシリーズを読んだ読者諸氏には、「釈迦に説法」、「何をいまさら」といった話になるが、生物多様性（biodiversity）は種の多様性と遺伝的多様性によって量られる。種の多様性は、種数と異質性（構成種の構成割合）によって決まる。昆虫の種数が多いことについては、本書の中でも何回か述べたが、その内容について十分に書きつくせたとは思えない。理由の一つは昆虫の種数が多すぎることであり、二つめの理由は私自身に分類学的素養がないためである。『日本の森林—多様性の生物学』というシリーズ名からこの本の内容に「昆虫の種の多さ」を期待した読者がいたとしたら、その期待を裏切ったことについてお詫び申し上げなければならない。このシリーズの第一巻「森のスケッチ」の著者である中静透さんは、そのあとがきの中で「多様性認識能力」という表現をしていた。私自身は「多様性認識能力」は十分にもっていると思っている。ただ、「多様性認識能力」は分類学的素養の必要条件であっても、十分条件ではない。分類学的素養には、「多様性認識能力」にくわえて、博物学的知識に興味をもち、形態的特徴と名前を結び付けて記憶する必要がある。その意味で、私は、博物学的な知識の暗記に対してあまり知的好奇心をもてないのかもしれない。私が興味をもっているのは、生態系のダイナミックスや生物間の相互作用といった問題であり、本書の中心テーマもこれらの問題におかれている。自然科学は、「パターンを発見すること」、「パターン形成の仮説を考えること」、「仮説を検証すること」という過程によって、自然界の規則性を見つけ出す学問である。

私の興味もまさにそこにある。

私が生まれ育ったのは、山梨県甲府市の湯村というところだ。五分も歩くと武田信玄が湯治したという湯村温泉がある。私が子供のころ、実家の前には田んぼが広がり、家からは富士山が見えた。やはり五分も歩けば湯村山に着いた。湯村山の麓には桑畑が広がり、さらに奥にはクヌギを中心とした落葉広葉樹林が続いていた。そこには典型的な里山の風景があった。幼稚園のころ、クヌギの樹液に吸蜜にきていたカブトムシのつがいを最初に見つけた感動は、今でも鮮明に覚えている。私が小学校低学年のころには桑畑と落葉広葉樹林の一部は宅地に変わり、現在では家の前の田圃にも家が建ってしまったが、幸いなことに一部のマツ林を除くと、湯村山は現在もほとんどが落葉広葉樹林でおおわれている。

実家の隣には、一学年上の男の子が住んでいて、小学校低学年のころまではよく一緒に遊んでもらった。よく湯村山に昆虫採集にいった。そのころ昆虫採集は子供たちの間では十分に市民権を得ていて、虫ピンのほかに防腐剤の液体や注射器がセットになった「子供用昆虫採集セット」が雑貨屋さんや文房具屋さんで簡単に手に入った（この「昆虫採集セット」が絶滅したのは、8章でふれた「昆虫採集悪者論」によるところが大きい）。私はこの昆虫採集セットと子供用の捕虫網を使っていた。だが、隣の子はというと、お父さんが理科の先生だったこともあり、あるときから子供のくせに志賀昆虫の昆虫採集用具をもつようになっていた。私も欲しいと親にせがんだが、結局買ってはもらえなかった。今になると笑い話のようだが、反抗して、自転車で二〇分ほどのところにある伯父の家まで「家出」したことを覚えている。買ってくれなかった理由を尋ねたことは結局なかったが、たぶん両親なりの教育方針があったように推測する。いや、もしかしたら、どこで売っているのか知らなかっただけなのかもしれない。そんなこともあって、私は「昆虫少年」になる機会を逸してしまった。

私が自然科学に興味をもつようになったきっかけは、中学校時代の科学部の顧問であった清水貞信先生（故人）との出会いにあったと思う。先生の指導のもと科学部ですごした日々は、仮説を立てて検証していくという科学のおもしろさに最初に接することができた。このときの研究テーマは「ビタミンC」で、キャベツなどの野菜のアスコルビン酸を簡易比色定量で測定していた。このような経緯と、高校の生物がアミノ酸配列だのといった暗記ものが中心だったこともあり、高校の理科の中では化学が一番好きだった。高校時代は鹿児島ですごしたが、そんなわけで、鹿児島ではあまり自然と親しむ機会がなかった。ガリ勉をしていたわけでは決してなく、むしろ墜落寸前の低空飛行の成績だったのだが、今思うと惜しいことをしたと思う。

大学に入り、東京大学森林動物学研究室の立花観二先生、古田公人先生の二人の恩師との出会いが、現在の自分を決定づけた。大学の学部三年生の夏休み、古田先生に紹介されて、私は同級生数名といっしょに農林水産省林業試験場北海道支場の昆虫研究室へアルバイトにいった。そのときに任されたのが、エゾマツカサアブラムシの調査であった。その後合計三年間にわたり、エゾマツカサアブラムシの調査を続け、卒論も書いた。学会誌にも短報ではあるが二本の論文を掲載した。自分にとっては、毎日が新しい発見の連続で胸がわくわくしていたのを、今でも懐かしく覚えている。当時昆虫研究室にいた吉田成章さん（現、森林総研九州支所）や福山研二さん（現、森林総研）が若かった私を励ましてくれた。このときの経験が、現在の道に進む大きなきっかけとなった。それより以前から、職業として研究を続けていきたいという希望を漠然とはもっていたが、林業試験場でアルバイトするまでは研究を続けていくためには大学に残るしか道がないと思っていた。林業試験場でアルバイトをして、研究を続けていくためにはこのような選択肢もあることを知ったのである。当時、林業試験場と大学の研究室を比べると、設備などに関しては雲泥の差があった。自然と林業試験場に就職したいと思うようになった。大学院の修士課程一年生の時、幸いにも国家公務員試験に合格した。現在、独立行政法人森林総合研究所（当時、農林水産省林業試験場）は、国家公務員試験合格者からの採用を控えているようだが、当時は林業試験場の研究者になるためには、国家公務員試験に合格するのがもっとも手っ取り早い道であった。初めは修士を卒業してから就職するつもりでいたのだが、たまたま私が合格した年に、林業試験場の昆虫分野の採用があるらしいことがわかったので、いろいろ考えた末に大学院を中退して就職することにした。私は就職する際に、それまで続けていたエゾマツカサアブラムシの研究が続けられるように北海道への配属を希望した。しかし、その希望はかなわずに、東北に配属された。一説には赴任旅費がたりなかったという噂もあったが、たぶんそれはデマであろう。その当時はだいぶ落胆したものである。しかし、東北に配属になったおかげでブナアオシャチホコにも巡り会えたし、ブナの研究もできた。現在では、東北にいってよかったと思っている。またエゾマツカサアブラムシの研究は、私の翌年に就職した尾崎研一さんが、私とは別の視点から続けていて、これもまたすばらしい研究に進展していることは本書で紹介した通りである。

東北に配属になったあとは、当時の滝沢幸雄昆虫研究室長や山家敏雄、五十嵐正俊両主任研究官と一緒に、当時東北地方で重要な問題となっていたマツの材線虫病、トビクサレを引き起こすスギノアカネトラカミキリの研究を手伝うようになった。そして、いま思うと本当に「偶然のたまもの」なのだが、「ブナアオシャチホコの発生予察」というテーマが、ちょうど私が入省した一九八五年から、昆虫研究室の経常研究テーマとして作られていた。ちょうど一九八二年の大発生の三年後にあたり、ブナアオシャチホコの密度が非常に低いときに調査を始めたので、いかにして密度を推定するかというところからとりかかった。その年度の最後に報告書を書く段になって「これをぜひ自分のテーマとしてやらせて欲しい。」と頼み込んだのである。この段階ではまだほとんどデータらしいデータはなく、海のものとも山のものともわからない状態だったのだが、なにか第六感のようなものが働いたのは事実である。もしかすると、学生時代に古田先生からBaltensweilerらのカラマツアミメハマキの研究の話を聞いていて深く印象に残っていたことが関係していたかもしれない。過去の大発生を数回経験している五十嵐さんと山家さんが研究室にいて、サナギタケやクロカタビロオサムシなどの天敵が大発生時に増加する現象、さらには、飼育方法のノウハウや臨界日長などの基礎データがすでに蓄積されていたことは、すべてがゼロからの出発ではなかったわけで私にとって幸運だった。それでも、一九八六年からの二年ほどは、個体群生態の研究に必要な基礎的なデータを取るためにブナアオシャチホコの飼育に追いまくられた。最盛期には、同時に千頭近くの幼虫を飼育して発育に関する基礎データを取っていた。本来は一年に一世代の昆虫を、恒温室で日長を制御することにより一年に三世代飼育した。一日一八時間労働になり、組合の超過勤務アンケートに月間の超勤時間を三四〇時間と書いたら間違いではないかと問い合わせがあったこともある。けっして虫好きでない妻を夕飯後に連れ出し、夜中の二時、三時まで虫の飼育を手伝ってもらったのもこのころだ。四時に起床して、八時ころまで幼虫の餌代え、その後六時ごろまで八甲田山に調査に出かけて、夜中までまた餌代えなんていうハードな日もあった。

私が今あるのも、大学でお世話になった先生方や先輩、同級生、林業試験場時代も含め森林総合研究所でお世話になった諸先輩方、同僚たち、お付き合いいただいた公立林業試験研究機関の研究者たちのおかげである。とくに、五十嵐 豊前昆虫研究室長には、ブナアオシャチホコ、ブナの種子害虫の研究を含め、大変にお世話になった。一九九七年の冬に金沢に移ってからは、石川県林業試験場の江崎功二郎さん、小谷二郎さんと一緒に研究を進めることができた。この場を借りてお礼申し上げたい。

中静さんは、自分で行った調査や経験をもとに、第一巻を書いたという。氏は、「自分で見ていないものについてはきっと十分な迫力で他の人に語れないだろうと思ったからだ。」という。これは真実だろう。しかし私の場合、森の昆虫の多様性を自分の経験だけで語るには、あまりにも経験が少なすぎた。それはそれで十分におもしろい話ができると思うのだが、ブナ林の昆虫の話、ナラ枯れの話などに偏ってしまうからだ。実際、「最初にこの本の構成を考えてください。」と、東海大学出版会の稲英史さんからいわれたときには、自分の経験に基づいた内容にするか、ある程度森の昆虫を網羅した本にするか、たいへん迷った。迷ったあげく、シリーズの中に入っている「多様性」というキーワードを重視して、このような形になった。それでも、ブナアオシャチホコやナラ枯れの話には、ほかのものよりも多くのスペースを割いている。

他の人の研究を引用する際には、正確を期すためにできるだけ研究した本人に原稿のチェックをお願いするようにした。しかし、整合性をとるために最後は自分の言葉に書き換えてしまった部分があるので、内容に間違いがある場合、それはすべて著者である私の責任である。五味正志、尾崎研一、松木佐和子、山下　聡、守屋成一、阿部芳久、今井健介、梶村　恒、福田秀志、高崎浩幸、福田晴夫、肘井直樹、金子信博、西村正史、佐藤大樹、島津光明、大河内、佐藤重穂、深津武馬、伊藤正仁、福本浩士、前藤　薫、大串隆之、市岡孝朗、山岡裕一、小林正秀、吉尾政信、長谷川元洋、荒谷邦雄、上田明良、太田富久、戸田正憲、小村良太郎、佐藤信輔の諸氏（敬称略）には、原稿に対して貴重なアドバイスをいただいた。また、次々に知らない虫の名前が出てきて、実物を見たことのない読者にとってわかりにくいのではないかと考え、できるだけ写真やイラストを入れるようにした。そのために多くの方々から、写真や図をお借りすることになった。片桐一正、遠田暢男、柴田叡弌、伊藤義昭、湯川淳一、上地奈美、五十嵐 豊、五十嵐正俊、柴尾晴信、小村良太郎、井下田寛、徳永憲治、五味正志、尾崎研一、松木佐和子、山下　聡、守屋成一、阿部芳久、梶村 恒、福田秀志、高崎浩幸、福田晴夫、金子信博、西村正史、佐藤大樹、島津光明、大河内 勇、佐藤重穂、伊藤正仁、福本浩士、前藤　薫、大串隆之、市岡孝朗、山岡裕一、小林正秀、吉尾政信、長谷川元洋、二町一成、竹松葉子の諸氏（敬称略）には貴重な写真や原図をお貸しいただいた。上田明良、江崎功二郎、大脇淳の諸氏には、昆虫標本をお貸しいただいた。国立科学博物館の野村周平氏には、博物館所蔵標本の撮影に際し便宜を図っていただいた。この場を借りて皆様に厚くお礼申し上げたい。

再三にわたって締め切りを引き延ばし、東海大学出版会の稲英史さんにはたいへんご迷惑をかけてしまった。辛抱強く待ってくださった稲さんに感謝したい。シリーズの最終巻ということで、アンカーとしての役割を十分に果たせたかどうかについてはいささか自信がない。しかし、森の虫をめぐる相互作用という点ではおもしろい本ができたのではないかと思っている。ここらへんについては、ぜひとも読者の皆様のご意見を伺いたいところである。

最後に月並みではあるが、私の家族と、研究の道に進むにあたって長い間精神的・経済的に援助してくださった両親に、心から感謝の言葉を捧げたい。

二〇〇四年一二月

暖冬の金沢にて　　鎌田直人

第二刷の出版にあたって

初版の発行からすでに八年がたった。二〇一二年春に、東海大学出版会の稲さんから「初版の残部が残り少ないのでそろそろ重版の準備をしてください」といわれていたのにもかかわらず、結局一年以上が経過してしまった。

私自身、二〇〇六年四月から東京大学の演習林に移り、二〇〇八年からはふるさとに近い秩父演習林に勤めている。今思い返してみると、金沢大学に勤務していた九年四ヶ月は、研究の多くをナラ枯れとカシノナガキクイムシに費やした。秩父演習林に勤め始めてからは、サントリーと「天然水の森」プロジェクトに関する協定を締結し、また群集生態学者の平尾聡秀さん、植物生態学者の鈴木智之さんを秩父演習林のスタッフに迎え、冷温帯森林生態系での大きな研究プロジェクトが動き始めたところである。かねてから「秩父演習林を日本のワイタムの森にしたい」と考えていたが、それが今、実現に向かって少しずつ動き始めている。

今回の改訂にあたっては、初版発行以降の新知見を加えて書き直したが、残念ながら全面改定には至っていない。ただナラ枯れの問題については、森林昆虫学や樹病学のたくさんの研究者の精力的な研究のおかげで、初版の内容では古くなってしまったので、大幅に書き換えた。次回の機会には、ぜひとも秩父演習林での研究成果を加えたいと考えている。

二〇一三年五月　新緑の秩父にて

環境省（2004年10月1日現在）特定外来生物被害防止基本方針（案）http://www.env.go.jp/council/13wild/y133-03b.html
川道美枝子・岩槻邦男・堂本暁子（編）（2001）移入・外来・侵入種—生物多様性を脅かすもの．築地書館，東京．321p.
Kishi, Y. (1995) The Pinewood Nematode. Thomas Company, Tokyo. 302p.
気象庁（編）（2000）異常気象レポート'99（各論）．大蔵省印刷局，東京．341p.
九州大学研究総合博物館（2004年10月1日現在）地球温暖化．ヤシの害虫ヤシオオオサゾウムシ—日本での再発見と分布の拡大—．http://www.museum.kyushu-u.ac.jp/INSECT/15/15-3.html
松枯れ問題研究会編（1981）松が枯れてゆく．山と渓谷社，東京．251p.
長野県松本地方林務課（2004年10月1日現在）松くい虫って何？　http://www.pref.nagano.jp/xtihou/matu/gyoumu/rinmu/matukui/shikumi.htm
中筋房夫（1988）蝶の移動と進化的適応—蝶類学の最近の進歩．日本鱗翅学会特別報告 6: 211-249.
農林水産省　植物防疫所（2004年10月1日現在）害虫に該当しないカブトムシ・クワガタムシ http://www.jppn.ne.jp/pq/beetle/index.html
Mamiya, Y. (1988) History of pine wilt disease in Japan. Journal of Nematology 20: 219-226.
林野庁（2004年10月1日現在）松くい虫被害量（被害材積）の推移．http://www.pref.nagano.jp/xtihou/matu/gyoumu/rinmu/matukui/shikumi.htm
高崎 浩幸（2003）なぜ栗野岳のウスイロオナガシジミは激減したか？　原因と対策を考える．SATSUMA 129: 85-105.
生方秀紀（1997）地球温暖化の昆虫へのインパクト．（堂本暁子・岩槻邦男（編著），温暖化に追われる生き物たち—生物多様性からの視点）．築地書館，東京．pp. 273-307.
山梨県環境科学研究所（2004年10月1日現在）亜熱帯チョウ・ナガサキアゲハ　関東にも進出．http://www.yies.pref.yamanashi.jp/sannichi/01-6-10.htm
矢野宗幹（1913）長崎県下松樹枯死原因調査．山林広報 4（付録）: 1-14.
米本昌平（1994）地球環境問題とは何か．岩波書店，東京．265p.
吉尾政信・石井　実（2001）ナガサキアゲハの北上を生物季節学的に考察する．日本生態学会誌 51: 125-130.
Yoshio, M.; Ishii, M. (2004) Photoperiodic response of two newly established populations of the great mormon butterfly, Papilio memnonL. (Lepidoptera, Papilionidae), in Shizuoka and Kanagawa Prefectures, central Japan. Transaction of the Lepidopterological Society of Japan 55: 301-306.

加藤賢隆・江崎功二郎・井下田寛・鎌田直人（2002）カシノナガキクイムシのブナ科樹種4種における繁殖成功度の比較（予報）．中部森林研究 49: 81-84.
槇原　寛（1991）古い家からひょっこり．（社団法人　日本林業技術協会（編），森の虫の百不思議）．東京書籍，東京．pp. 48-49.
小穴久仁・垣内信子・江崎功二郎・伊藤進一郎・御影雅幸・光永　徹・鎌田直人（2003）カシノナガキクイムシの穿孔による壊死変色部と健全材との成分の比較．中部森林研究 51: 189-190.
大河内 勇（2002）6．スギザイノタマバエ．（全国森林病虫獣害防除協会（編）森林をまもる—森林防疫研究50年の成果と今後の展望—）．全国森林病虫獣害防除協会，東京．pp. 193-201.
佐藤重穂 (2002) 7．ヒノキカワモグリガ．（全国森林病虫獣害防除協会（編）森林をまもる—森林防疫研究50年の成果と今後の展望—）．全国森林病虫獣害防除協会，東京．pp. 203-215.
柴田叡弌（2002）スギカミキリのスギ樹幹利用様式．日本生態学会誌 52: 59-62.
Tabata, M.; Abe, Y. (1997) *Amylostereum laevigatum* associated with the Japanese horntail, *Urocerus japonicus*. Mycoscience 38: 421-427.
富樫一巳（2002）マツノマダラカミキリの生活史と幼虫の餌資源の特性．日本生態学会誌 52: 69-74.
Ueda, A.; Kobayashi, M. (2001) Aggregation of *Platypus quercivorus* (Murayama) (Coleoptera: Platypodidae) on Oak Logs Bored by Males of the Species. Journal of Forest Research 6: 173-179.

8章（多様性を脅かすもの）

荒谷邦雄（2003）ペットとして輸入される外国産コガネムシ上科甲虫の影響．森林科学 38: 21-32.
朝比奈正二郎（編著）（1993）滅びゆく日本の昆虫50種．築地書館，東京．183p.
Baltensweiler, W. (1993) Why the larch bud-moth cycle collapsed in the subalpine larch-cembran pine forests in the year 1990 for the first time since 1850? Oecologia 94: 62-66.
堂本暁子・岩槻邦男（編著）（1994）温暖化に追われる生き物たち—生物多様性からの視点．築地書館，東京．414p.
福田晴夫（1998）その後の鹿児島県栗野町のカシワ林と昆虫採集禁止条例．やどりが 175: 36-38.
International Union for Conservation of Nature and Natural Resources（2004年10月1日現在）the IUCN Red List of Threatened Species. 2001 Categories & Criteria (v. 3.1). http://www.redlist.org/info/categories_criteria2001.html
石井　実・吉尾政信（2004）ナガサキアゲハの分布拡大と蛹休眠の性質（田中誠二・檜垣守男・小滝豊美（編著），休眠の昆虫学）．東海大学出版会，神奈川．pp. 141-150.
環境庁地球環境部企画監修（2004年10月1日現在）地球温暖化の重大影響—21世紀の日本はこうなる—（1997）．http://www.env.go.jp/earth/cop3/kanren/panfu/eikyou/mokuji.html

11338-11343.
Mani, M. S. (1964) Ecology of plant galls. Dr. W. Junk, The Hague. 434 p.
Nakamura, M.; Miyamoto, Y.; Ohgushi, T. (2003) Gall initiation enhances the availability of food resources for herbivorous insects. Functional Ecology 17: 851-857.
Nyman, T.; Julkunen-Titto, R. (2000) Manipulation of the phenolic chemistry of willows by gall-inducing sawflies. Proceedings of the National Academy of Sciences of the United States of America 97: 13184-13187.
Ozaki, K. (1992) Reproductive Schedule of the Fundatrices of *Adelges japonicus* MONZEN (Homoptera: Adelgidae) in Relation to Host Phenology. Applied Entomology and Zoology 27: 407-412.
尾崎研一（1994）カサアブラムシ類．（小林富士雄・竹谷昭彦（編），森林昆虫―総論・各論―）．養賢堂，東京．pp. 473-477.
Shibao, H. (1999) Lack of kin discrimination in the eusocial aphid *Pseudoregma bambucicola* (Homoptera: Aphididae). Journal of Ethology 17: 17-24.
薄葉　重（1995）虫こぶ入門（自然史双書 6）．八坂書房，東京．251p.
湯川淳一・桝田　長（1996）日本原色虫えい図鑑．全国農村教育協会，東京．826p.

7章（穿孔性昆虫）

荒谷邦雄（2002）腐朽材の特性がクワガタムシ類の資源利用パターンと適応度に与える影響．日本生態学会誌 52: 89-98.
福田秀志（1997）キバチ類3種の資源利用様式と繁殖戦略．名古屋大学森林科学研究 16: 23-73.
福田秀志（2002）キバチ類の樹幹辺材部利用様式．日本生態学会誌 52: 75-80.
Haack, R. A.; Slansky, F. Jr. (1987) Nutridonal Ecology of wood-feeding Coleoptera, Lepidoptera, and Hymenoptera. (Slansky, F. Jr.; Rodriguez, J. G. (eds.) “Nutritional ecology of insects, mites, spiders, and related invertebrates”). Wiley-Interscience Publication, New York. pp. 449-486.
樋口隆昌（1969）樹木化学．共立出版，東京．190p.
伊藤賢介（2002）スギカミキリに対するスギの抵抗性反応．日本生態学会誌 52: 63-68.
伊藤進一郎・山田利博（1998）ナラ類集団枯損被害の分布と拡大．日本林学会誌 80: 229-232.
梶村　恒（2006）養菌性キクイムシ類の生態―昆虫が営む樹内農園．（柴田叡弌・富樫一巳（編），樹の中の虫の不思議な生活―穿孔性昆虫研究への招待）．東海大学出版会，秦野．pp. 161-186.
梶村　恒（2002）キクイムシ類の穿孔様式と繁殖特性：養菌性グループを中心に．日本生態学会誌 52: 81-88.
Kamata, N.; Esaki, K.; Kato, K.; Igeta, Y.; Wada, K. (2002) Potential impact of global warming on deciduous oak dieback caused by ambrosia fungus carried by ambrosia beetle in Japan. Bulletin of Entomological Research 92: 119-126.
鎌田直人・後藤秀章・楠本　大・濱口京子・升屋勇人・江崎功二郎・平尾聡秀（2013）ナラ枯れ流行の原因を探る旅―海外のカシナガとナラ枯れ―．北方林業 65: 52-55.

Japanese Forestry Society 77: 213-219.
Maeto, K.; Ozaki, K. (2003) Prolonged diapause of specialist seed-feeders makes predator satiation unstable in masting of *Quercus crispula*. Oecologia 137: 392-398.
箕口秀夫（1995）森の母はきまぐれ—ブナの masting はどこまで解明されたか—．個体群生態学会会報 52: 33-40.
箕口秀夫（1996）野ネズミからみたブナ林の動態—ブナの更新特性と野ネズミの相互関係—．日本生態学会誌 46: 185-189.
寺本憲之 (1993) 日本産鱗翅目害虫食樹目録（ブナ科）．滋賀県農業試験場研究報告 別号 1 : 185p.
Yasaka, M.; Terazawa, K.; Koyama, H.; Kon, H. (2003) Masting behavior of *Fagus crenata* in northern Japan: spatial synchrony and pre-dispersal seed predation. Forest Ecology and Management 184: 277-284.

6章（ゴール形成昆虫）

秋元信一（1990）寝坊をすると命取り．（社団法人　日本林業技術協会（編），東京書籍，森の虫の百不思議）．東京．pp. 124-125.
Akimoto, S. (1998) Heterogeneous selective pressures on egg-hatching time and the maintenance of its genetic variance in a Tetraneura gall-forming aphid. Ecological Entomology 23: 229-237.
Abe, Y. (1988) Trophobiosis between the Gall Wasp, *Andricus symbioticus*, and the Gall-Attending Ant, *Lasius niger*. Applied Entomology and Zoology 23: 41-44.
Abe, Y. (1992) The advantage of attending ants and gall aggregation for the gall wasp *Andricus symbioticus* (Hymenoptera: Cynipidae). Oecologia 89: 166-167.
青木重幸（1984）兵隊を持ったアブラムシ．どうぶつ社，東京．197p.
Gagné, R. J. (2004) A Catolog of the Cecidomyiidae (Diptera) pf the World. Memoirs of the Entomological Society of Washington, No.25, 408p.
Imai, K.; Ohsaki, N. (2004) Oviposition site of and gall formation by the fruit gall midge *Asphondylia aucubae* (Diptera: Cecidomyiidae) in relation to internal fruit structure. Entomological Science 7: 133-137.
Imai, K.; Ohsaki, N. (2003) Internal structure of developing aucuba fruit as a defence increasing oviposition costs of its gall midges *Asphondylia aucubae*. Ecological Entomology 29: 420-428.
伊藤義昭（2003）楽しき挑戦—型破り生態学50年．海游舎，東京．378p.
鎌田直人・吉田成章（1986）エゾマツカサアブラムシによるゴール形成の刺激時期．日本応用動物昆虫学会誌 29: 329-332.
加藤　真（1995）虫こぶの話．週間朝日百科　植物の世界 62: 62-64.
Komatsu, T.; Akimoto, S. (1995) Genetic differentiation as a result of adaptation to the phenologies of individual host trees in the galling aphid *Kaltenbachiella japonica*. Ecological Entomology 20: 33-42.
Kutsukake, M.; Shibao, H.; Nikoh, N.; Morioka, M.; Tamura, T.; Hoshino, T.; Ohgiya, S.; Fukatsu, T (2004) Venomous protease of aphid soldier for colony defense. Proceedings of the National Academy of Sciences of the United States of America 101:

Wallner, W. E. (1987) Factors affecting insect population dynamics: differences between outbreak and non-outbreak species. Annual Review of Entomology 32: 317-340.

Wellington, W. G. (1957) The synoptic approach to studies of insects and climate. Annual Review of Entomology 2: 143-162.

Watt, A.; Hicks, B. J. (2000) A reappraisal of the population dynamics of the pine beauty moth, *Panolis flammea*. Population Ecology 42: 225-231.

Yamasaki, M.; Kikuzawa, K. (2003) Temporal and spatial variations in leaf herbivory within a canopy of *Fagus crenata*. Oecologia 137: 226-232.

5章（種子食昆虫）

福本浩士（2000）コナラ属における種子食昆虫の資源利用様式とその食害が寄主植物の種子生産と発芽に及ぼす影響．名古屋大学森林科学研究 19: 101-144.

Fukumoto, H.; Kajimura, H. (1999) Seed-insect fauna of pre-dispersal acorns and acorn seasonal fall patterns of *Quercus variabilis* and *Q. serrata* in central Japan. Entomological Science 2: 197-203.

Fukumoto, H.; Kajimura, H. (2000) Effects of insect predation on hypocotyls survival and germination success of mature *Quercus variabilis* acorns. Journal of Forest Research 5: 31-34.

Fukumoto, H.; Kajimura, H. (2001) Guild structures of seed insects in relation to acorn development in two oak species. Ecological Research 16: 145-155.

五十嵐豊（1992）ブナ種子の害虫ブナヒメシンクイの生態と加害．森林防疫 41: 65-70.

五十嵐豊（1996）ブナ林・ミズナラ林の種子生産とその害虫．森林総合研究所東北支所年報 37: 39-44.

Igarashi, Y.; Kamata, N. (1997) Insect predation and seasonal seedfall of the Japanese beech, Fagus crenata Blume, in northern Japan. Journal of Applied Entomology 121: 65-69.

Isagi, Y.; Sugimura, K.; Sumida, A.; Ito, H. (1997) How does masting happen and synchronize? Journal of Theoretical Biology 187: 231-239.

鎌田直人（1996）昆虫の個体群動態とブナの相互作用―ブナアオシャチホコと誘導防御反応・ブナヒメシンクイと捕食者飽食仮説―．日本生態学会誌 46: 191-198.

鎌田直人（2001）変動する資源を利用する群集の共存機構―種子食性昆虫群集―．（佐藤宏明・山本智子・安田弘法（編），群集生態学の現在）．京都大学学術出版会，京都．pp. 169-186.

Kamata, N.; Igarashi, Y. (1996) Seasonal and annual change of a folivorous insect guild in the Siebold's beech forests associated with outbreaks of the beech caterpillar, *Quadricalcarifera punctatella* (Motschulsky) (Lep., Notodontidae). Journal of Applied Entomology 120: 213-220.

前藤　薫（1993）羊ケ丘天然林のミズナラ種子食昆虫―主要種の生活史と発芽能力への影響．日本林学会北海道支部会論文集 41: 88-90.

Maeto, K. (1995) Relationships between size and mortality of *Quercus mongolica* var. *grosseserrata* due to pre-dispersal infestation by frugivorous insects. Journal of

寛純・由井正敏（編），ブナ林の自然環境と保全）．ソフトサイエンス社，東京．pp. 216–222.
Kamata, N.（2000）Population dynamics of the beech caterpillar, *Syntypistis punctatella*, and biotic and abiotic factors. Population Ecology 42: 267–278.
Kamata, N.; Igarashi, Y. (1994) Influence of rainfall on feeding behavior, growth, and mortality of larvae of the beech caterpillar, *Quadricalcarifera punctatella* (Motschulsky) (Lep. Notodontidae). Journal of Applied Entomology 118: 347–353.
Kamata, N.; Igarashi, Y. (1995) An example of numerical response of the carabid beetle, *Calosoma maximowiczi* Morawitz (Col., Carabidae), to the beech caterpillar, *Quadricalcarifera punctatella* (Motschulsky) (Lep., Notodontidae). Journal of Appllied Entomology 119: 139–142.
Kamata, N.; Igarashi, Y.; Ohara, S (1995) Induced response of the Siebold' s beech (Fagus crenata Blume) to manual defoliation. Journal of Forest Research 1: 1–7.
Kamata, N.; Tanabe, H. (1999) Performance of beech caterpillar (*Syntypistis punctatella* (Motschulsky)) on water stressed beech. (Lieutier F.; Mattson W. J.; Wagner MR (eds.) "Physiology and genetics of tree-phytopage interactions"). INRA, Paris. pp. 313–322.
鎌田直人・佐藤大樹（1998）生物どうしの関係が保つ安定性．（金子　繁・佐橋憲生（編），ブナ林をはぐくむ菌類）．文一総合出版，東京．pp. 151–205.
鎌田直人・鈴木祥悟・五十嵐豊・中村充博（1994）ブナ林における食葉性昆虫のバイオマスと繁殖鳥類群集の給餌内容の季節変動と年変動．日本林学会東北支部誌 46: 37–38.
鎌田直人・高木勇吉（1991）ブナアオシャチホコの長期の動態を支配する要因（Ｉ）—気温・降水量の変動パターンとの関係—．日本林学会東北支部誌 43: 136–138.
工藤　岳（1999）個葉特性変異と環境傾度—ツンドラ植物を中心に．日本生態学会誌 49: 21–35.
Redfearn, A.; Pimm, S. L. (1987) Insect outbreaks and community structure. (Barbosa, P.; Schultz, JC (eds.) "Insect Outbreaks"). Academic Press, San Diego. pp. 99–133.
Root, R. B., 1973. Organization of a plant-anthropod association in simple and diverse habitats: The fauna of collards (*Brassica oleracea*). Ecological Monograph 43: 95–124.
Ruohom_ki, K.; Tanhuanpää, M.; Ayres, M. P.: Kaitaniemi, P.; Tammaru, T.; Haukioja, E. (2000). Causes of cyclicity of *Epirrita autumnata* (Lepidoptera, Geometridae): grandiose theory and tedious practice. Population Ecology 42: 211–223.
Shepherd, R. F.; Bennett, D. D.; Dale, J. W.; Tunnock, S.; Dolph, R. E.; Thier, R. W. (1988) Evidence of synchronized cycles in outbreak patterns of Douglas-fir tussock moth, *Orgyia pseudotsugata* (McDunnough) (Lepidoptera: Lymantriidae). Memoirs of the Entomological Society of Canada 146: 107–121.
清水大典 (1979) 冬虫夏草（グリーンブックス51）．ニューサイエンス社，東京．p. 97.
Swetnam, T. W.; Lynch, A. M. (1993) Multicentury, regional-scale patterns of western spruce budworm outbreaks. Ecological Monograph 63: 399–424.
Voûte, A. D. (1946) Regulation of the density of the insect-populations in virgin-forest and cultivated woods. Archives Néerlandaises de Zoologie 7: 435–470.

Kamata, N. (2002) Outbreaks of forest defoliating insects in Japan, 1950-2000. Bulletin of Entomological Research 92: 109-118.
鎌田直人（2002）食葉性害虫の大発生と終息に関与する要因．（全国森林病虫獣害防除協会（編），森林をまもる—森林防疫研究50年の成果と今後の展望—）．全国森林病虫獣害防除協会，東京．pp. 291-300.
Kamata, N.; Igarashi, Y. (1996) Seasonal and annual change of a folivorous insect guild in the Siebold's beech forests associated with outbreaks of the beech caterpillar, *Quadricalcarifera punctatella* (Motschulsky) (Lep., Notodontidae). Journal of Appllied Entomology 120: 213-220.
片桐一正（1995）森の敵森の味方—ウィルスが森林を救う—．地人書館，東京．253p.
Matsuki, S.; Sano, Y.; Koike, T. (2004) Chemical abd physical defense in early and late leaves in three heterophyilous birch species native to northern Japan. Annals of Botany 93: 141-147.
Murakami, M.; Wada, N. (1997) Difference in leaf quality between canopy trees and seedlings affects migration and survival of spring-feeding moth larvae. Canadian Journal of Forest Research 27: 1351-1356.
村上陽三（1982）害虫の天敵（グリーンブックス93）．ニューサイエンス社，東京．88p.
Nomura, M.; Itioka, T.; Itino, T. (2000) Variation in abiotic defense within myrmecophytic and non-myrmecophytic species of *Macaranga* in a Bornean dipterocarp forest. Ecological Research 15: 1-11.
大串隆之（2003）昆虫たちが織りなす相互作用のネットワーク—間接効果と生物多様性．（大串隆之（編），京大人気講義シリーズ　生物多様性のすすめ　生態学からのアプローチ）．丸善，東京．pp. 1-23.
Royama, T. (1992) Analytical population ecology. Chapman & Hall, London. 371p.
佐藤芳文（1988）寄生蜂の世界（⑰動物—その適応戦略と社会）．東海大学出版会，東京．242p.
篠原　均・東浦康友（1982）マイマイガの小面積激害が頻発する地帯の特徴　北海道における1972—75年の記録から—．森林防疫 31: 210-213.
菅藤雅克（1983）カラマツハラアカハバチの発生の拡がりと被害枯損木の実態．北方林業 35: 285-289.
立花観二・西口親雄（1968）森林衛生学—森林昆虫学の進むべき道—．地球出版，東京．233p.
立花観二・西口親雄（1984）木曽地方におけるカラマツハラアカハバチの漸進大発生の経過と終息要因．日本林学会誌 66: 469-474.
渡部　仁（1988）微生物で害虫を防ぐ．裳華房，東京．163p.

4章（葉食性昆虫）

杜双田・買探民（編著）（2002）蛹虫草・灰樹花・天麻—高産栽培新技術．中国農業出版社出版，北京．207p.
鎌田直人（1991）ブナ林の動物—ブナの食葉性昆虫—．（村井　宏・山谷孝一・片岡

2章（森林昆虫群集と食物網）

Hasegawa, M.; Takeda, H. (1995) Changes in feeding attributes of four collembolan populations during the decomposition process of pine needles. Pedobiologia 39: 155-169.

肘井直樹（1987）森林の節足動物群集—人工林における例を中心に．（木元新作・武田博清（編），日本の昆虫群集—すみわけと多様性をめぐって）．東海大学出版会，東京．pp. 61-68.

金子信博（1987）ササラダニの群集構造（木元新作・武田博清（編），日本の昆虫群集—すみわけと多様性をめぐって）．東海大学出版会，東京．pp. 69-76.

武田清博（1987）アカマツ林におけるトビムシ群集の多様性とその維持機構．（木元新作・武田博清（編），日本の昆虫群集—すみわけと多様性をめぐって）．東海大学出版会，東京．pp. 77-85.

武田清博（2001）森林生態系における土壌分解者群集の構造と機能．（佐藤宏明・本智子・安田弘法（編），群集生態学の現在）．京都大学学術出版会，京都．pp. 327-351.

戸田正憲（1987）森林性ショウジョウバエ群集の成層構造（木元新作・武田博清（編），日本の昆虫群集—すみわけと多様性をめぐって）．東海大学出版会，東京．pp. 133-140.

Yamashita, S.; Hijii, N. (2003) Effects of mushroom size on the structure of a mycophagous arthropod community: Comparison between infracommunities with different types of resource utilization. Ecological Research 18: 131-143.

3章（密度変動要因と生物間の相互作用）

Baltensweiler, W.; Rubli, D. (1999) Dispersal: an important driving force of thecyclic population dynamics of the larch bud moth, *Zeiraphera diniana* Gn. Forest Snow and Landscape Research 74: 3-153.

Berryman, A. A. (1996) What causes population cycles of forest Lepidoptera? Trends in Ecology and Evolution 11: 28-32.

Berryman, A. A. (1987) The theory and classification of outbreaks. (Barbosa P.; Schultz J. C. (eds.) “Insect outbreaks”). Academic Press, San Diego, pp 3-30.

福原敏彦（1991）昆虫病理学（増補版）．学会出版センター，東京．218p.

古田公人（1984）森林をまもる—生態系と動物の自然制御．培風館，東京．194p.

Grosman, D. M.（2004年10月1日現在）Chemical Ecology of the Southern Pine Beetle *Dendroctonus frontalis* Zimmermann (Coleoptera: Scolytidae). http://www.ento.vt.edu/~salom/Chemecology/chemecol.html#PestManagementofBarkBeetles

Hollong, C. S. (1959) The component of predations as revealed by a study of small mammal predation of the European pine sawfly. Canadian Entomologist 91: 385-398.

伊藤忠夫（1991）ブナ林における養分の動態と森林施業．（村井　宏・山谷孝一・片岡寛純・由井正敏（編），ブナ林の自然環境と保全）．ソフトサイエンス社，東京．pp. 182-189.

巌　俊一・花岡　資（1972）生物の異常発生（生態学講座32）．共立出版，東京．124p.

1章（昆虫の多様性を作り出すもの）

Chapman, R. F. (1998) The insects: Structure and function (4th ed.). Cambridge University Press, Cambridge. 770p.

愛媛県総合科学博物館（2004年10月１日現在）昆虫って．http://www.sci-museum.niihama.ehime.jp/special/konchu/data/kon/indexa.htm

福井県衛生環境研究センター（2004年10月１日現在）生物多様性の現状．http://www.erc.pref.fukui.jp/info/tayo/4.html

五味正志（1991）アメリカシロヒトリにおける分布の拡大と化性の変化．（竹田真木生・田中誠二（編），昆虫の季節適応と休眠）．文一総合出版，東京．pp. 44-53.

五味正志（1991）海外より日本に侵入した樹木害虫―アメリカシロヒトリ．森林科学 38: 33-39.

Hammond, P. M. (1995) The current magnitude of biodiversity. (Heywood, V. H.; Watson, R. T.; United Nations Environment Programme (eds.) "Global Biodiversity Assessment"), Cambridge University Press, Cambridge. pp. 113-138.

堀田　満（2004年10月１日現在）日本列島【生物相】［植物］．http://www.taihiya.com/kiso/nihonrettou.htm

石川誠男（2004年10月１日現在）石川誠男随筆集　生き物の謎と神秘．http://www.geocities.co.jp/Technopolis/1566/zuisou_4.html

科学技術振興機構（2004年10月１日現在）カラスとトンボはどちらも同じようには羽ばたいて飛んでいるけれどもどう違うの？　http://157.82.67.25:8080/sdb/struct/tonkara/tonkara.html

木元新作（1986）日本の昆虫相．（桐谷圭治（編），日本の昆虫）．東海大学出版会，東京．pp. 1-14.

桐谷圭治（1986）群集の攪乱と再安定．（桐谷圭治（編），日本の昆虫）．東海大学出版会，東京．pp. 157-179.

九州大学総合研究博物館（2004年10月１日現在）日華系昆虫群―日本の昆虫相の根底をなすグループ―．http://www.museum.kyushu-u.ac.jp/INSECT/04/04-2.html

農林水産情報技術協会（2004年10月１日現在）昆虫科学館．http://www.afftis.or.jp/konchu/index.html

岡島秀治（2004年10月１日現在）アザミウマ目．http://www.nodai.ac.jp/agri/lab/shigen/kyouin/okajima2.html

斎藤哲夫・松本義明・平嶋義宏・久野英二・中島敏夫（1986）新応用昆虫学．朝倉書店，東京．280p.

Wallace, A. R. (1876) The Geographical Distribution of Animals.（木元・武田（1987）より再引用）

山岡郁雄（2004年10月１日現在）シロアリ画像データベース．http://www.sv.cc.yamaguchi-u.ac.jp/~dab10/termite/termites.html

安松京三・山崎輝男・内田俊郎・野村健一（1973）応用昆虫学（３訂版）．朝倉書店，東京．363p.

吉岡邦二（1973）植物地理学（生態学講座12）．共立出版，東京．84p.

参考文献

複数の章に共通のもの

二井一偵（2003）マツ枯れは森の感染症―森林微生物相互関係論ノート．文一総合出版，東京．222p.

二井一偵・肘井直樹（編著）（2000）森林微生物生態学．朝倉書店，東京．322p.

日野輝明（2004）鳥たちの森（日本の森林／多様性の生物学シリーズ；2）．東海大学出版会，神奈川．242p.

平島義宏・森本 桂・多田内 修（1989）昆虫分類学．川島書店，東京．597p.

伊藤義昭（編）（1972）アメリカシロヒトリ．中央公論社，東京．185p.

巌佐　庸・松本忠夫・菊沢喜八郎／日本生態学会（編）(2003) 生態学事典．共立出版，東京．708p.

Kamata, N. (2002) Deployment of tree Resistance to Pests in Asia. (Wagner, M. R.; Clancy, K. M.; Lieutier, F.; Paine, T. D. (eds.) "Mechanisms and Deployment of Resistance in Trees to Insects.") Kluwer Academic Press Dordrecht. pp. 265-285.

Kamata, N.; Nagaike, T.; Kojima, M.; Kaida, J.; Yamaoka, H. (2001) Influence of insect defoliators on seedling establishment of four species of the Fagaceae family in northern Japan: Leaf area loss and survivorship of seedlings. (Liebhold, A. M.; McManus, M. L.; Otvos, I. S.; Fosbroke, S. L. C. (eds.) "Proceedings: integrated management and dynamics of forest defoliating insects") USDA FS Gen. Tech. Rep. NE-277. Newtown Square, PA.

環境省（編）（2002）新・生物多様性国家戦略：自然の保全と再生のための基本計画．ぎょうせい，東京．315p.

木元新作・武田博清（編）（1987）日本の昆虫群集―すみわけと多様性をめぐって．東海大学出版会，東京．167+15p.

桐谷圭治（編）（1986）日本の昆虫―侵略と攪乱の生態学．東海大学出版会，東京．208p.

小林富士雄・竹谷昭彦（編）（1994）森林昆虫―争論・各論―．養賢堂，東京．567p.

中静　透（2004）森のスケッチ（日本の森林／多様性の生物学シリーズ；1）．東海大学出版会，神奈川．236p.

日本林業技術協会（編）（1991）森の虫の100不思議．東京書籍，東京．217p.

大井　徹（2004）獣たちの森（日本の森林／多様性の生物学シリーズ；2）．東海大学出版会，神奈川．244p.

八杉龍一・小関治男・古谷雅樹・日高敏隆（編）（1996）生物学辞典（第4版）．岩波書店，神奈川．2048p.

林野庁（2004）平成15年度森林・林業白書，（社）日本林業協会，東京．350p.

佐橋憲生（2004）菌類の森（日本の森林／多様性の生物学シリーズ；2）．東海大学出版会，東京．198p.

Spent, J. I. (1987) The ecology of the nitrogen cycle. Cambridge University Press, Cambridge. 151p.

【り】

【る】

【れ】

【ろ】

【わ】

【む】

【め】

【も】

【や】

【ゆ】

【よ】

【ら】

【へ】

【ほ】

【ま】

【み】

【ね】

【の】

【は】

【ひ】

【ふ】

【そ】

【た】

【ち】

【す】

【せ】

【さ】

【し】

【く】

【け】

【こ】

【お】

【か】

【き】

索　引

著者紹介

鎌田　直人（かまた　なおと）

1962年（昭和37）生まれ。東京大学大学院農学研究科修士課程中退、博士（農学）。森林総合研究所東北支所主任研究官、金沢大学大学院自然科学研究科助教授、東京大学大学院農学生命科学研究科助教授を経て、同教授（現職）。専門は、個体群生態学、森林昆虫学、森林保護学で、ブナ林の昆虫をめぐる生物間相互作用、ナラ類の集団枯損、イワナの個体群動態、リモートセンシングによる森林衰退のモニタリング、植食者—植物の防御—物質循環の相互作用などを研究。主な著書に、『ブナ林をはぐくむ菌類』（文一総合出版、分担執筆）、『群集生態学の現在』（京都大学学術出版会、分担執筆）、『Mechanisms and Deployment of Resistance in Trees to Insects』（Kluwer Academic Press、分担執筆）ほか。

装丁：中野達彦

日本の森林／多様性の生物学シリーズ—⑤

昆虫たちの森（こんちゅうたちのもり）

2005年3月30日　第1版第1刷発行
2013年7月20日　第1版第2刷発行

著　者　鎌田　直人
発行者　安達　建夫
発行所　東海大学出版会
〒257-0003 神奈川県秦野市南矢名3-10-35
東海大学同窓会館内
電話 0463-79-3921　振替 00100-5-46614
URL http://www.press.tokai.ac.jp/
印刷所　港北出版印刷株式会社
製本所　株式会社積信堂

ISBN978-4-486-01663-2